# Technik 9/10

Herausgegeben von Meinolf Hepp
und Udo Schlotzhauer

Erarbeitet von Meinolf Hepp, Horst Schäfer,
Udo Schlotzhauer, Manfred Spörer und Hans Stein

Auer Verlag GmbH

# Inhaltsverzeichnis

*Hinweise für Lehrer und Schüler* .................... 4

**1. Einführung in das Bauzeichnen** .................... 5

*1.1 Vorbereitungen* .................... 6

*1.2 Bauzeichnungen* .................... 9

*1.3 Bemaßung* .................... 10

*1.4 Bauelemente* .................... 11

*1.5 Innenausbau* .................... 12

*Exkurs: Die Schnitt- und Gewindedarstellung* .................... 15

*A Der Vollschnitt* .................... 16

*B Der Teilschnitt* .................... 16

*C Die Gewindedarstellung* .................... 17

**2. CAD – computerunterstütztes Konstruieren** .................... 20

*2.1 2D-CAD* .................... 21

*2.2 3D-CAD* .................... 21

*2.3 Geschichtliche Entwicklung* .................... 21

*2.4 Start des CAD-Programmes* .................... 22

*2.5 Die 3D-Konstruktion eines Werkstückes* .................... 23

*2.6 Befehle zur Anzeigeveränderung von Konstruktionen* .................... 25

*2.7 Erstellen einer rotationssymmetrischen Ausprägung* .................... 26

*2.8 Erstellen eines Werkstückes mit Teilformen* .................... 27

*2.9 Ableitung einer technischen Zeichnung mit Bemaßung* .................... 30

*2.10 Anfertigung einer technischen Zeichnung in 2D-CAD* .................... 33

*2.11 Computer Integrated Manufacturing (CIM)* .................... 35

*2.12 Übungen* .................... 36

**3. Entwickeln, Planen, Herstellen und Bewerten von komplexen Produkten** ................. 37

*3.1 Entwickeln und Planen eines Produktes* .......... 38

3.1.1 Entwickeln des Produktes .......... 38

3.1.2 Planen des Produktes .......... 39

*3.2 Herstellen eines komplexen Produktes* .......... 39

3.2.1 Bauweise .......... 39

3.2.2 Bautechnik .......... 40

3.2.3 Lasten und Kräfte an einem Bauwerk .......... 42

3.2.4 Baustoffe .......... 43

3.2.5 Ökologisches Bauen .......... 44

*3.3 Bewerten des komplexen Produktes* .......... 46

**4. Analyse und Synthese technischer Systeme** .......... 47

*4.1 Technische Systeme* .......... 48

4.1.1 Information und Kommunikation .......... 49

4.1.2 Die Informationsübertragung .......... 50

*4.2 Analysieren und Experimentieren mit elektrotechnischen und elektronischen Schaltungen* .......... 51

4.2.1 Analysieren elektronischer Schaltungen .......... 52

4.2.2 Experimentieren mit elektrotechnischen und elektronischen Schaltungen .......... 57

*4.3 Modellieren technischer Systeme* .......... 66

4.3.1 Struktur der Energieversorgung .......... 67

4.3.2 Einsatz erneuerbarer Energien .......... 70

4.3.3. Versorgung und Entsorgung im Haushalt .......... 76

*4.4 Steuer- und Reglungstechnik* .......... 79

4.4.1 Die offene und geschlossene automatische Steuerung .......... 79

4.4.2 Die Reglung am Beispiel einer Hausheizungsanlage .......... 83

*Stichwortregister* .......... 84

*Bildquellenverzeichnis* .......... 86

# Hinweise für Lehrer und Schüler*

Der Band 2 dieser Reihe ist die logische Fortsetzung des ersten Bandes für Wirtschaft - Recht - Technik für den Bereich Technik.

Aufbauend auf den Grundlagen von Band 1 werden weitere technische Problemfälle behandelt.

Im Kapitel 1 werden die Grundlagen des Bauzeichnens dargestellt. Dabei werden die verschiedenen Stufen der Raumplanung, wie Landesentwicklungsplan, Flächennutzungsplan, Bebauungsplan, Lageplan, die eigentlichen Bauzeichnungen und deren Bedeutung für einen Bauwilligen aufgezeigt. Die Schüler lernen einfache Bauzeichnungen zu lesen und anzufertigen. Diese Kenntnisse werden beim Bau eines Hauses oder bei Renovierung bzw. Bezug einer neuen Wohnung benötigt.

Im nachfolgenden Exkurs werden Schnitt- und Gewindedarstellung behandelt. Die Kenntnisse zu diesen Themen werden in jeder Bauanleitung für den Zusammenbau von Möbeln oder bei technischen Installationen benötigt.

Im Kapitel 2 wird das computerunterstützte Programmieren (CAD) exemplarisch am Programm SolidEdge erklärt. Dabei wird die Konstruktion eines Körpers in 3D sowie die Ableitung von 2D-Zeichnungen genauer erläutert. Die Schüler sollen in die Lage versetzt werden, mithilfe des PCs technische Zeichnungen für verschiedenste Anwendungsbereiche anzufertigen. Weiterhin werden allgemeine Ausführungen zur Bedeutung der computergestützten Konstruktion und Produktion dargelegt und deren Auswirkungen auf unser alltägliches Leben aufgezeigt.

Im Kapitel 3 sollen die Schüler am Beispiel eines Einfamilienhauses unter Berücksichtigung mehrerer Einflussfaktoren eine Planung für eine ökonomisch und ökologisch abgestimmte Entscheidung zur Wärmedämmung eines Hauses treffen.

Im Kapitel 4 werden zunächst die grundsätzlichen Strukturen aus dem Bereich elektronischer Schaltungen erläutert. Die Schüler sollen einfache Schaltpläne lesen lernen und eigene Schaltungen aufbauen sowie deren Wirkungsweisen und Anwendungsgebiete in der Praxis verstehen lernen.

Im Abschnitt *Modellieren eines technischen Systems* erhalten die Schüler Grundwissen zum Komplex Energiebedarf, -bereitstellung und -übertragung. Dabei werden verschiedene Möglichkeiten alternativer Energiequellen und deren wirtschaftlicher Nutzung aufgezeigt.

Weiterhin werden Reglungen und Steuerungen sowie deren Funktionsweisen erklärt. Die Schüler werden befähigt, kleine Steuerungen zu analysieren und zu verstehen.

Die Kenntnisse und Fertigkeiten, die Schüler im Bereich Technik dabei gewinnen, können in anderen Fächern und im täglichen Leben angewendet werden.

Bei der Anfertigung von technischen Zeichnungen und in der praktischen Arbeit werden hohe Anforderungen an das Vorstellungsvermögen des Schülers gestellt. Die Entwicklung des räumlich-funktionalen Denkens wird geschult. Weiterhin werden Arbeitstechniken vermittelt und trainiert, die ein konzentriertes und präzises Arbeiten sowie die Einhaltung von Normen verlangen. Diese Fähigkeiten werden insbesondere in technischen Berufsrichtungen gewünscht. Wer Kenntnisse und Fertigkeiten auf diesem Gebiet besitzt, hat bessere Chancen bei der Lehrstellensuche. Daher sollten Schüler mit guten Leistungen in diesem Bereich durchaus einer Bewerbung eine Zeichnung, eine CAD-Konstruktion, einen selbst entwickelten Schaltplan o. Ä. (mit Bestätigungsstempel der Schule) als Anlage beilegen.

Dieses Buch enthält

- Lehrtexte, Reihenfolgen zur Problemlösung
- Methoden zur Erarbeitung von Lösungen
- Fallbeispiele (gelb unterlegt)
- Merktexte (rot umrandet)
- Abbildungen, Zeichnungen und Tabellen
- Arbeitsanweisungen (blau unterlegt)

Arbeitsanweisungen sollen als Impuls, zur Motivation, der Wiederholung und Festigung von Lerninhalten, aber auch der Vertiefung, der gedanklichen Weiterführung und der fächerübergreifenden Verknüpfung dienen. Sie berücksichtigen verschiedene Schwierigkeitsgrade, ermöglichen Einzel- und Gruppenarbeit und ergänzen den Unterricht durch Vorschläge zur häuslichen Übung. Die konkreten Aufgaben der Schule müssen den räumlichen und vorhandenen Ausstattungen angepasst werden.

Die Schülerinnen und Schüler sollen die Inhalte jedoch nicht nur aus der Sicht des Fachbereiches Technik betrachten, sondern immer auch fächerübergreifende Erklärungsansätze der Zusammenhänge kennenlernen. Denken und Handeln in diesem Sinne ist als wichtige Vorbereitung für das spätere Berufsleben anzusehen.

Konkrete Bezüge werden durch Symbole besonders hervorgehoben.

Die Reihenfolge der Abschnitte entspricht zwar einer Systematik, ist aber nicht bindend.

Verfasser und Verlag

* Im Buch wird nur die Bezeichnung *Schüler* und *Lehrer* verwendet.
Damit sind grundsätzlich auch Schülerinnen und Lehrerinnen gemeint.

# 1. Einführung in das Bauzeichnen

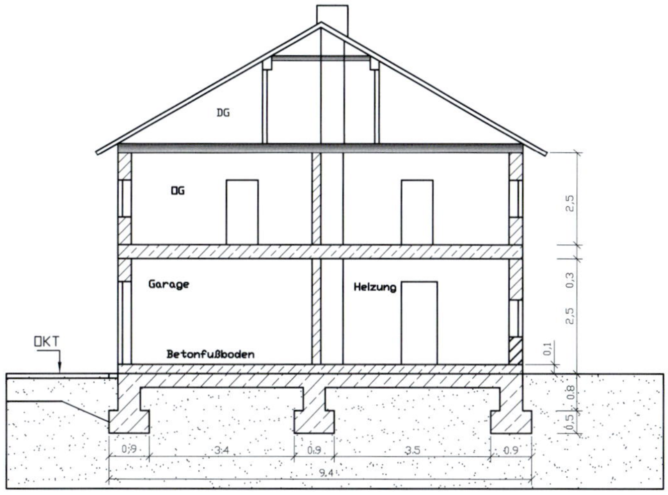


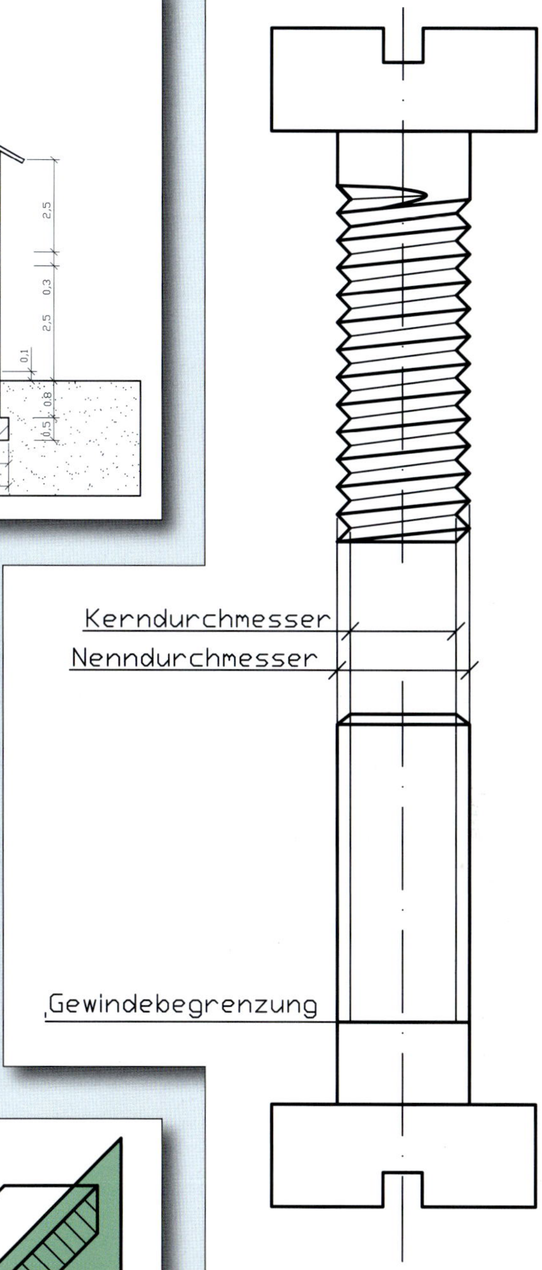


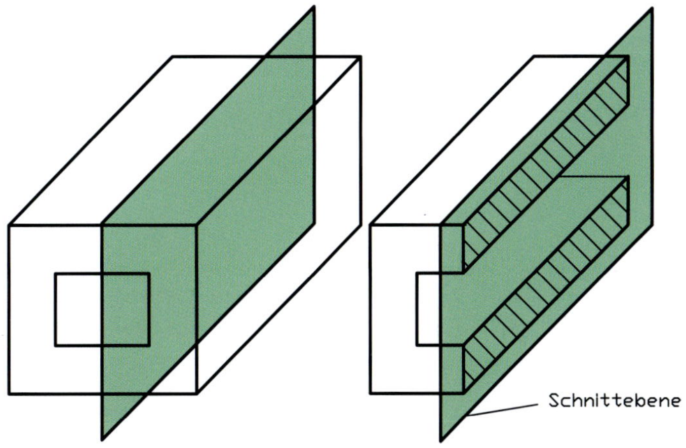

## 1.1 Vorbereitungen

Viele Menschen träumen von ihren eigenen vier Wänden, von einem Eigenheim oder einer Eigentumswohnung. Doch bevor man sich einen solchen Traum verwirklichen kann, gibt es eine Menge Vorbereitungen, die man treffen muss. Die Bundesrepublik Deutschland ist ein dicht besiedeltes Land. Aus diesem Grund ist es wichtig, dass alle Baumaßnahmen in die richtigen Bahnen gelenkt werden. Damit nicht einfach etwas gebaut wird, was sich dann später negativ auf die Landschaft, das Stadtbild oder auch auf die Menschen auswirkt, gibt es im Bauwesen Gesetze und Verordnungen.

Diese Reglungen teilen sich ein in:

- Gesetze des Bundes (z. B. Baugesetzbuch),
- Gesetze der Länder und
- Verordnungen der Städte und Gemeinden.

Die Gesetze des Bundes legen die Schritte für die **Raumplanung** fest. Jedes Bundesland ist verpflichtet, für seine Regionen einen Regionalplan bzw. einen **Landesentwicklungsplan** zu entwerfen.

Dabei sind die Bundesländer an die Vorgaben des Bundes gebunden. Die Kommunen erarbeiten dann ihren **Flächennutzungsplan** (siehe Abb. 1-1). Dieser Flächennutzungsplan muss wiederum die Vorgaben des Landesentwicklungsplanes erfüllen und ist außerdem mit den Nachbargemeinden abzustimmen. In einem Flächennutzungsplan wird die Nutzung der Bauflächen festgelegt und durch Symbole und Farben dargestellt.

Im Baugesetzbuch (BauGB) und in den einzelnen Baunutzungsverordnungen (BauNVO) sind die Symbole für die Nutzungsmöglichkeiten der einzelnen Flächen beschrieben. Es können z. B. Wohnbauflächen, gewerbliche Bauflächen, gemischte Bauflächen und Sonderbauflä-

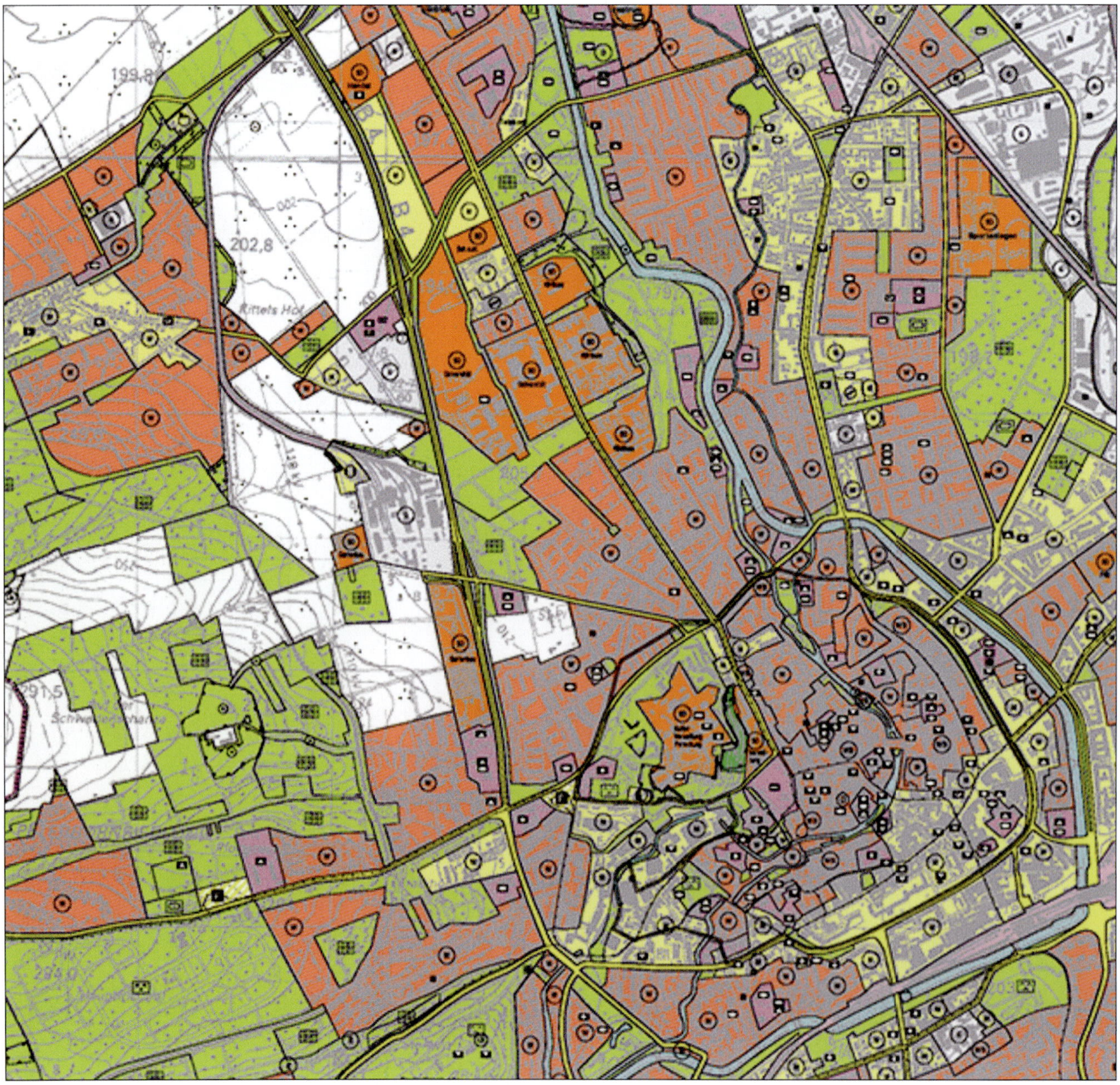


*Abb. 1-1 Flächennutzungsplan*

chen entstehen. Die Tabelle 1-2 zeigt eine Auswahl der Flächennutzung. Allerdings berücksichtigt sie nur eine Auswahl der zulässigen Bebauungsart. Detailliertere Informationen findet man in der Baunutzungsverordnung.

Nachdem der Plan öffentlich ausgelegt und diskutiert wurde, wird er beschlossen. Solch ein Plan hat eine Gültigkeit von etwa zehn Jahren.

Im nächsten Schritt müssen nun für die einzelnen Teilflächen des Flächennutzungsplanes sogenannte **Bebauungspläne** (siehe Abb. 1-2) erarbeitet werden. Hier werden den einzelnen Bauflächen die Einzelheiten der jeweiligen Bebauung zugewiesen. An diese Festlegungen muss sich jeder Bauherr halten. Die wichtigsten Symbole sind in Tab. 1.1 und 1.2 erklärt.

| Baugebiet | Zahl der Vollgeschosse |
|---|---|
| Grundflächenzahl GRZ | Geschossflächenzahl GFZ |
| b = besondere,<br>o = offene Bauweise | DN<br>30–35° |

*Tab. 1-1 Bauliche Nutzung*

Die Kenngrößen in Tab. 1.1 haben folgende Bedeutung:

- Baugebiet = Art der baulichen Nutzung
- Zahl der Vollgeschosse = Höchstgrenze der Anzahl der zu bauenden Geschosse, **II** bedeutet dann Erdgeschoss + 1. Obergeschoss maximal, **III D** würde bedeuten 3 Vollgeschosse und ein Dachgeschoss maximal.

| | | |
|---|---|---|
| **Wohnbau-Flächen**<br>**W** | **Kleinsiedlungsgebiete (WS)** | Kleinsiedlungen einschließlich Wohngebäude mit entsprechenden Nutzgärten. |
| | **Reine Wohngebiete (WR)** | Reine Wohngebiete dienen dem Wohnen. |
| | **Allgemeine Wohngebiete (WA)** | Wohngebäude, die der Versorgung des Gebiets dienenden Läden, Schank- und Speisewirtschaften sowie nicht störende Handwerksbetriebe, Anlagen für kirchliche, kulturelle, soziale, gesundheitliche und sportliche Zwecke |
| | **Besondere Wohngebiete (WB)** | Wohngebäude, Läden, Betriebe des Beherbergungsgewerbes, Schank- und Speisewirtschaften, sonstige Gewerbebetriebe, Geschäfts- und Bürogebäude |
| **Gemischte Flächen**<br>**M** | **Dorfgebiete (MD)** | Wirtschaftsstellen land- und forstwirtschaftlicher Betriebe und die dazugehörigen Wohnungen und Wohngebäude |
| | **Mischgebiete (MI)** | Wohngebäude, Geschäfts- und Bürogebäude, Einzelhandelsbetriebe, Schank- und Speisewirtschaften sowie Betriebe des Beherbergungsgewerbes, sonstige Gewerbebetriebe |
| | **Kerngebiete (MK)** | Geschäfts-, Büro- und Verwaltungsgebäude, Einzelhandelsbetriebe, Schank- und Speisewirtschaften, Betriebe des Beherbergungsgewerbes und Vergnügungsstätten, sonstige nicht wesentlich störende Gewerbebetriebe |
| **Gewerbliche Bauflächen**<br>**G** | **Gewerbegebiete (GE)** | Gewerbebetriebe aller Art, Lagerhäuser, Lagerplätze und öffentliche Betriebe, Geschäfts-, Büro- und Verwaltungsgebäude, Tankstellen, Anlagen für sportliche Zwecke |
| | **Industriegebiete (GI)** | Gewerbebetriebe aller Art, Lagerhäuser, Lagerplätze und öffentliche Betriebe, Geschäfts-, Büro- und Verwaltungsgebäude, Tankstellen, Anlagen für sportliche Zwecke |
| **Sonderbauflächen**<br>**S** | **Sondergebiete (SO)** | Als Sondergebiete, die der Erholung dienen, kommen insbesondere in Betracht Wochenendhausgebiete, Ferienhausgebiete, Campingplatzgebiete.<br>SO werden aber auch für Bauten mit großem Platzbedarf wie Kliniken, Hochschulen, Häfen und Einkaufszentren ausgeschrieben. |

*Tab. 1-2 Art der baulichen Nutzung*

- Die Grundflächenzahl (GRZ) beschreibt, wie viel Prozent der Grundstücksfläche bebaut werden dürfen. Das würde bei einer GRZ von 0,5 bedeuten, dass 50 % der Fläche innerhalb der Grundstücksgrenze bebaut werden dürfen.
- Eine weitere Größe ist die Geschossflächenzahl GFZ. Sie sagt aus, dass bei einer GFZ von 0,8 beispielsweise die Fläche aller Vollgeschosse 80 % der Grundstücksfläche nicht übersteigen darf.
- Die Position „Offene Bauweise" gibt an, dass Einzel-, Doppel- oder Reihenhäuser gebaut werden dürfen, deren Gesamtlänge 50 Meter nicht überschreitet. Bei der „Geschlossenen Bauweise" müssen die Häuser so auf die Grenze gebaut werden, dass sich die Wände der Gebäude berühren.

Weitere Vorschriften regeln die Dacheindeckung, die Dachneigung (DN), die Firstrichtung und z. B. Bepflanzungsvorschriften.

Die Abbildung 1-2 zeigt einen Auszug aus einem Bebauungsplan.

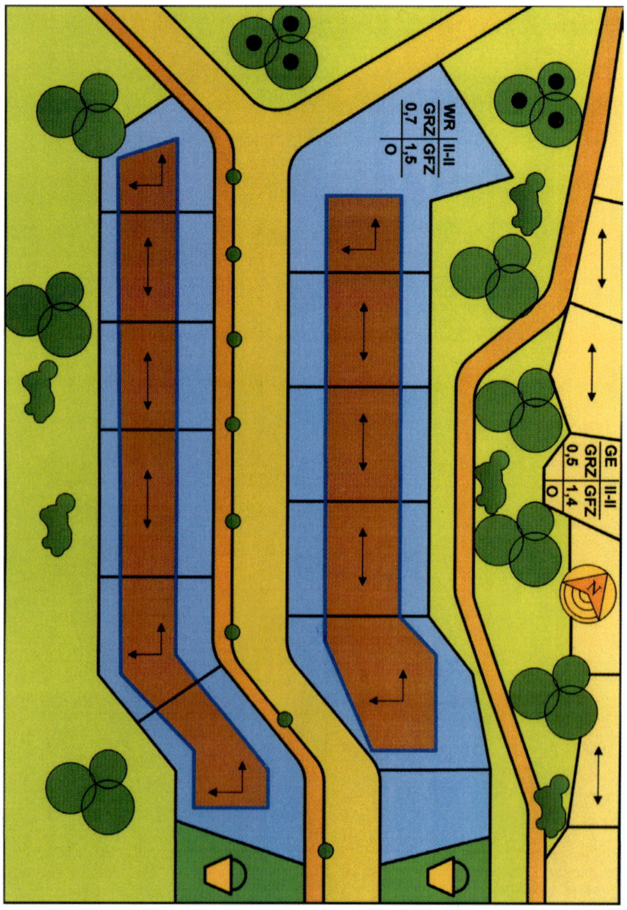


*Abb. 1-2 Bebauungsplan*

Der Bebauungsplan in Abbildung 1-2 zeigt noch weitere Details der Bebauung. So sind hier z. B. die Baugrenzen und die Grundstücksgrößen eingezeichnet. Außerdem findet man die Bepflanzung, Straßen und Wege, Grünflächen, Spielplätze, Fuß- und Radwege.

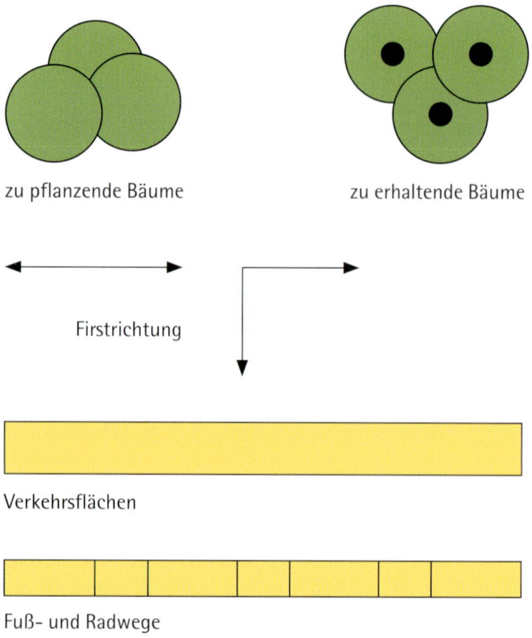


*Abb. 1-3 Details der Bebauung*

Die letzten Details der Bebauung zeigt dann der Lageplan (Abb. 1-4). Hier werden die Größe und die genaue Lage des Gebäudes auf dem Grundstück eingezeichnet. Des Weiteren erscheinen die Flurnummer und die Flurstücknummer.

*Abb. 1-4 Lageplan*

Bevor jedoch der Lageplan erarbeitet wird, muss natürlich erst eine Zeichnung des Hauses angelegt werden. Das ist die Aufgabe des Architekten. Zusammen mit den Bauherren entwirft und zeichnet er das Wunschhaus der Auftraggeber – natürlich in Übereinstimmung mit den Vorschriften und den Gegebenheiten vor Ort.

## 1.2 Bauzeichnungen

Zuerst werden Vorplanungen durchgeführt. Der Architekt entwirft Skizzen und Zeichnungen, wie das Gebäude aussehen soll. Hier werden Bäume, Fahrzeuge und Menschen eingezeichnet, um eine Vorstellung vom zukünftigen Objekt entstehen zu lassen. Solche Ergänzungen beleben die Darstellung und binden das Objekt in die Umgebung ein. Dabei wird das Haus von verschiedenen Seiten gezeichnet (Abb. 1-5).

Ansicht von Süd-Westen (Weg)

Ansicht von Süd-Osten (Garten)

*Abb. 1-5 Verschiedene Ansichten*

Solche Außenansichten zeigen die architektonische Wirkung des Hauses. Für die Baufirma, die das Haus errichten soll, reicht das aber bei Weitem nicht aus.

Die komplexen Innenformen des Hauses müssen noch sichtbar gemacht werden. Um das zu erreichen, wird das Bauwerk „aufgeschnitten". Schnittdarstellungen werden im Exkurs nach diesem Kapitel erläutert (Seite 15ff.). Beim Bauzeichnen unterscheidet man zwei Schnittarten. Dabei ist der Horizontalschnitt die häufiger angewendete Schnittart.
Bei dieser Schnittart wird die Schnittebene waagerecht angeordnet (Abb. 1-6). Man kann mit diesem Schnitt von „oben" in ein Gebäude sehen. Mit dieser Methode werden alle Räume, die sich auf der Höhe der Schnittebene befinden, sichtbar gemacht. So entsteht der Grundriss eines Hauses.

**Liegt beim Schnitt durch ein Gebäude die Schnittebene horizontal, so bezeichnet man das als Horizontalschnitt. Ein Horizontalschnitt wird auch Grundriss genannt.**

*Abb. 1-6 Horizontalschnitt oder Grundriss*

Eine weitere Möglichkeit, in das Innere eines Gebäudes zu schauen, ist der Vertikalschnitt. Bei dieser Methode liegt die Schnittebene senkrecht (Abb. 1-7).

*Abb. 1-7 Vertikalschnitt*

In dieser Ansicht sieht man die Anzahl der Stockwerke, die Höhe der Räume und beispielsweise die Treppen.

**Liegt beim Schnitt durch ein Gebäude die Schnittebene vertikal, so bezeichnet man das als Vertikalschnitt.**

Die Schnittebenen werden so angeordnet, dass man möglichst viel erkennen kann. Sie gehen durch Fenster, Türen, Schornsteine und Treppen. Außerdem erkennt man die Wandstärke, die Dicke der Geschossdecken, den Aufbau der Wand und die Tiefe des Fundamentes. Die Schnittebene wird nach Bedarf angeordnet.

Beim Bauen werden viele verschiedene Materialien eingesetzt. Diese Tatsache muss auch bei der Erstellung der Bauzeichnungen berücksichtigt werden. So kommen für die verschiedenen Materialien unterschiedliche Schraffuren und Farben zum Einsatz. Verwendet man keine standardisierten Schraffuren, muss man eine Legende anfertigen. In der Abbildung 1-8 ist ein Gebäude im Vertikalschnitt dargestellt. Wie aus der Zeichnung ersichtlich, kommen für das Mauerwerk drei Varianten der Schraffur zur Anwendung.

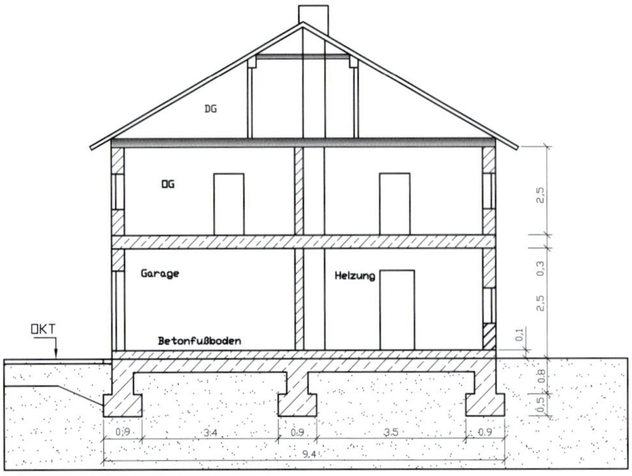


*Abb. 1-8 Gebäude im Vertikalschnitt*

Schmale Flächen werden komplett geschwärzt, Flächen mittlerer Größe bleiben offen und große Flächen werden schraffiert (Abb. 1-9).

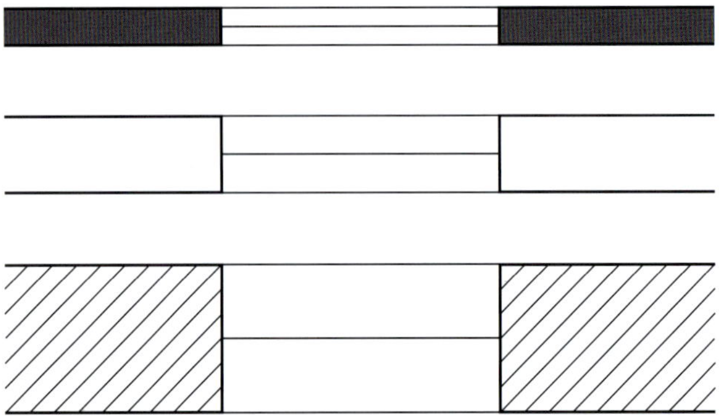

*Abb. 1-9 Schraffur von Schnittflächen*

Für die anderen Bauelemente zeigt die Abbildung 1-10 eine kleine Auswahl üblicher Schraffuren.

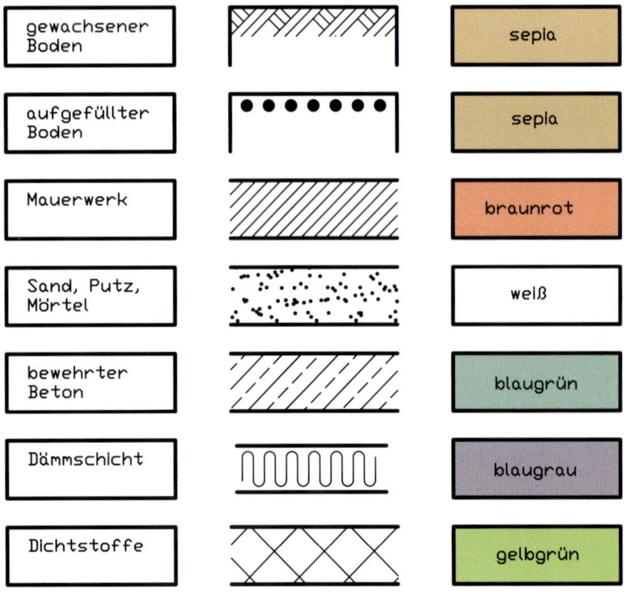


*Abb. 1-10 Schraffuren*

## 1.3 Bemaßung

Im Bauzeichnen gibt es einige Besonderheiten, die die Darstellung und die Maßeintragung von der Zeichnung im Maschinenbau unterscheidet. Im Grundriss in Abbildung 1-11 sind einige dieser Besonderheiten zu sehen.

So werden im Bauzeichnen **geschlossene Maßketten** verwendet. Dabei entstehen oft **Doppelbemaßungen**, sodass die Maßpfeile durch **Maßstriche** ersetzt werden.

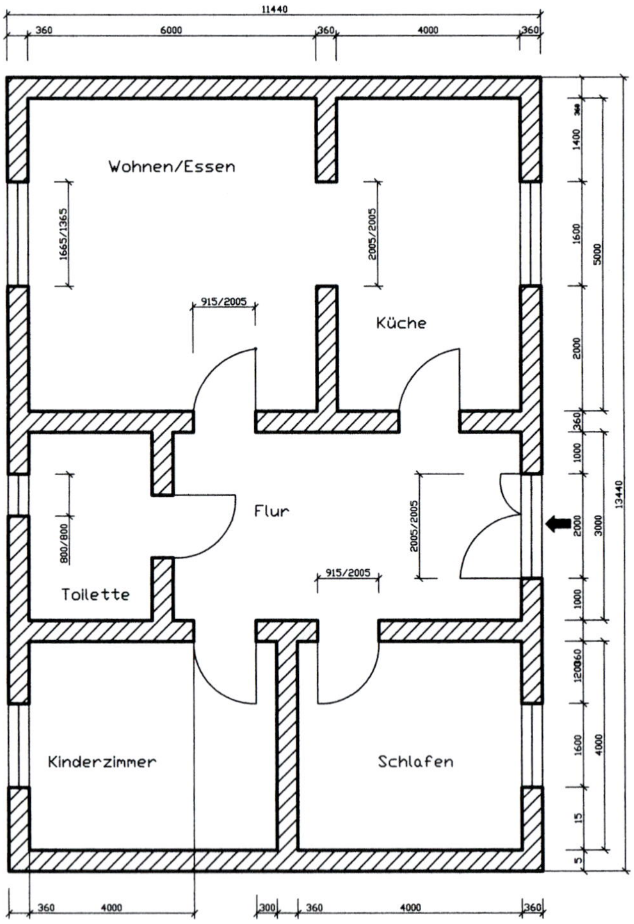


*Abb. 1-11 Grundriss*

Maßstriche erlauben es, für mehrere Maßlinien eine Maßlinienbegrenzung zu verwenden.

Aber auch **Maßpfeile** sind im Bauzeichnen möglich. Sie werden bei Kreis- und Winkelmaßen bevorzugt. Gelegentlich werden auch **Maßpunkte** verwendet. Auf einer Zeichnung ist aber immer nur eine Form der Maßlinienbegrenzung zu verwenden. Ausschlaggebend für die Maßlinienbegrenzung sind die vorhandenen Platzverhältnisse auf der Zeichnung. **Maße** in Bauzeichnungen können in **m, cm, aber auch in mm** angegeben werden. Die Maßeinheit ist im Schriftfeld zu vermerken. Grundsätzlich gilt, dass die Regeln so eingehalten werden, dass die Klarheit und Verständlichkeit der Zeichnung bestehen bleibt.

Oft werden **Höhenmarken** gesetzt, die die Höhendifferenz zu angrenzenden Flächen angeben (Abb. 1-12). Dabei wird die Höhe des fertigen Fußbodens im Erdgeschoss auf +/– 0,0 gesetzt.

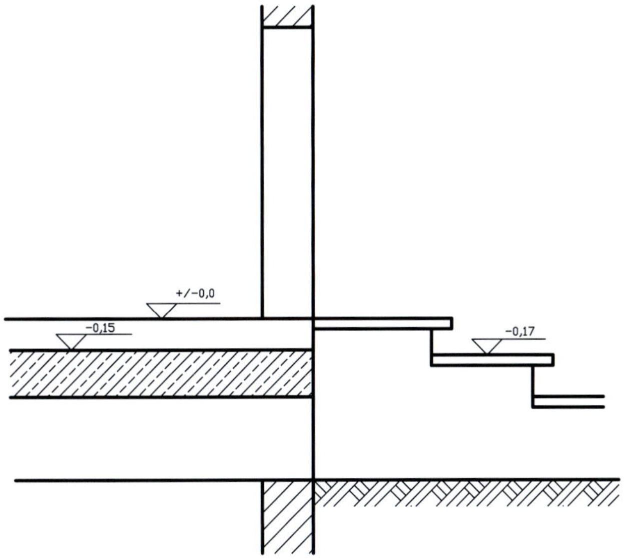


*Abb. 1-12 Höhenmarken*

## 1.4 Bauelemente

Für die Darstellung der verschiedenen Bauelemente und Bauteile existiert eine Vielzahl von Symbolen und Zeichen. In den folgenden Abbildungen ist eine kleine Auswahl dieser Teile dargestellt. So gibt es für verschiedene Fenster und Türen Symbole (Abb. 1-13 und Abb. 1-14).

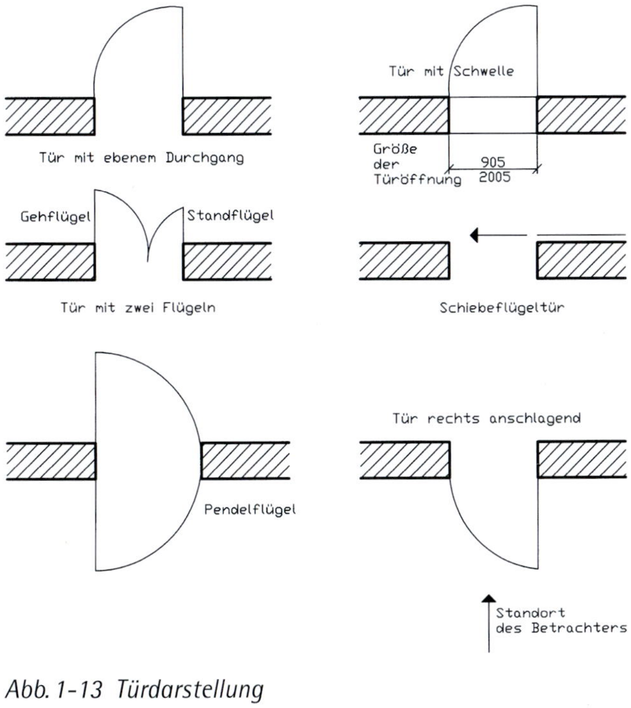


*Abb. 1-13 Türdarstellung*

Fenster werden im Bauzeichnen wie in Abbildung 1-14 dargestellt. In der Zeichnung des Hauses wird die Fensteröffnung im Mauerwerk bemaßt. Wie bei Türen können auch bei Fenstern Höhe und Breite mit eingetragen werden (s. Abb. 1-11, 1-21). Zusätzliche Informationen wie Wärmeschutzgläser, Schallschutzgläser, Sicherheitsgläser usw. werden in der Bauzeichnung zusätzlich vermerkt.

In der Abbildung 1-14 ist außerdem noch die zeichnerische Darstellung für verschiedene Kamine oder Schornsteine abgebildet.

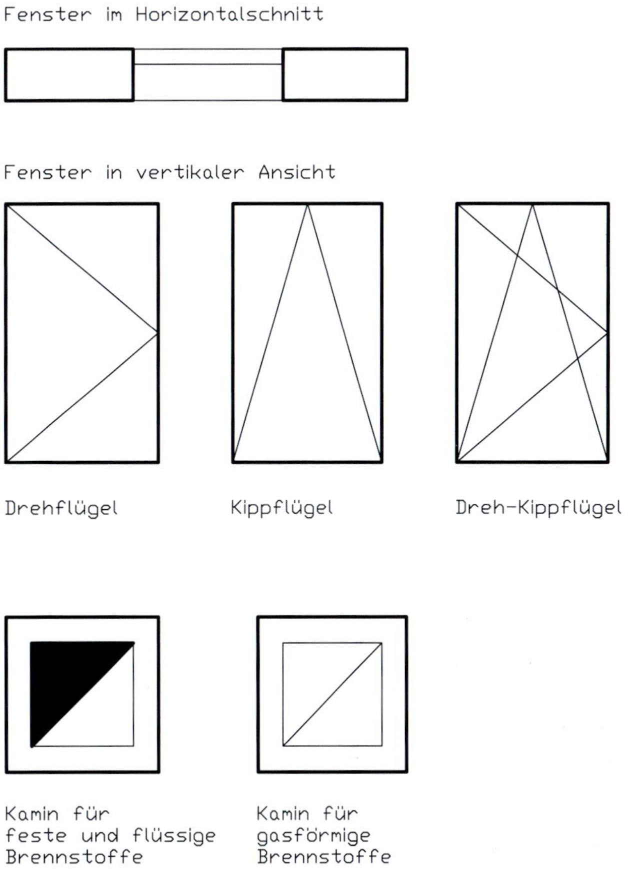


*Abb. 1-14 Fenster und Kamine*

Eine weitere Besonderheit stellen die Linienbreiten dar. Zusätzlich zu den schmalen und breiten Volllinien wird eine weitere Linienart, die sehr breite Volllinie, eingesetzt. Die Breite der Linien vergrößert sich etwa im Verhältnis 1 : 2 : 4. Außerdem ändert sich die Linienbreite zusätzlich noch mit dem Maßstab der Bauzeichnung. Für die Linien der Liniengruppe 0,7 würden sich im Maßstab 1 : 10 folgende Größenverhältnisse ergeben:

| | |
|---|---|
| schmale Volllinien | 0,35 |
| **breite Volllinie** | **0,7** |
| sehr breite Volllinie | 1,4 |

Sehr breite Volllinien werden für die Begrenzung von großen Flächen geschnittener Bauteile eingesetzt. Hier sind hauptsächlich solche geschnittenen Flächen gemeint, die nicht schraffiert werden. Die Verwendung der Linienarten ist ähnlich der Verwendung im Maschinenbau. Für schulische Zwecke sollen hier keine spezielleren Anwendungen herausgearbeitet werden.

Die Abbildung 1-15 zeigt verschiedene Varianten von Treppen, die in Häusern eingebaut sind. Der Pfeil zeigt immer die Laufrichtung nach oben an. Bei gewinkelten, gewendelten und Spindeltreppen unterscheidet man zwischen Links- und Rechtstreppen. Bei Linkstreppen geht man linksherum nach oben, während man bei Rechtstreppen rechtsherum nach oben steigt.

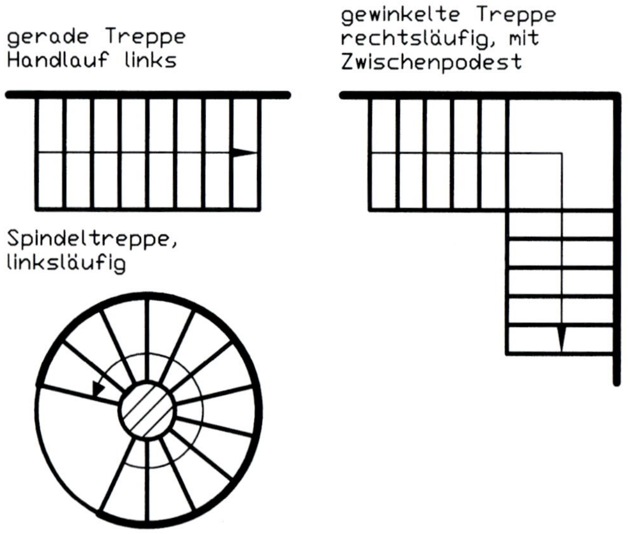


*Abb. 1-15 Treppen*

Bauzeichnungen werden fast nur noch mit dem PC erstellt. Es gibt eine große Auswahl an Programmen, mit denen Bauwerke konstruiert werden können. Sie enthalten sogenannte Bibliotheken mit verschiedenen Bauelementen und Bauteilen, die in die Zeichnung eingesetzt werden. Diese Aufgabe übernimmt der Architekt, der auch alle statischen Berechnungen durchführt. Der Bauherr bespricht mit dem Architekten seine Vorstellungen von seinem zukünftigen Haus.

## 1.5 Innenausbau

Bei der Innengestaltung kann der Bauherr selbst gestalterisch tätig werden. Auch hier gibt es eine Vielzahl von Programmen, die dem zukünftigen Hausbesitzer dabei helfen. Dies geschieht meist in Einzelschritten.

Zuerst wird die jeweilige Etage konstruiert. Die Abbildung 1-16 zeigt die fertig konstruierte Etage eines Wohnhauses.

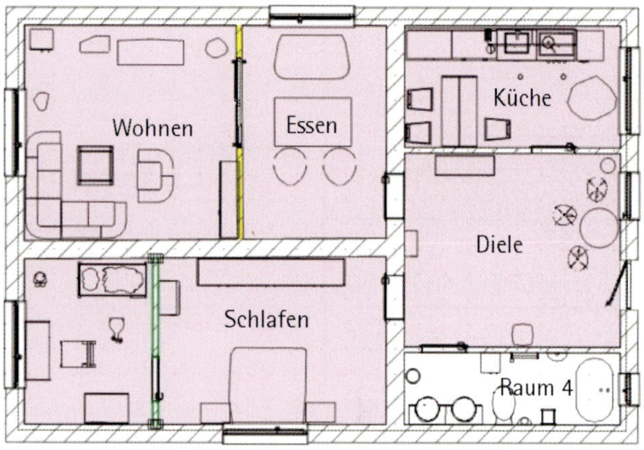


*Abb. 1-16 2D-Konstruktion der Etage eines Hauses*

Im nächsten Schritt werden im sogenannten 2D-Modus die Einrichtungsgegenstände in den Zimmern angeordnet (Abb. 1-17). Je nach verwendetem Programm sind hier Möbel der verschiedensten Hersteller zu finden.

Nachdem der Bauherr alle Möbel nach seinen Vorstellungen angeordnet hat, kann er seine Wohnung im 3D-Modus betrachten. Die räumliche Darstellung (Abb. 1-18) ermöglicht es, eine viel bessere Vorstellung der zukünftigen Wohnung zu erhalten als die 2D-Darstellung.

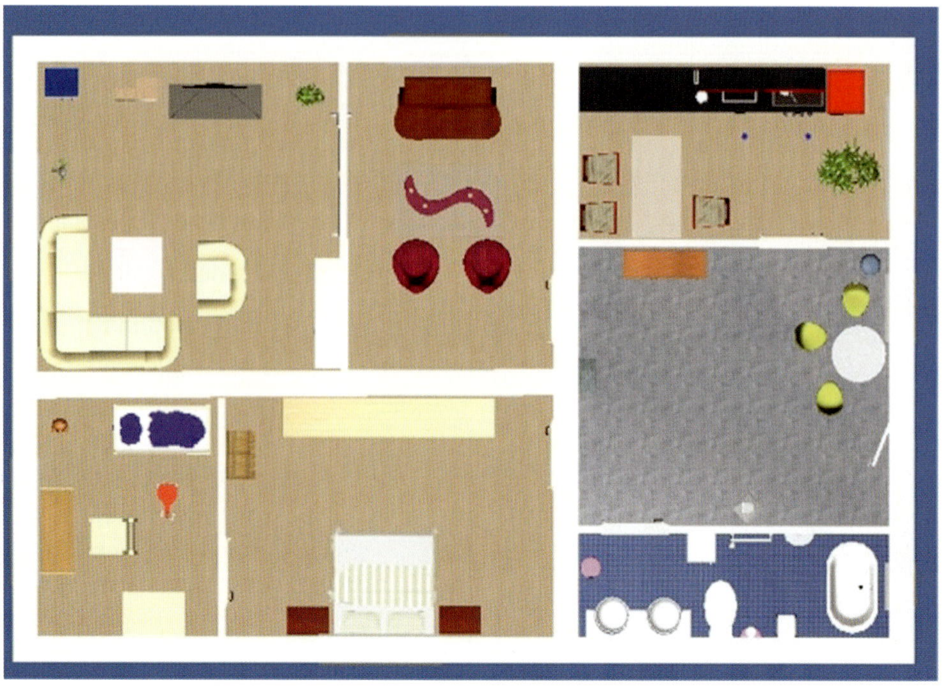

*Abb. 1-17 2D-Einrichtung*

*Abb. 1-18 3D-Ansicht einer Etage*

Kamerafahrten durch das Haus ermöglichen nun einen detaillierten Einblick in jeden Raum des Hauses (Abb. 1-19, 1-20). Natürlich sind Änderungen und Ergänzungen jederzeit möglich.

*Abb. 1-19 Kamerastandpunkt 1*

*Abb. 1-20 Kamerastandpunkt 2*

A

**1. Analysieren Sie den Flächennutzungsplan auf Seite 6 und bestimmen Sie die Arten der baulichen Nutzung!**

**2. Erklären Sie mit Ihren eigenen Worten die Bedeutung der Grundflächenzahl und der Geschossflächenzahl!**

**3. Übertragen Sie die folgende Tabelle in Ihr Heft und erklären Sie, was die Symbole aussagen!**

| | |
|---|---|
| WB | II |
| 0,5 | 0,6 |
| b | DN 32° |

**4. Auf der Seite 8 finden Sie einige Symbole aus einem Bebauungsplan. Suchen Sie weitere Symbole und zeichnen Sie sie in Ihr Heft!**

**5. Welche zusätzlichen Informationen hält der Lageplan für den Bauherren bereit?**

**6. Nennen Sie drei Gründe, warum von einem Haus zuerst eine Außenansicht gezeichnet wird und darin auch Bäume, Fahrzeuge und Menschen eingezeichnet sind!**

**7. Nennen Sie die Gründe, weshalb im Bauzeichnen Vertikal- und Horizontalschnitte ausgeführt werden!**

**8. Tragen Sie die Besonderheiten der Bemaßung beim Bauzeichnen zusammen und notieren Sie sie in Ihrem Heft!**

**9. Welche Vorteile bietet die Planung des Innenausbaus mithilfe eines Computerprogramms, das die Wohnung dreidimensional darstellen kann?**

**10. Analysieren Sie die Abbildung 1-21! Schreiben Sie alle Bauelemente und Bauteile, die Sie erkennen, in Ihr Heft! Berechnen Sie die Fläche des Flures!**

**11. Messen Sie Ihren Klassenraum aus und fertigen Sie einen Grundriss an! Zeichnen Sie die Bänke und die Bestuhlung sowie die Schränke ein!**

**12. Sie wollen Ihr Zimmer renovieren. Zeichnen Sie einen Grundriss und einen Vertikalschnitt von Ihrem Zimmer! Tragen Sie alle Maße ein! Berechnen Sie den Bedarf an Teppichboden und Tapeten! Zeichnen Sie auch den Standort aller Möbel in den Grundriss ein!**

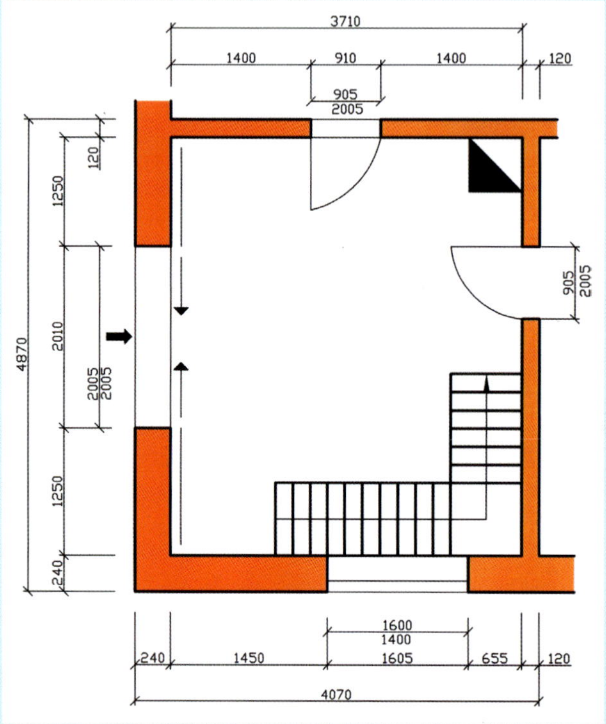


*Abb. 1-21 Hausflur*

# Exkurs: Die Schnitt- und Gewindedarstellung

Viele technische Gegenstände haben ein komplexes Innenleben. Von außen sind diese Innenformen meistens nicht oder nur teilweise sichtbar. Der Hersteller der Teile muss aber die Form der Hohlräume kennen, um sie anfertigen zu können. Es reicht oft nicht aus, diese Innenformen durch verdeckte Körperkanten darzustellen, da an verdeckte Körperkanten, wie in Abbildung 1, keine Maße angetragen werden sollen. Aus diesem Grund wird der Körper gedanklich „aufgeschnitten" und so die Innenform sichtbar gemacht.

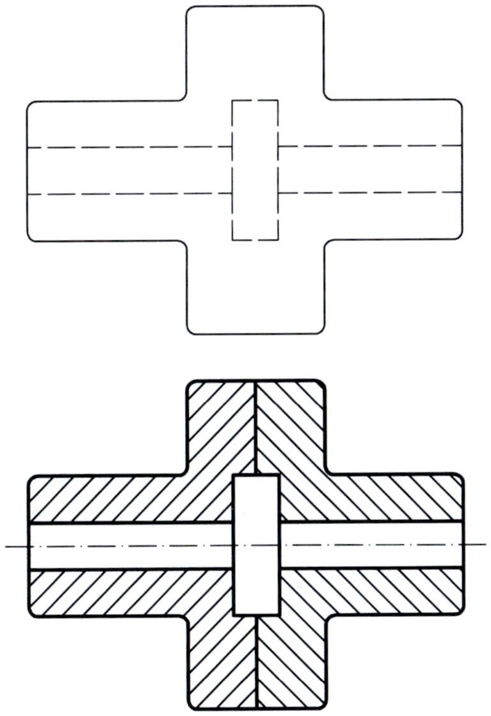

*Abb. 1 Verbindung*

Die nun sichtbaren Körperkanten der Innenformen können als breite Volllinien dargestellt und bemaßt werden (Abb. 2).

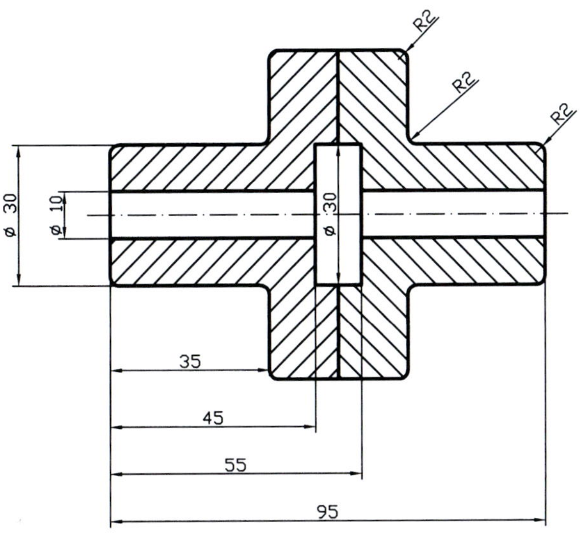


*Abb. 2 Verbindung bemaßt*

**Bei der Schnittdarstellung werden die Innenformen eines Körpers durch zeichnerische Darstellung sichtbar gemacht.**

Der Schnitt wird entlang einer gedachten Ebene, der Schnittebene, ausgeführt. Diese Ebene trennt den Körper an der gewünschten Stelle auf.

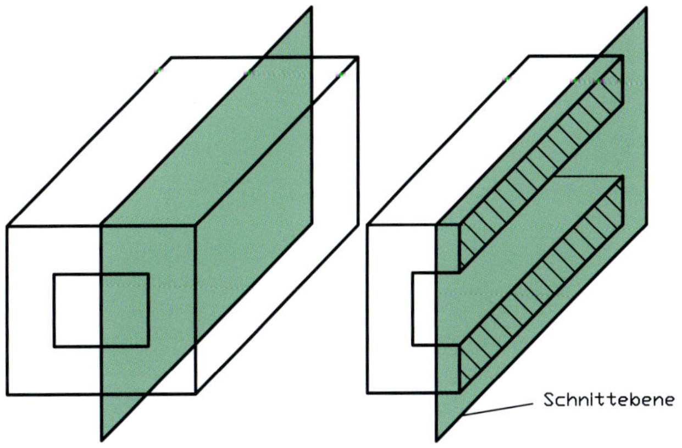


*Abb. 3 Schnittebene*

Der Bereich, an dem der Schnitt „volles Material" schneidet, wird als Schnittfläche bezeichnet und durch eine Schraffur gekennzeichnet. Die Abbildung 3 zeigt einen Vierkantstahl mit rechteckiger Innenform. Die Wandung ist geschnitten und durch eine Schraffur gekennzeichnet.

Bei Abbildung 4 liegen unterschiedliche Materialien dicht beieinander. In diesem Fall verwendet man unterschiedliche Schraffuren.

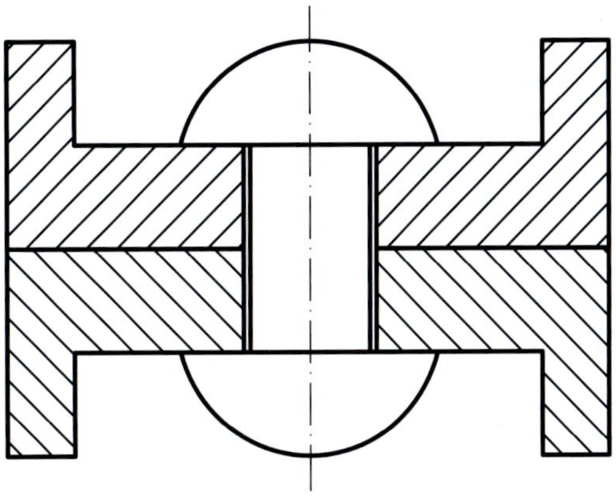

*Abb. 4 Nietverbindung*

**Wird ein Körper entlang einer Schnittfläche „aufgeschnitten", um seine Innenformen sichtbar zu machen, so bezeichnet man diese Darstellung als Schnitt.**

**A**

1. **Warum werden Gegenstände geschnitten dargestellt?**
2. **Nennen Sie weitere Beispiele, bei denen Körper geschnitten dargestellt werden!**

Nicht nur in der Technik, sondern auch in der Geologie, der Biologie und im Bauwesen werden Schnittdarstellungen angefertigt.

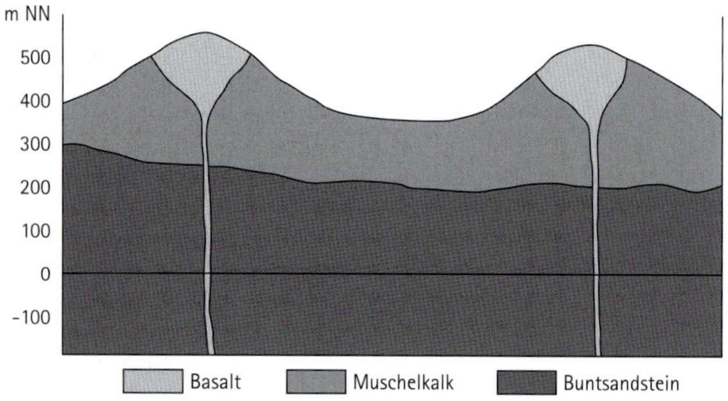


*Abb. 5 Geologischer Schnitt, Profil*

In der Geologie werden für die verschiedenen Bodenarten genormte Schraffuren eingesetzt. Solche Schnitte werden auch als Profile bezeichnet (Abb. 5). In der Biologie werden Schnitte angefertigt, um das Innere von Lebewesen sichtbar zu machen (Abb. 6).

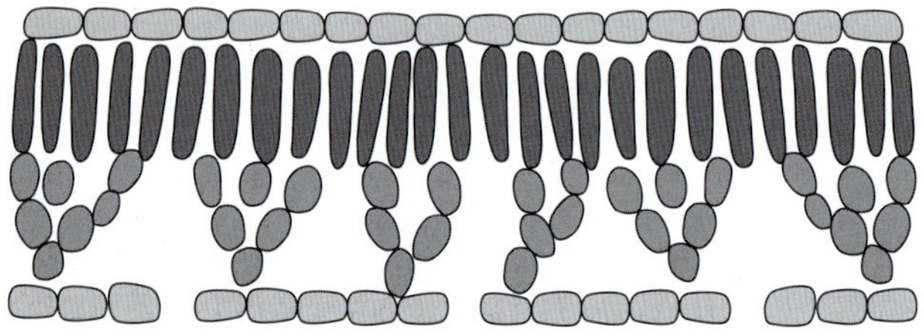

*Abb. 6 Schnitt durch ein Laubblatt*

Eine weitere wichtige Anwendung der Schnittdarstellung ist das Bauzeichnen (vgl. Kapitel 1.2).

## A Der Vollschnitt

Erstrecken sich die Innenformen über den gesamten Körper, so ist es zweckmäßig, ihn vollständig aufzuschneiden. Die Schnittfläche ist in diesem Fall unbegrenzt. Diese Darstellung bezeichnet man als Vollschnitt.

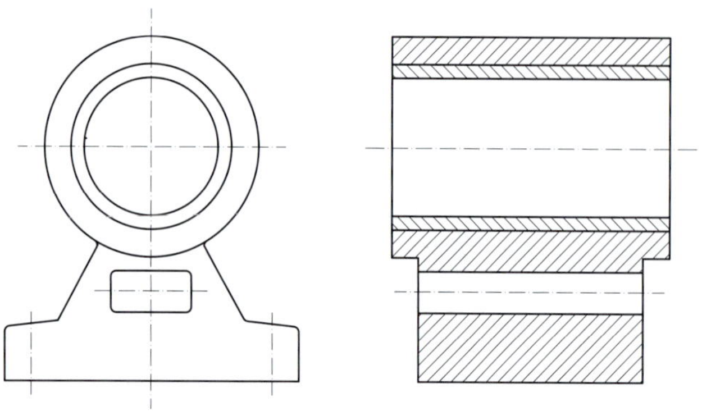

*Abb. 7 Lagerbock*

Die Schnittfläche entspricht in Abbildung 7 der senkrechten Mittellinie.

**Beim Vollschnitt wird der Körper vollständig geschnitten. Die Schnittebene ist unbegrenzt.**

Wie bereits erwähnt, werden die geschnittenen Flächen schraffiert. Die Schraffur erfolgt nach einheitlichen Regeln, die folgendermaßen ausgeführt werden:

- schmale Volllinien,
- gleicher Abstand untereinander,
- nach rechts geneigt,
- Winkel von 45° zum Blattrand.

Liegen unterschiedliche Materialien direkt aneinander, können diese Regeln variiert werden. Die einfachste Variante ist, die Neigungsrichtung (s. Abb. 4 und Abb. 7) umzukehren. Es können aber auch anstelle der Linien Kreuzschraffuren oder Punkte verwendet werden. Bei Materialien wie Filz, Kunststoff oder Gummi wird die Schnittfläche oft eingefärbt oder getönt. Sehr dünne Schnittflächen können durchgehend geschwärzt werden. Bei sehr großen Schnittflächen kann man die Schraffur auf den Randbereich beschränken.

**Die Kennzeichnung der Schnittflächen mit Linien oder anderen zeichnerischen Mitteln wird als Schraffur bezeichnet.**

Alle Ansichten eines Werkstückes können, wenn es erforderlich ist, als Schnittdarstellung gezeichnet werden. Reicht eine Ansicht als Schnitt, so werden die anderen Ansichten ungeschnitten dargestellt.

Wird ein Einzelteil in mehreren Ansichten im Schnitt dargestellt, so muss für dieses Teil immer die gleiche Schraffur verwendet werden. Es ist nicht erlaubt, Strichlinien für verdeckte Körperkanten in Schnittflächen einzuzeichnen. In Schnittflächen sollte keine Bemaßung erfolgen. Ist es jedoch unumgänglich, so wird die Schraffur an dieser Stelle unterbrochen.

## B Der Teilschnitt

Nicht alle Innenformen erstrecken sich über den gesamten Körper, sodass es oft nicht erforderlich ist, den ganzen Körper als Schnitt darzustellen. In diesem Fall wird nur der Teil des Körpers geschnitten, der die Innenformen enthält.

**Beim Teilschnitt wird der Körper nicht vollständig geschnitten. Die Schnittebene ist begrenzt.**

Für die Darstellung im Teilschnitt gelten dieselben Regeln wie für den Vollschnitt. Es sind jedoch noch einige weitere Dinge zu beachten.

Die Schnittebene wird durch eine schmale Freihandvolllinie begrenzt. Diese Linie darf keine andere Körperkante verdecken.

Der Teilschnitt wird auch angewendet, wenn sich die Innenform symmetrisch durch das gesamte Werkstück zieht (z. B. bei Rohren oder Kastenprofilen).

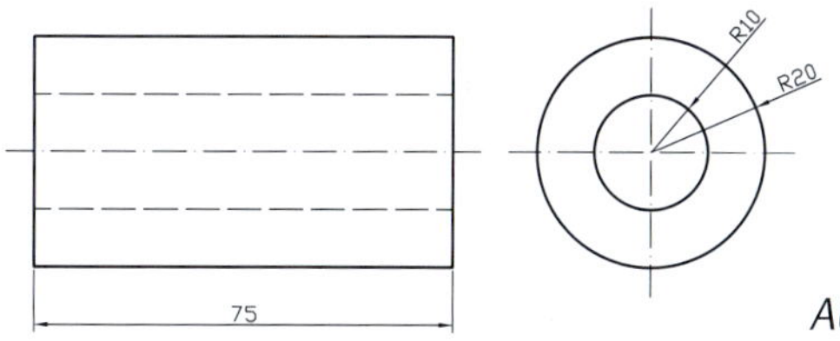


*Abb. 8a Buchse*

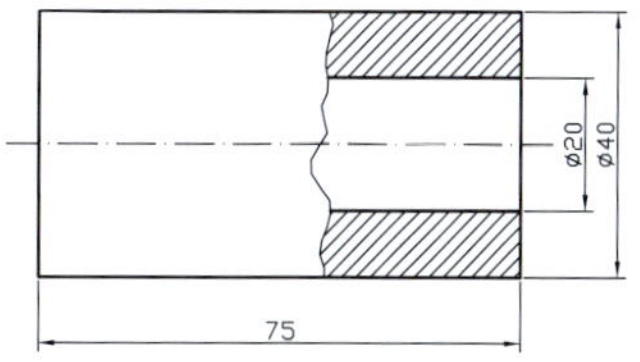


*Abb. 8b Buchse als Teilschnitt*

Aus der Abbildung 8 ist ersichtlich, dass die Darstellung einer Buchse mithilfe eines Teilschnittes eine zweite Ansicht überflüssig macht.

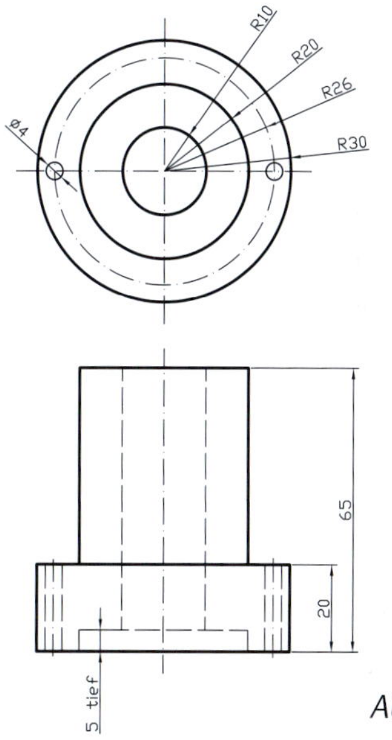


*Abb. 9 Stufenbolzen*

**A**

1. **Erklären Sie, warum die Schnittdarstellung für die Darstellung von bestimmten Objekten wichtig ist!**
2. **Schreiben Sie die Regeln für die Schnittdarstellung in Ihr Heft!**
3. **Woran erkennt man die Schnittflächen, die zu einem Gegenstand gehören?**
4. **Beschreiben Sie den Unterschied zwischen Teilschnitt und Vollschnitt!**
5. **Nennen Sie Werkstücke, bei denen ein Teilschnitt vorteilhafter ist als ein Vollschnitt, und begründen Sie Ihre Auswahl!**
6. **Fertigen Sie von dem Werkstück in Abbildung 9 eine Schnittdarstellung an! Verwenden Sie Teil- und Vollschnitt!**

# C Die Gewindedarstellung

Gewinde erfüllen in der Technik viele Aufgaben. In jedem technischen Gerät findet man in irgendeiner Weise Gewinde. Darum ist es wichtig, Gewindedarstellungen anfertigen und lesen zu können. Nach dem Verwendungszweck eines Gewindes unterscheidet man zwischen Bewegungs- und Befestigungsgewinden. Außerdem unterscheiden sich die Gewinde nach der Form der Gewindeflanken (Abb. 10).

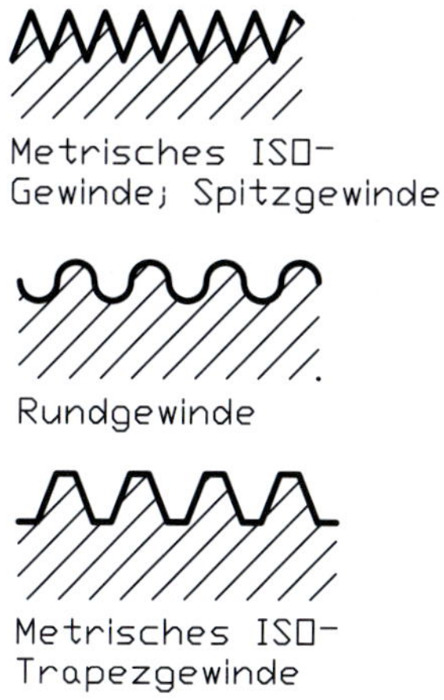


*Abb. 10 Gewindeformen*

Metrische ISO-Gewinde („ISO" bezeichnet die internationale Normierungsorganisation) befinden sich als Spitzgewinde an fast allen Schrauben und Muttern. Durch die Verbindung von Schraube und Mutter werden zwei oder mehrere Werkstücke miteinander verbunden. Dabei handelt es sich wie bei allen Schraubverbindungen um eine lösbare Verbindung. Trapezgewinde hingegen verwendet man zur Übertragung von Kräften und Bewegungen. Ein typisches Beispiel ist die Spindel des Schraubstockes. Bei der Schraubstockspindel handelt es sich um eine lange Schraube mit Trapezgewinde. Der bewegliche Backen des Schraubstockes ist lose mit der Spindel verbunden. Im fest stehenden Backen des Schraubstockes befindet sich das Gegenstück der Spindel, die Mutter. Durch die Drehbewegung wird der bewegliche Backen zum fest stehenden Backen hin- oder wegbewegt. Da sich Rundgewinde in Blech prägen lassen, finden sie z. B. an Glühlampen Verwendung. Das typische Beispiel hierfür ist das Edisongewinde. Aufgrund seiner Form ist das Rundgewinde aber auch für die Beanspruchung von großen Kräften geeignet. Deshalb wird es auch bei Eisenbahnkupplungen eingesetzt.

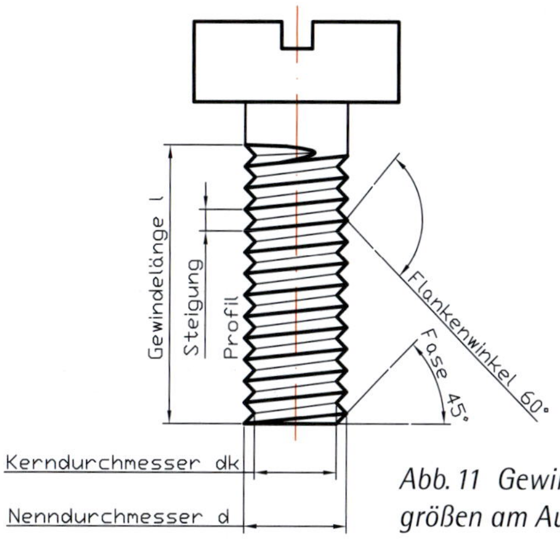


*Abb. 11 Gewindekenngrößen am Außengewinde*

In der Abbildung 11 ist eine Schraube in ausführlicher Darstellung abgebildet. An ihr kann man die wichtigsten Größen eines Gewindes erkennen.

Die abgebildete Schraube (Abb. 11) hat ein Außengewinde. Das Gegenstück dazu sind die Innengewinde. Die Abbildung 12 zeigt die wichtigsten Kenngrößen eines Innengewindes, dargestellt durch den Schnitt an einer Sechskantmutter.

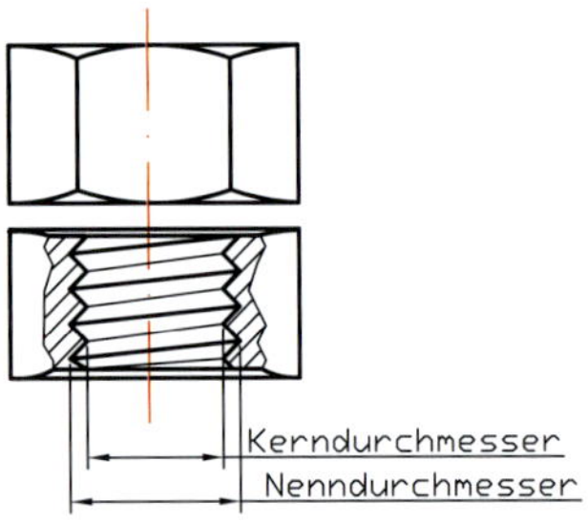


*Abb. 12a Mutter*

*Abb. 12b Gewindekenngrößen am Innengewinde*

Die in Abbildung 11 und Abbildung 12 gewählten Gewindedarstellungen sind sehr kompliziert und für die Praxis des technischen Zeichnens ungeeignet. In technischen Zeichnungen verwendet man **Gewindesymbollinien** für die Darstellung eines Gewindes. Diese Linien werden als schmale Volllinien gezeichnet.

In Abbildung 13 sind die ausführliche und die vereinfachte Gewindedarstellung gegenübergestellt.

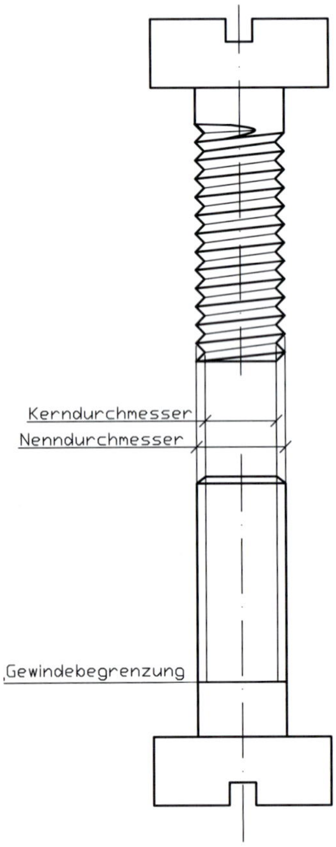


*Abb. 13a Ausführliche Darstellung von Außengewinden*

*Abb. 13b Vereinfachte Darstellung von Außengewinden*

Bei Außengewinden wird der Nenndurchmesser durch eine breite Volllinie dargestellt, der Kerndurchmesser durch eine schmale Volllinie und die Gewindebegrenzung durch eine breite Volllinie.

Gewinde können durch verschiedene Verfahren hergestellt werden. Eines der gebräuchlichsten Verfahren ist das Gewindeschneiden. Das Ausgangsmaterial für ein Außengewinde ist meistens zylindrisch. In den Zylinder, der das Gewinde erhalten soll, wird mit einem Schneideisen das Profil eingeschnitten. Beim Gewindeschneiden entspricht der Außendurchmesser des Zylinders dem Nenndurchmesser des zu schneidenden Gewindes. Die für die Fertigung notwendige Fase (siehe Abb. 11) wird bei der vereinfachten Darstellung ebenfalls weggelassen.

Bei der industriellen Massenfertigung von Schrauben wendet man das Gewindewalzen an.

Um ein Innengewinde anzufertigen, wird in das Material eine Bohrung mit dem Kerndurchmesser des zu fertigenden Gewindes gebohrt. Für viele Gewindegrößen gibt es sogenannte Kernlochbohrer. Mit einem Gewindebohrer wird dann das Gewinde in das Kernloch geschnitten.

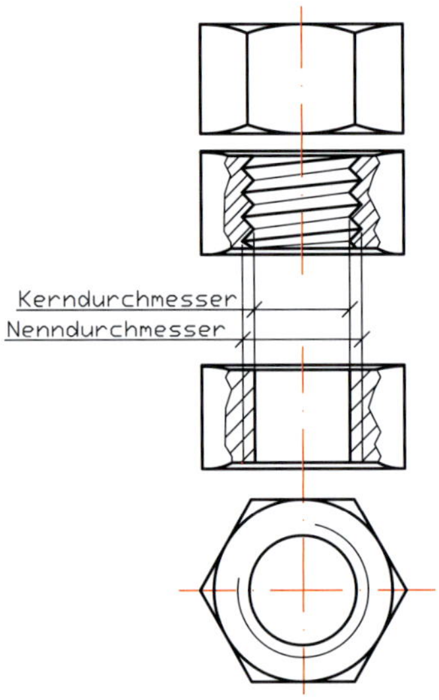


*Abb. 14 Vereinfachte Darstellung von Innengewinden*

Auch bei Innengewinden werden Gewindesymbollinien zur Darstellung des Gewindes eingesetzt. Für den Nenndurchmesser verwendet man eine schmale Volllinie und für den Kerndurchmesser eine breite Volllinie.

Betrachtet man das Gewinde in **axialer Richtung**, kommt ein **Dreiviertelkreis** zur Anwendung. Dieser darf nicht an den Symmetrielinien enden bzw. beginnen (siehe Abb. 14). Ansonsten ist die Lage des Dreiviertelkreises nicht genau vorgeschrieben. Bei Außengewinden ist die Darstellung in axialer Richtung vergleichbar. Der Nenndurchmesser wird als breite Volllinie und der Kerndurchmesser als Dreiviertelkreis mit schmaler Volllinie dargestellt (siehe Abb. 15).

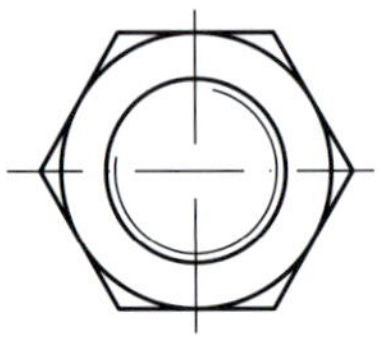

*Abb. 15 Außengewinde in axialer Betrachtungsweise*

Für den Abstand der Gewindesymbollinien zwischen Kern- und Nenndurchmesser gibt es keine genauen Vorschriften. Die Tabelle 1 enthält eine Auswahl von Konstruktionsmaßen für metrische ISO-Gewinde. Daraus ergibt sich, dass der Abstand nicht kleiner als 0,8 Millimeter gewählt werden sollte. Bis M20 gilt, dass der Abstand etwa 1 mm betragen sollte und ab M20 etwa 2 mm. Für genaue Konstruktionen müssen die Werte aus der Tabelle entnommen werden.

| **Gewinde-nenn-Ø** | M4 | M5 | M6 | M8 | M10 |
|---|---|---|---|---|---|
| **Kern-Ø** | 3,141 | 4,019 | 4,773 | 6,466 | 8,160 |

| **Gewinde-nenn-Ø** | M12 | M16 | M20 | M24 |
|---|---|---|---|---|
| **Kern-Ø** | 9,853 | 13,546 | 16,933 | 20,319 |

*Tabelle 1 Konstruktionsmaße von Gewinden*

Die Bemaßung von Gewinden erfolgt nach den allgemeinen Regeln der Bemaßung. Bemaßt werden der Nenndurchmesser des Gewindes und die Gewindelänge. Um das Gewinde kenntlich zu machen, wird der Maßzahl ein Buchstabe vorangestellt. Bei **metrischen ISO-Gewinden** ist das ein **M**.

**Metrische Gewinde sind Gewinde, deren Größe in Millimetern angegeben wird und deren Profil ein Spitzgewinde ist. Mit der Angabe des Nenndurchmessers und der nutzbaren Gewindelänge ist ein Gewinde genau bestimmt.**

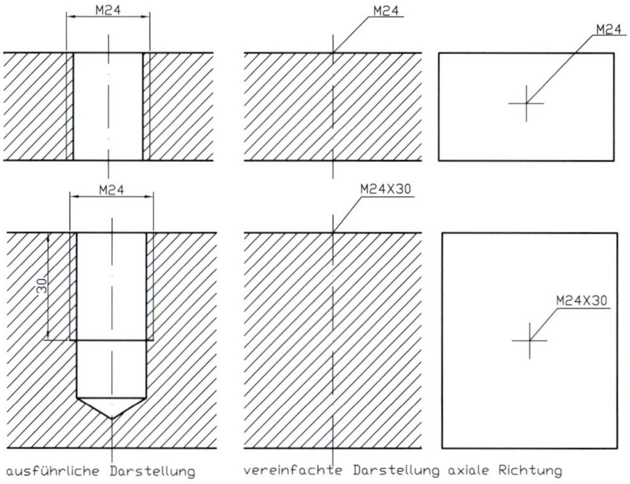


*Abb. 16 Bemaßung von Innengewinden*

Die Abbildung 16 zeigt die Bemaßung von Innengewinden; die Bemaßung von Außengewinden ist in der Abbildung 17 dargestellt.

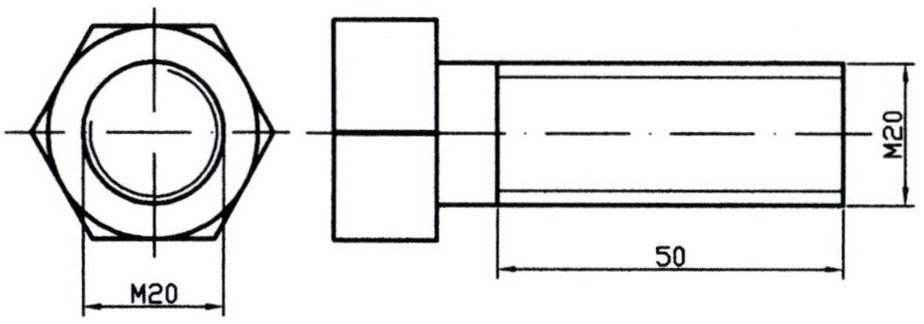


*Abb. 17 Bemaßung von Außengewinden*

Bei **metrischen ISO-Trapezgewinden** wird der Maßzahl ein **Tr** (siehe Abb. 18) und bei **Rundgewinden ein Rd** vorangestellt.

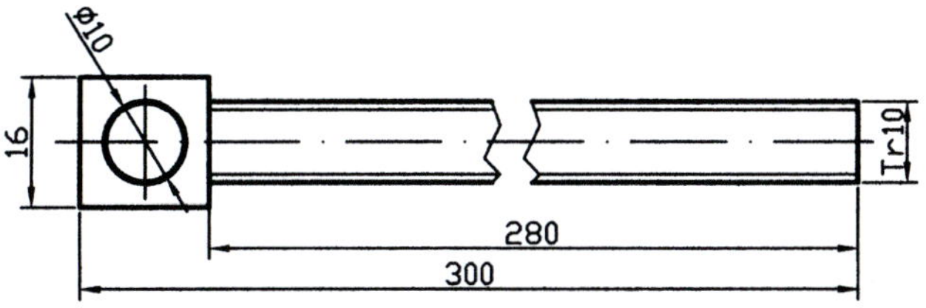


*Abb. 18 Trapezgewinde an einer Schraubstockspindel*

Der Vollständigkeit halber sollen noch die Rohrgewinde und die Withworth-Rohrgewinde genannt werden. Die Größe dieser Gewinde wird in Zoll ("; 1" = 25,4 mm) angegeben. Sie werden bei der Installation von Heizungsanlagen und Wasserrohren verwendet. Solche Gewinde sind zylindrisch, **können** aber auch keglig gefertigt werden. In Verbindung mit Hanfdichtungen bewirken sie im Gewinde dichtende Verbindungen.

**A**

1. **Stellen Sie aus dem Text die Regeln für die Gewindedarstellung zusammen!**
2. **Erklären Sie, wie ein Gewinde bemaßt wird!**
3. **Für die Aufnahme des Drehmeißels für eine Drehmaschine soll eine Stahlplatte gefertigt werden. Sie hat eine Größe von 100 × 100 Millimetern und ist 30 Millimeter dick. Im Abstand von 20 Millimetern von jeder Seite sollen vier Innengewinde eingearbeitet werden, jeweils zwei metrische Gewinde M8 und M6. Die gleich großen Gewinde liegen sich immer diagonal gegenüber, wobei die beiden M8-Gewinde als Durchgangsgewinde dienen, aber die beiden M6-Gewinde nur eine Tiefe von 10 Millimetern haben sollen. Mittig erhält die Platte eine Durchgangsbohrung von 20 Millimetern.**
   **Zeichnen Sie die Grundplatte geschnitten und in den notwendigen Ansichten!**

# 2. CAD – computerunterstütztes Konstruieren

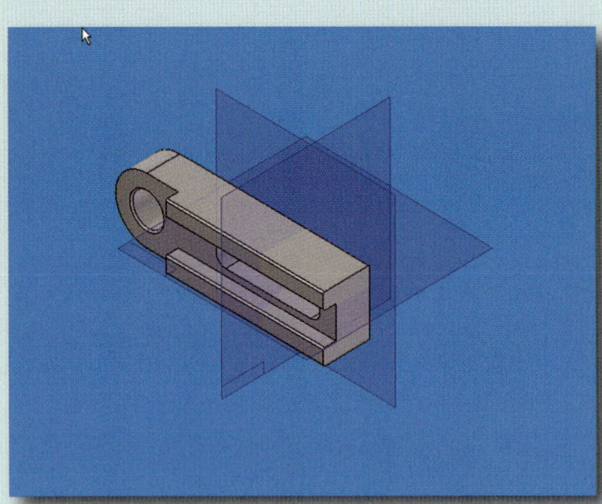

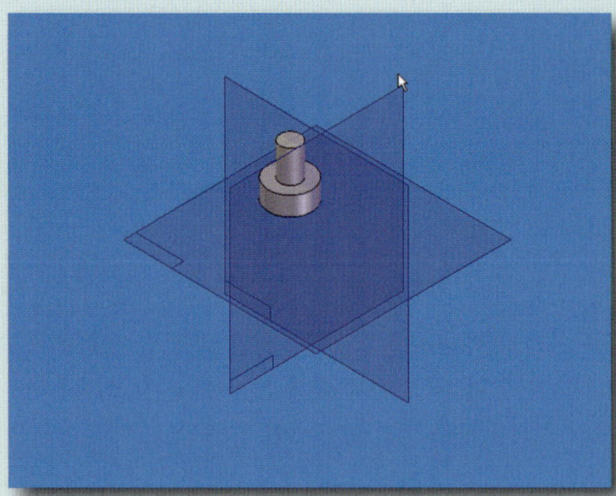

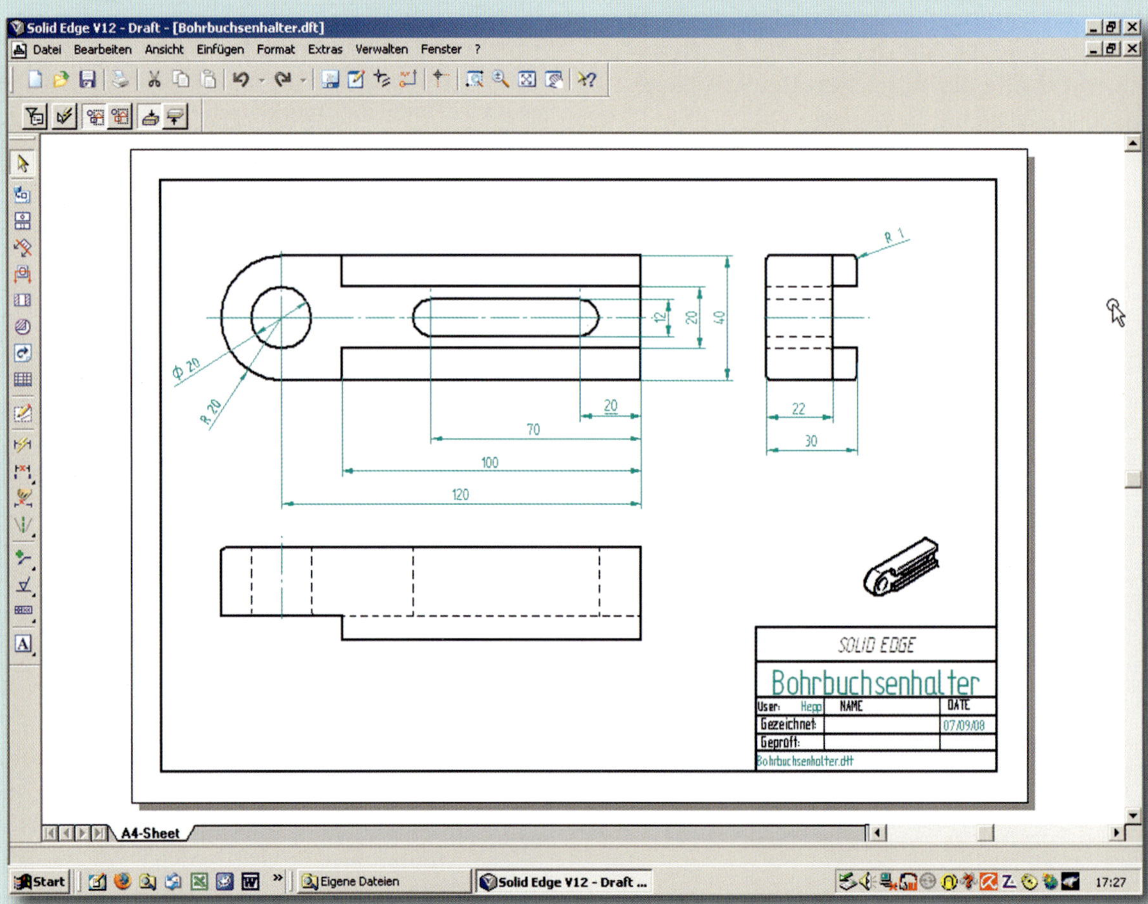

In diesem Kapitel sollen die Konstruktion, das Zeichnen und Bemaßen mithilfe eines Computerprogramms erklärt werden. Solche Programme werden als CAD-Programme (engl. *Computer-Aided Design* – computerunterstütztes Konstruieren) bezeichnet. Dabei wird zwischen 2D- und 3D-Programmen unterschieden.

## 2.1 2D-CAD

2D-CAD-Systeme sind vektororientierte Zeichenprogramme (siehe Medienkunde Klasse 6). Die dargestellte technische Zeichnung wird durch Punkte, Linien, Kreisbögen und Splins beschrieben. Die Darstellung wird also vom Reißbrett auf den Computer verlagert. Computerbefehle ermöglichen das Erzeugen, Positionieren, Ändern und Löschen von Zeichnungselementen. Der Vorteil des Computers ist die Verwendung von Layern (Ebenen). So werden bestimmte Linien, z. B. die Bemaßung auf verschiedenen Ebenen, gespeichert. Die Ebenen lassen sich beliebig ein- und ausblenden. Weiterhin lassen sich in diesen Programmen Bauteile, z. B. Schrauben, Muttern, in einer Normteilbibliothek speichern und mit wenigen Mausklicks einfügen.

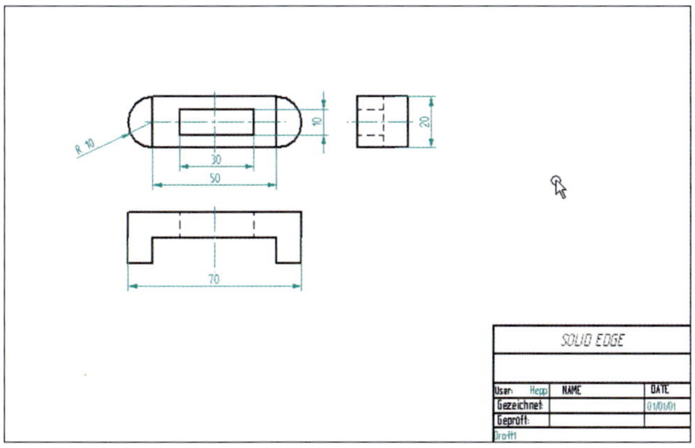


*Abb. 2-1 Ausschnitt aus einer 2D-CAD-Zeichnung*

## 2.2 3D-CAD

Bei 3D-CAD-Systemen wird ein Volumenmodell des Körpers erzeugt. Es werden Grundkörper (Quader, Zylinder, Kegel) geschaffen. Anschließend werden diese in verschiedenen Arbeitsschritten bearbeitet, d. h., es werden Teilformen herausgearbeitet, sodass der gewünschte Körper entsteht. Das erstellte Modell kann nun im Raum frei gedreht werden, sodass man den Körper von jeder Seite betrachten kann. Eine freie Skalierbarkeit (Veränderung der Größe) ist bei der Konstruktion sehr kleiner und großer Körper sowie bei der Betrachtung von Details vorteilhaft. Weiterhin bieten die Programme die Möglichkeit, aus dem erstellten Modell eine 2D-Zeichnung abzuleiten und diese auch zu bemaßen. Moderne Programme bieten auch einen Programmteil, in dem die Einzelteile zu einer Baugruppe oder Maschine zusammengebaut werden können. Somit lassen sich fotorealistische Modelle erzeugen. Diese Aufgabenstellungen erfordern eine hohe Rechenleistung des PCs.

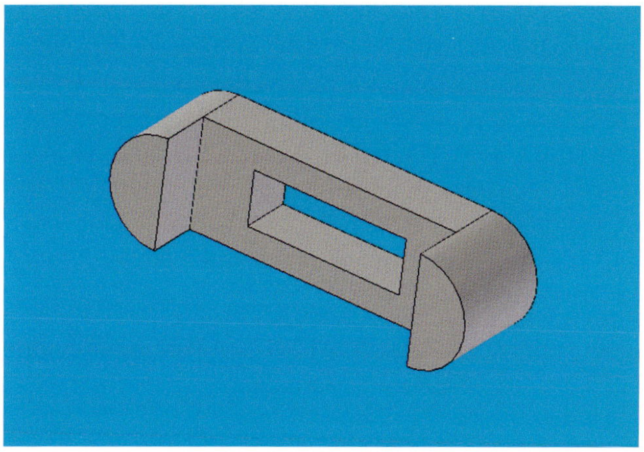

*Abb. 2-2 Ausschnitt aus einer 3D-CAD-Konstruktion*

## 2.3 Geschichtliche Entwicklung

Die Anfänge der CAD-Programme liegen in den 1960er-Jahren. Insbesondere Firmen des Flugzeugbaus versuchten ab Mitte der 60er-Jahre Programme für 2D-CAD zu entwickeln. Die Programme benötigten die Leistung eines Großrechners. Erst 1982 erschien ein Programm (AutoCAD für DOS), welches für Personalcomputer gedacht war. Die Konstruktion erfolgte ähnlich wie zuvor auf Papier. Das 2D-CAD brachte jedoch als Vorteil sehr saubere Zeichnungen, die sich einfach ändern ließen. So konnte man mit wenig Aufwand geringfügig geänderte Teile jederzeit neu ausdrucken und viel Zeit einsparen. Erst die gesteigerte Rechenleistung ermöglichte ab Mitte der 1980er-Jahre die ersten 3D-Programme. Seit der Jahrtausendwende versucht man mit dem konstruierten Modell Informationen für die Fertigung (Werkstoffe, Farben, sonstige Eigenschaften) zu speichern. Das 3D-Modell wird somit zum Produktmodell. Bei der Verwendung von CNC-Maschinen (computergesteuerte Werkzeugmaschinen) für die Fertigung von Teilen kann das Programm die Informationen aus der Datei des Produktmodells entnehmen und der Zwischenschritt zur Herstellung einer technischen Zeichnung kann entfallen. Hierbei spricht man von CADAM-Systemen *(Computer-Augmented Design and Manufacturing).*

Mittlerweile gibt es Programme zum Erstellen von Teilen, Produkten und komplexen Maschinen, die die Teile nicht nur konstruieren, sondern Simulationen und virtuelle Belastungstest durchführen.

CAD-Programme werden heute in den Bereichen Architektur, Vermessungswesen, Raumplanung, historische Rekonstruktion, Anlagenbau, Textilindustrie, Produktdesign, Holztechnik, Maschinenbau, Fahrzeugbau und mechanische Simulation sowie Entwurf elektrischer und elektronischer Schaltungen eingesetzt und sind unentbehrlich geworden.

## 2.4 Start des CAD-Programmes

Der folgende Kurs in die CAD-Konstruktion soll am Beispiel des Programmes **Solid Edge** erfolgen. Solid Edge ist ein 3D-/2D-CAD-Programm, welches die grundlegenden Anforderungen an ein Schulprogramm erfüllt. Weiterhin fügt sich Solid Edge nahtlos in die Microsoft-Office-Welt ein. Ein Datenaustausch und die Zwischenablage funktionieren problemlos. Andere CAD-Programme erfüllen auch die genannten Bedingungen und können genauso eingesetzt werden, da sie ähnlich funktionieren.

Solid Edge besteht aus verschiedenen Programmmodulen mit unterschiedlichen Aufgaben:

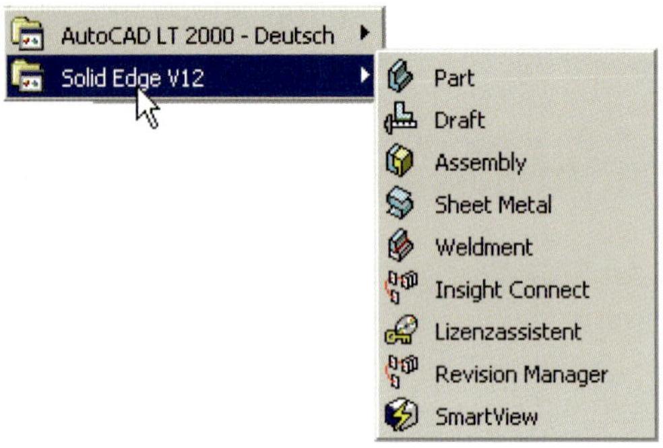


Die bevorzugt für den Unterricht verwendeten Module sind Part und Draft.

Part 

ruft den Programmteil zur 3D-Volumenmodellierung auf.

Draft 

wird für die 2D-Zeichnungserstellung genutzt.

Beim Start kann man entscheiden, mit welchem Programm-Modul gearbeitet werden soll. Je nach Aufgabe werden die Oberfläche und die zur Verfügung gestellten Befehle angepasst. Ein Wechsel in einen anderen Programmteil oder das gleichzeitige Öffnen von Dokumenten in den verschiedenen Programmteilen ist möglich. Dabei sollte aber der Ressourcenverbrauch für den PC berücksichtigt werden.

Im Normalfall beginnt man mit der 3D-Konstruktion eines Körpers. Dazu verwendet man den Programmteil Part. Nach Aufruf des Programmes wird der Bildschirm wie in Abb. 2-3 dargestellt. Der typische Aufbau entspricht den gängigen Office-Programmen.

Am oberen Bildschirmrand befinden sich die *Titelleiste*, die *Menüleiste* und darunter die *Hauptsymbolleiste*. Alle weiteren Bildschirminhalte können je nach Aufgabe variieren. Die Darstellung entspricht der Anzeige im 3D-Konstruktionsmodul.

Die Abbildung 2-3 zeigt im mittleren Teil der Darstellung:

- die *EdgeBar* – eine Zentrale für die Anzeige und Steuerung vieler Funktionen in Solid Edge,
- den *Arbeitsbereich* – der zu diesem Zeitpunkt nur die drei (Referenz-)Ebenen darstellt, da im Programm noch nichts konstruiert wurde, und
- die linke und obere *Symbolleiste für Formelemente* – wo standardmäßig der Befehl Ausprägung aktiviert ist.

Am unteren Bildschirmrand ist die Statusleiste zu finden, diese zeigt Informationen zu den anstehenden Aufgaben an.

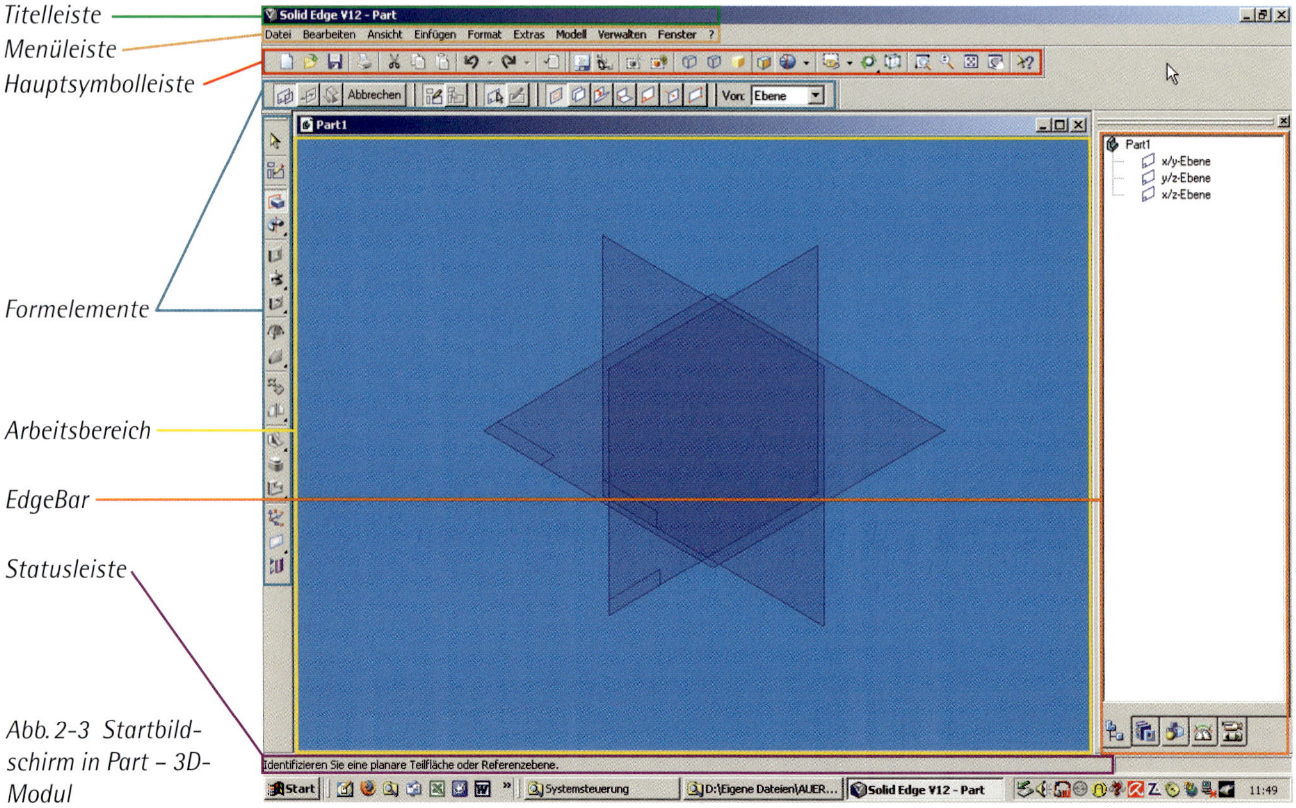


*Abb. 2-3 Startbildschirm in Part – 3D-Modul*

## 2.5 Die 3D-Konstruktion eines Werkstückes

Da das Programm ein praxistaugliches CAD-Programm ist, werden für Erklärungen und Befehle Begriffe aus dem Technikbereich verwendet, die sich zum Teil von den Begriffen im Unterricht unterscheiden.

Weil die Abbildung kompletter Bildschirminhalte zu umfangreich würde, werden hier im Buch Bildschirmausschnitte verwendet. Zur besseren Verständlichkeit dienen farbliche Markierungen.

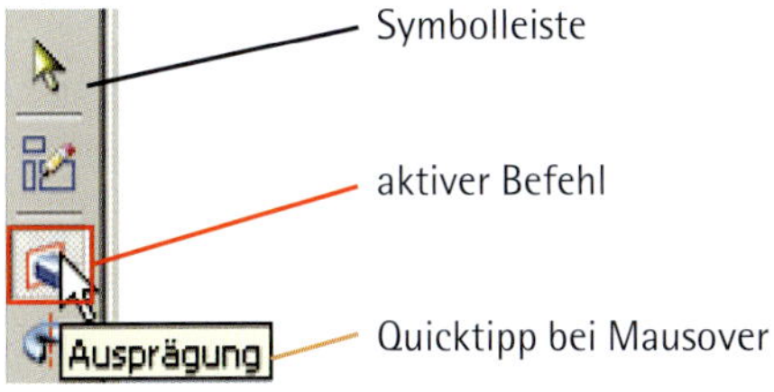


Statusleiste:

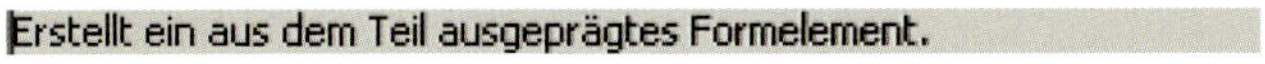


In der linken Symbolleiste *Formelemente* können zwei Befehle zur Erstellung von Ausprägungen (Körpern) ausgewählt werden. Der obere Befehl *Ausprägung* (siehe Bild oben) dient zur Erstellung von Körpern mit beliebiger Grundfläche und gleichbleibendem Querschnitt – in der Technik auch als Profile benannt.

Der darunter angeordnete Befehl *Rotationsausprägung* dient der Erstellung von Rotationsformen mit wechselnden Querschnitten und flexiblen Symmetrieachsen.

Eine Besonderheit ist das schwarze Dreieck in der rechten unteren Ecke. Dieses Symbol weist auf ein Klappmenü hin. Durch Linksklick mit der Maus kann es aufgeklappt werden.

Die weiteren Befehle in der Symbolleiste Formelemente sind inaktiv, da diese für die Abarbeitung von Teilformen dienen und erst nach dem Erstellen einer Ausprägung aktiv werden.

Als erstes Objekt soll ein einfacher Quader mit den Maßen 100 × 60 × 10 erstellt werden. Nachdem man den benötigten Befehl *Ausprägung* gewählt hat, muss man sich für eine Ebene (in unserem Beispiel für die *x/z-Ebene*) entscheiden. Je nach Mausstellung (die Maus über den Arbeitsbereich bewegen) kann man die Ebene wählen. Die gewählte Ebene wird durch farbliche Hervorhebung (rot) markiert. Durch Anklicken wird die Auswahl aktiv. Die Auswahl kann auch in der EdgeBar erfolgen.

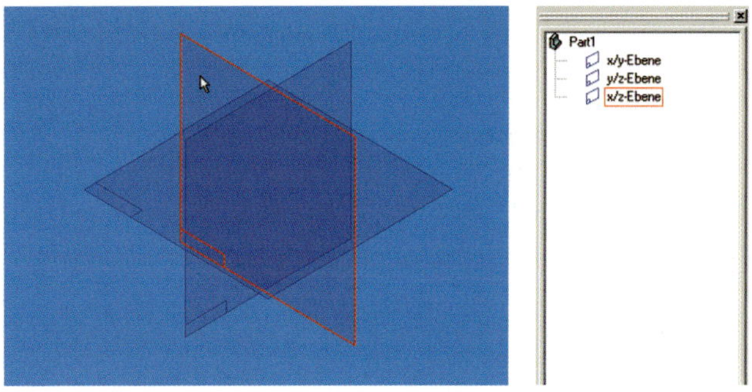


Nun wechselt das Programm zu einer 2D-Ansicht, in der das Profil (die Frontfläche) gezeichnet werden kann

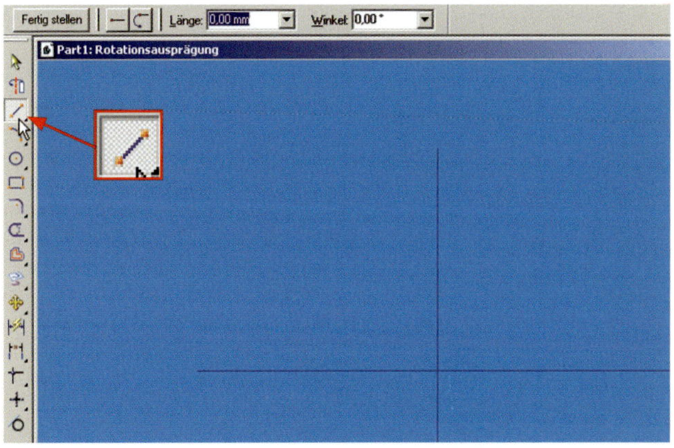


Standardmäßig ist der Befehl *Linie* aktiv, den wir in unserem Beispiel gleich nutzen wollen. Die Linie kann durch Linksklick an beliebiger Stelle begonnen werden.

Über der Arbeitsfläche kann man im Dialogfenster die Länge und einen eventuellen Winkel eingeben. Man sollte sich angewöhnen, mit der dominanten Hand die Maus zu führen und mit der anderen Hand die Zahlen und die Tab-Taste zu bedienen.

Dabei ist festzustellen, dass nach der Eingabe eines Längenmaßes und Betätigen der Tab-Taste dieses Maß festgelegt ist; man kann dann mit der Maus durchaus außerhalb der Linie sein, der eingegebene Wert wird beachtet. Analog dazu sollte mit dem Winkel verfahren werden.

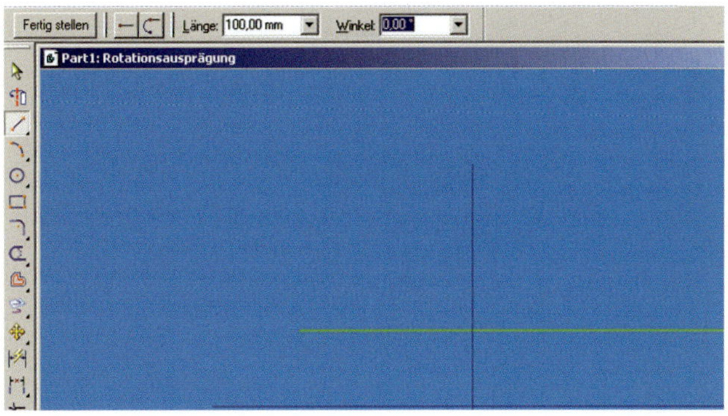


Durch Linksklick wird der Befehl bestätigt und die Linie gezeichnet. Man kann sofort von diesem Punkt aus die nächste Linie weiterführen. Wenn man an anderer

Stelle weiterarbeiten will, kann man durch Rechtsklick den Befehl unterbrechen, der Befehl bleibt aber aktiv. Durch Betätigen der Esc-Taste wird der Befehl dagegen endgültig abgebrochen.

In unserem Beispiel soll die Frontfläche der Grundform mit den Maßen 100 × 60 – ein Rechteck – erstellt werden.

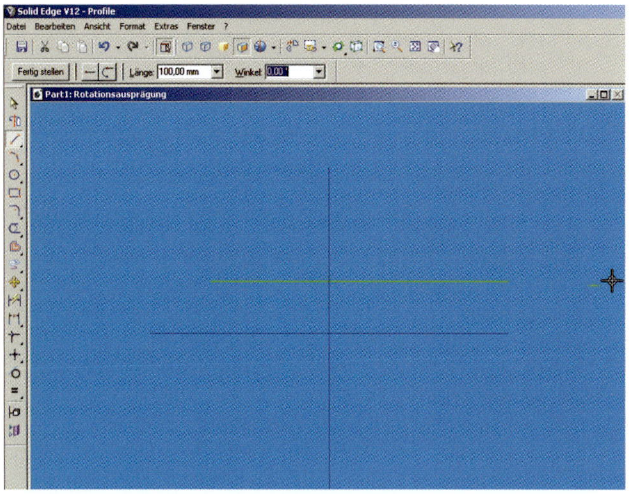


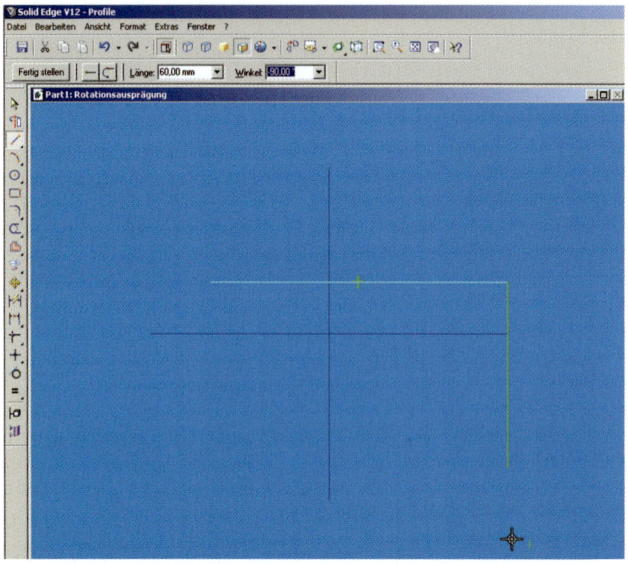


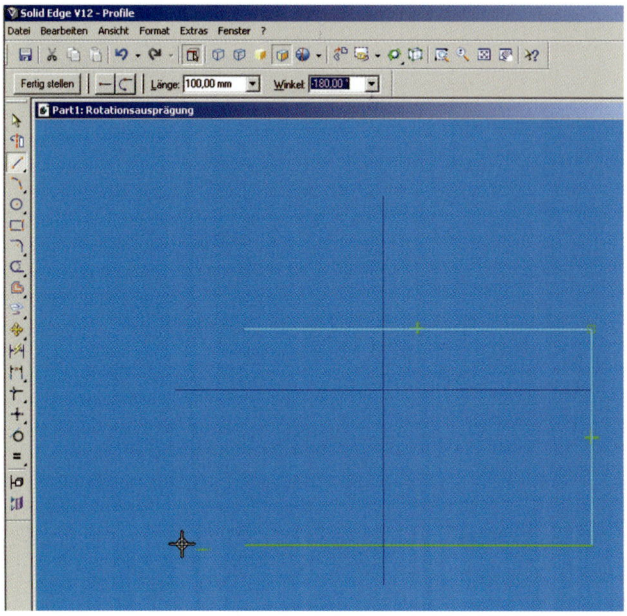


Wichtig ist, dass zum Schluss das Profil geschlossen wird.

Dies ist gewährleistet, wenn neben dem Cursor das Symbol *Stecknadel* eingeblendet wird.

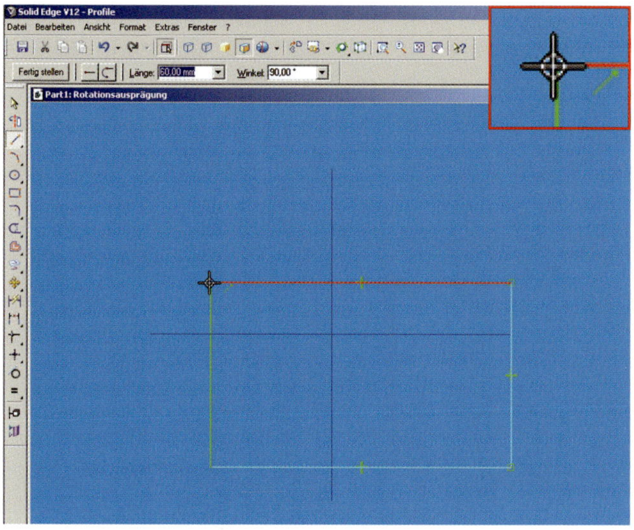


Nun wechselt man mit dem Befehl *Fertig stellen* in den 3D-Modus zurück.

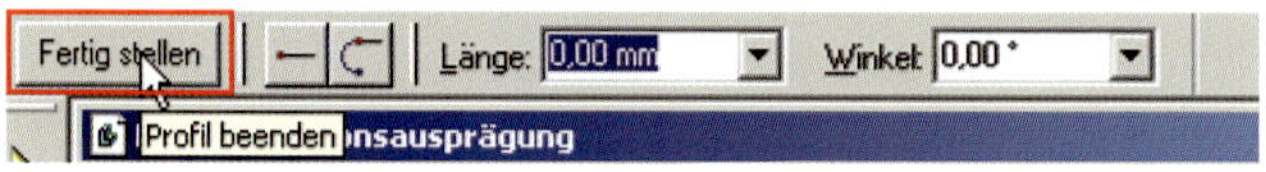


Je nach Mausstellung auf dem Arbeitsbereich (vor oder hinter der Ebene) wird nun die Tiefe durch Linien (nach vorn oder hinten) angedeutet.

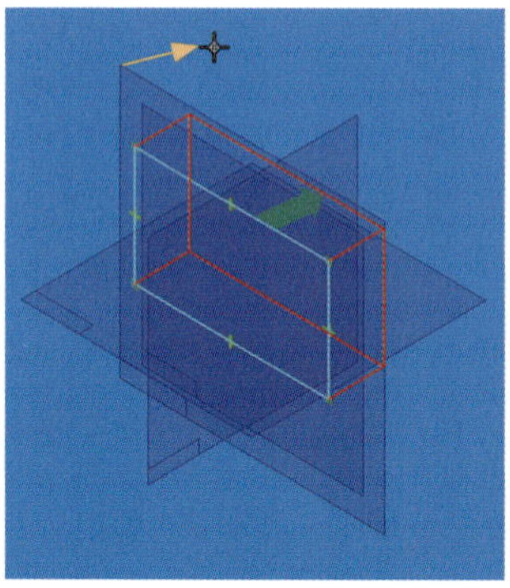

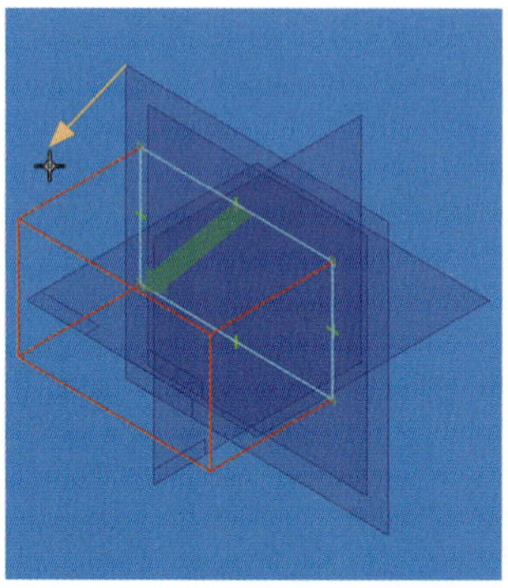

In dem nun eingeblendeten Dialogfenster kann das Maß eingegeben werden. Weiterhin kann man mit dem Befehl *Symmetrisches Abmaß* eine symmetrische Tiefenaufteilung in beide Richtungen festlegen. Durch Linksklick werden die Angaben bestätigt.

Im nun eingeblendeten Dialogfenster kann ein Name für den erstellten Körper vergeben werden. Wenn nichts eingetragen wird, erhält der Körper die Bezeichnung *Ausprägung Nr.*

Durch erneutes Bestätigen des Befehls *Fertig stellen* wird die erste Ausprägung (3D-Körper) erstellt. In der EdgeBar wird dies durch die Bezeichnung *Ausprägung 5* dargestellt.

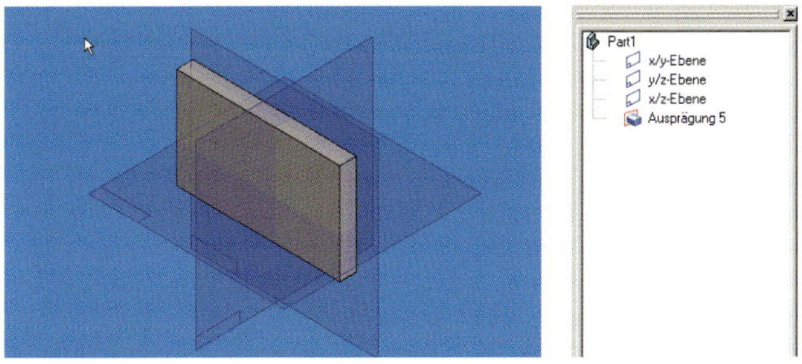


Ein wichtiger Schritt ist die Sicherung dieses Ergebnisses. Daher wird der Körper gespeichert als *Beispiel_1*. Die Datei erhält automatisch, wie alle Konstruktionen, die Endung „.par" und wird am Speicherort als *Beispiel_1.par* abgelegt.

## 2.6 Befehle zur Anzeigeveränderung von Konstruktionen

In der Hauptsymbolleiste sind Befehlssymbole integriert, die die Anzeige der Ausprägungen steuern können. Je nach gewähltem Symbol ändert sich die Anzeige.

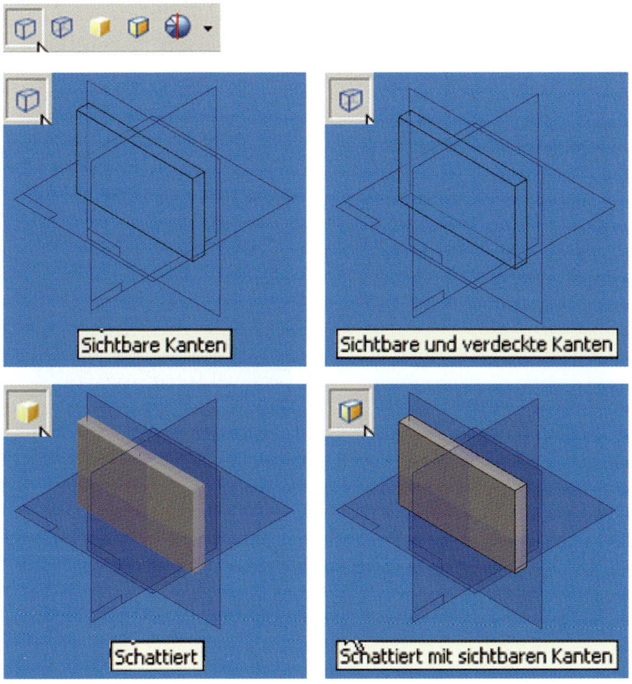


Der nächste Befehl dient der Einstellung zwischen Geschwindigkeit und Genauigkeit. Dies ist besonders für leistungsschwächere PCs bedeutsam.

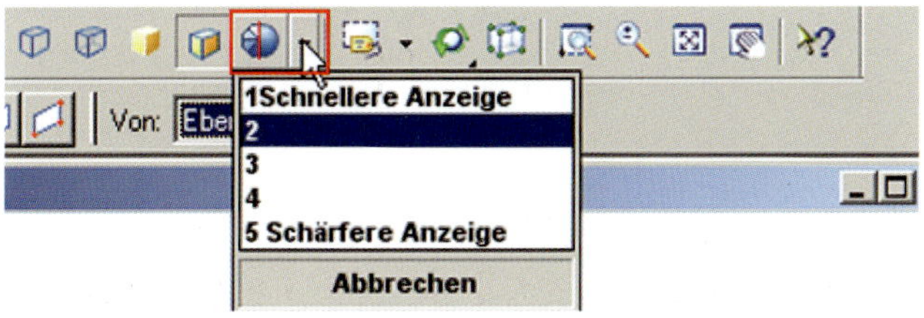


Im nächsten Dialogfenster können mögliche Projektionsarten und Ansichten eingestellt werden. Um bei späteren Konstruktionen einen Überblick zu behalten, sollte man eine räumliche Projektionsart als Standard verwenden. In diesem Kapitel wird die Isometrie als Standard verwendet.

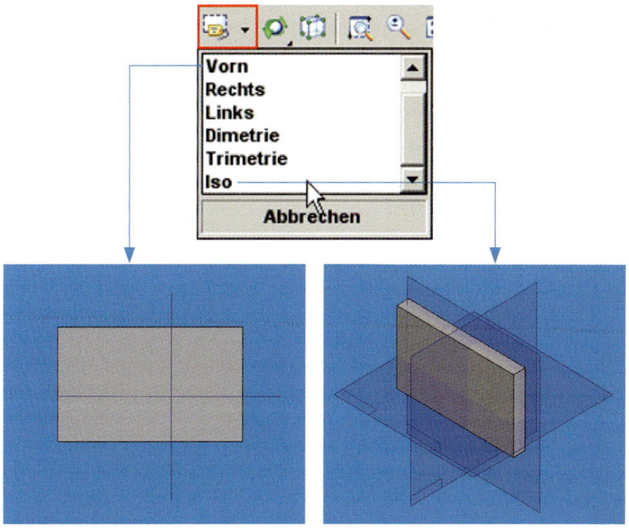


Mit dem nächsten Befehlssymbol lässt sich der Körper beliebig drehen.

Mit dem Anklicken des Befehls wird ein Dialogfeld unter der Symbolleiste und die drei Achsen im Arbeitsbereich eingeblendet. Nach Aktivierung (Anklicken) einer Achse kann im Dialogfeld eine gradgenaue Drehung definiert werden.

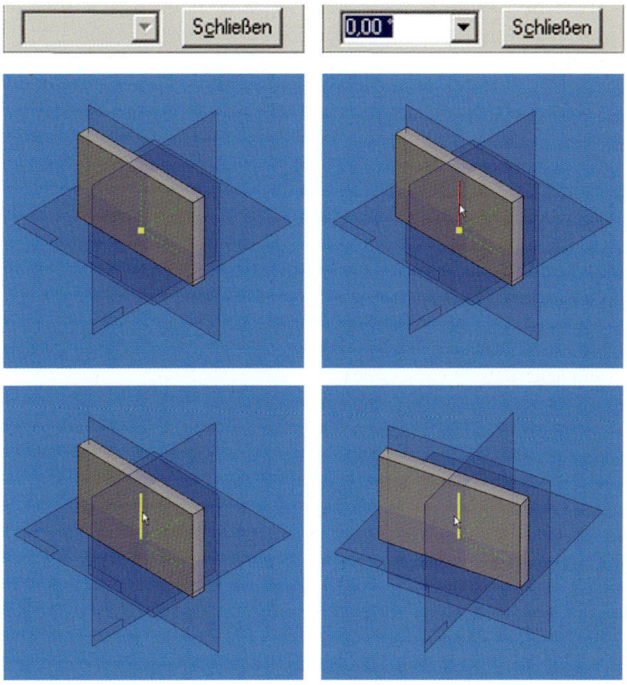


Weiterhin kann auch durch Aktivieren einer Achse und Ziehen mit der linken Maustaste eine Drehung bewirkt werden.

Schnell-Tipp: Mit *Shift* + *Rechtsziehen* (rechte Maustaste halten und bewegen) oder gedrücktem Scrollrad + Ziehen lässt sich der Körper beliebig drehen.

Die nächsten Befehlssymbole dienen der Veränderung des Maßstabs.

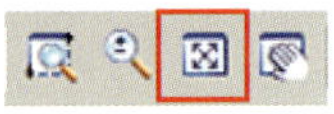

Wichtig ist der Befehl *Einpassen*, denn durch Aktivierung dieses Befehls wird der Gesamtkörper immer in optimaler Größe eingepasst. Dies ist besonders hilfreich, wenn man beim Zoomen im Detailbereich die Übersicht verloren hat.

Mit dem Befehl *Ausschnittsvergrößerung* lässt sich ein Zoomviereck aufziehen, in welches dann hineingezoomt wird.

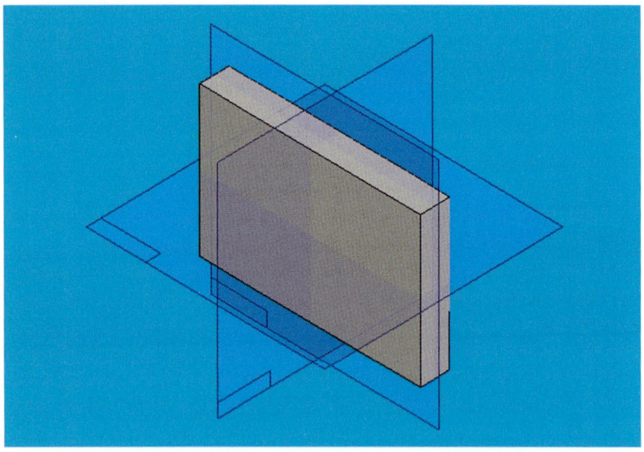

Schnell-Tipp: Mit *Strg* + *Rechtsziehen* (rechte Maustaste halten und bewegen) lässt sich der Körper beliebig zoomen.

**A**

**1. Wenden Sie die in Kapitel 2.6 vorgestellten Symbole für den erstellten Quader an und machen Sie sich mit den verschiedenen Befehlen und Symbolen vertraut!**

## 2.7 Erstellen einer rotationssymmetrischen Ausprägung

Ähnlich wie beim Quader wird mit dem Befehl *Rotationsausprägung* und der Auswahl einer Ebene begonnen. In der 2D-Ansicht wird nun eine erste senkrechte (oder waagerechte) Linie gezeichnet.

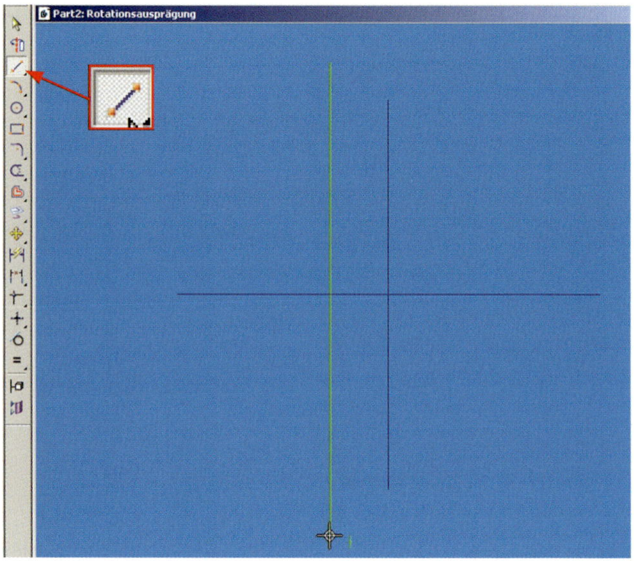


Anschließend wird der Befehl *Linie* abgebrochen und der Befehl *Rotationsachse* wird aktiviert. Nun muss die gezeichnete Linie angeklickt werden, dadurch wird diese zu einer Rotationsachse umgewandelt. Dies erkennt man an der typischen Strich-Punkt-Linie.

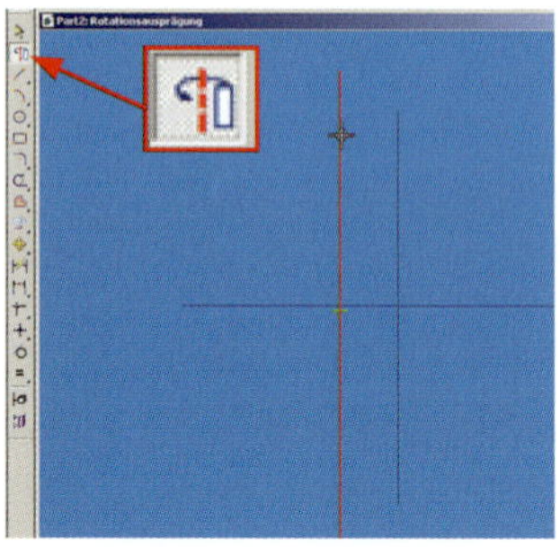

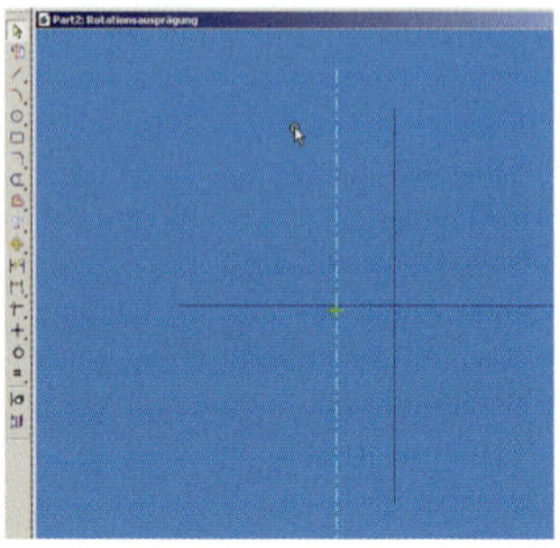

Nun wird der Befehl *Linie* wieder aktiviert und die gewünschte Ausprägung gezeichnet. Dabei ist zu beachten, dass nur das Profil auf einer Seite der Mittellinie gezeichnet wird. Dabei muss wieder auf ein geschlossenes Profil (Stecknadel) geachtet werden.

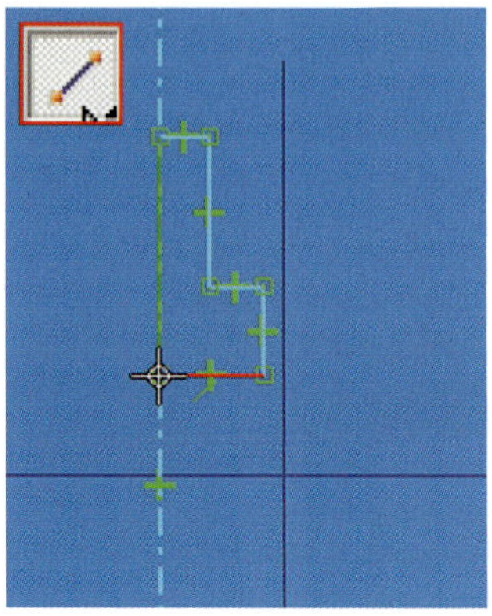

Mit dem Befehl *Fertig stellen* wird wieder in den 3D-Modus zurückgewechselt.

Je nach Mausstellung wird durch Linien ein beliebig großer Winkel eines nichtgeschlossenen zylinderförmigen Profils angezeigt. Für einen Vollkreis wird der Winkel 360° vorgegeben und eingetragen.

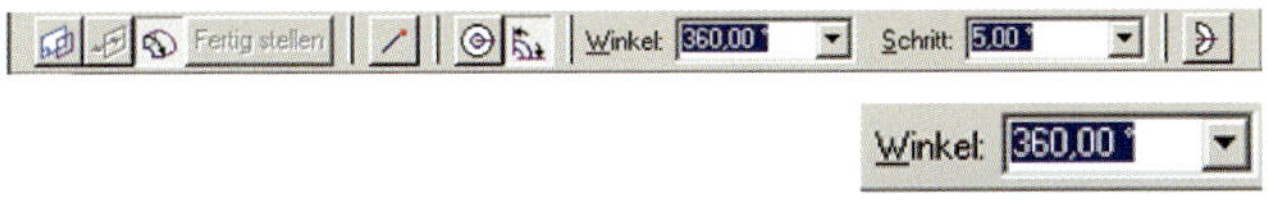


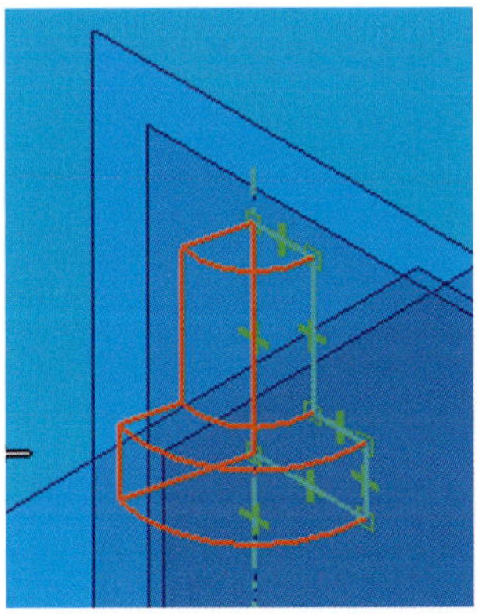

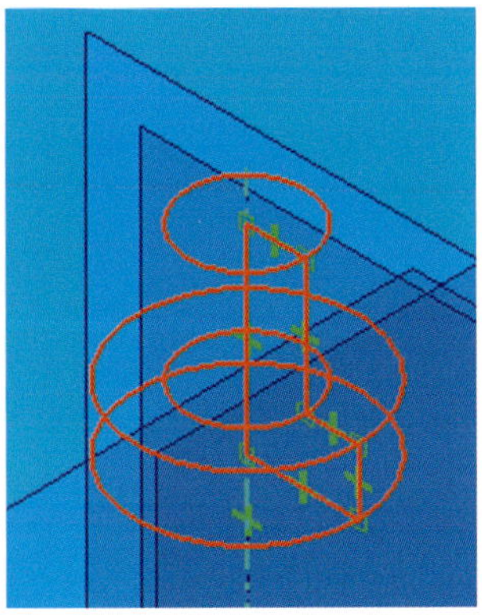

Nun muss man noch einmal innerhalb des Arbeitsbereiches mit der Maus links klicken und die rotationssymmetrische Ausprägung wird erzeugt, allerdings ist das gezeichnete Profil mit eingezeichnet.

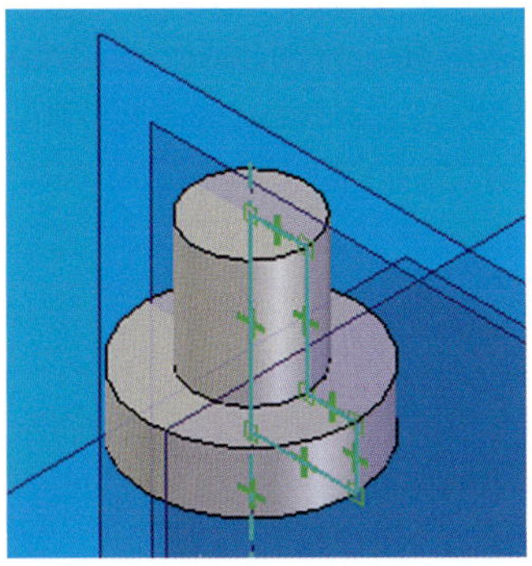

Durch nochmalige Ausgabe des Befehls *Fertig stellen* wird der Körper endgültig erzeugt und auch in der EdgeBar angezeigt. Dabei wird anhand des Symbols vor dem Namen ersichtlich, dass der Körper als Rotationsausprägung erstellt wurde.

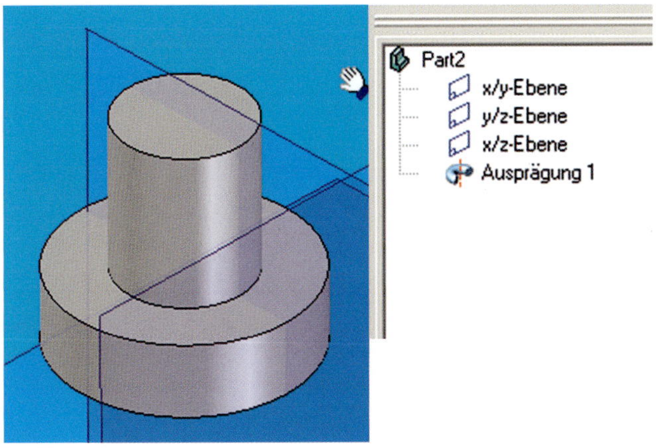


## 2.8 Erstellen eines Werkstückes mit Teilformen

In diesem Abschnitt soll ein Körper mit verschiedenen Teilformen erstellt werden. Ziel ist es, folgenden Bohrbuchsenhalter zu erstellen.

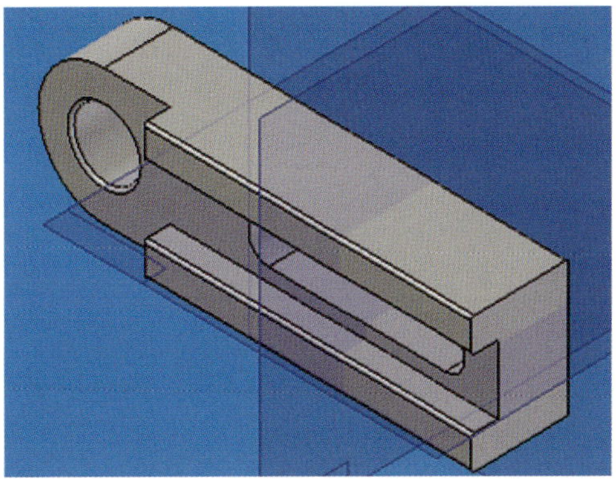

Es gibt verschiedene Lösungswege, um den Bohrbuchsenhalter herzustellen. Die hier aufgezeigte Lösung ist eine mögliche Variante.

Im ersten Schritt wird die Grundform erstellt. Dazu wird der Befehl *Grundform* aufgerufen.

Drei Linien mit den Maßen 120 – 40 – 120 werden so gezeichnet, dass nachfolgendes Bild entsteht.

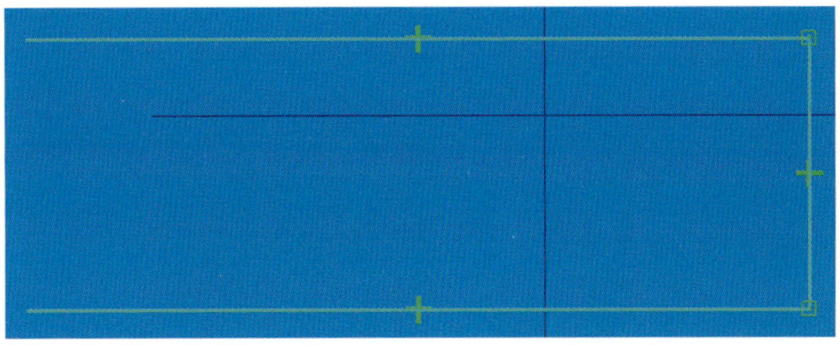

Nun wird in der Grundform gleich die Rundung eingearbeitet (jeder gesparte Arbeitsgang spart auch Zeit und Arbeitskosten). Dazu wird der Befehl *Bogen* gewählt. Im Klappmenü wird *Bogen über 3 Punkte* aktiviert.

Nun werden die zwei Endpunkte des Bogens angeklickt. Wichtig ist dabei wieder, dass das Profil geschlossen wird (Stecknadelsymbol). Den dritten Punkt des Bogens kann man ersetzen, indem man die gestrichelte Linie nach links zieht, bis das Symbol für Tangente gezeigt wird oder man den Radius 20 einträgt. Mit einem Klick wird nun der Bogen erzeugt.

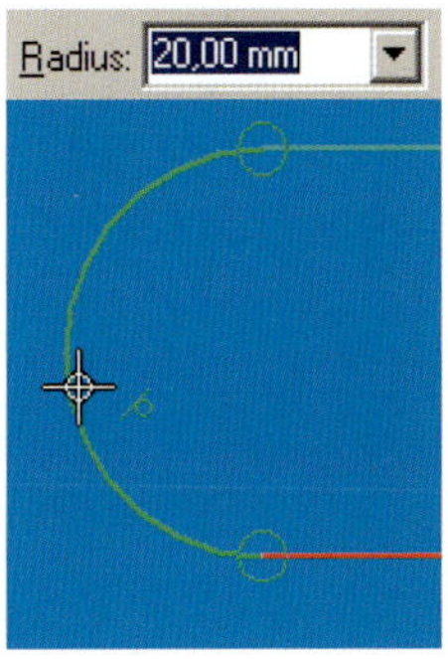

Die entstandene Grundfläche sollte nun so aussehen.

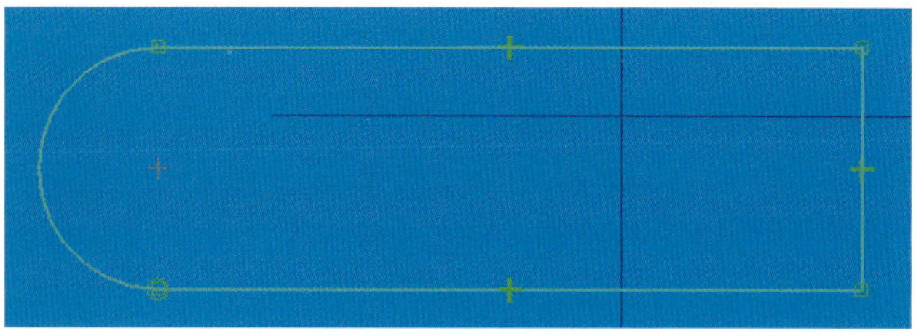

Mit dem Befehl *Fertig stellen* und dem Maß 30 für die Tiefe wird die Grundform erzeugt.

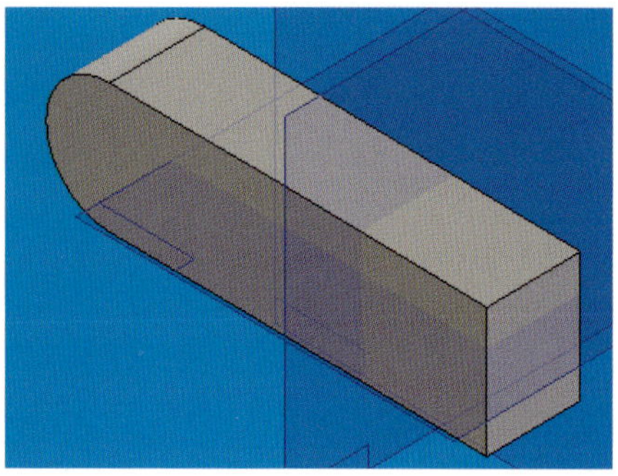

In den nächsten Schritten müssen die verschiedenen Teilformen abgetragen werden. Dazu wird in der linken Symbolleiste Formelemente der Befehl *Ausschnitt* verwendet.

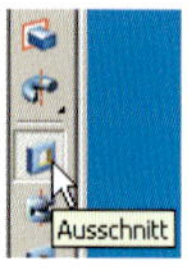


Beim Erstellen von Teilformen kann nun eine Ebene (a) oder aber eine Fläche einer Grundform (b) gewählt werden, um die Teilformen herauszuarbeiten.

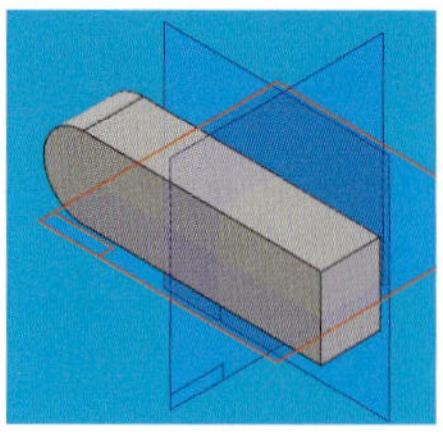
a

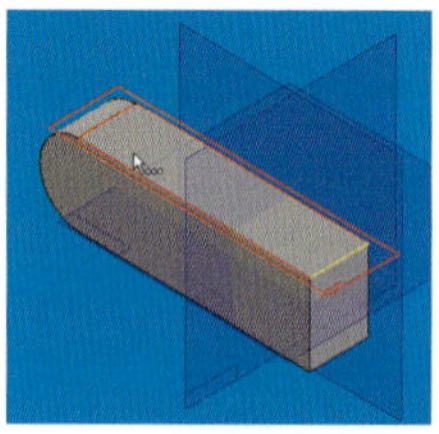
b

In unserem Beispiel wird die Frontfläche (c) gewählt. Nach der Auswahl der Fläche wechselt das Programm wieder in den 2D-Modus.

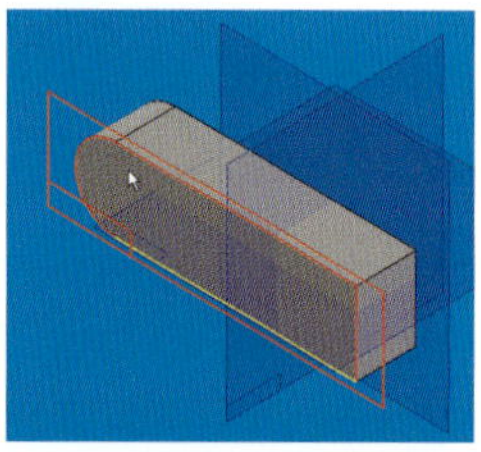
c

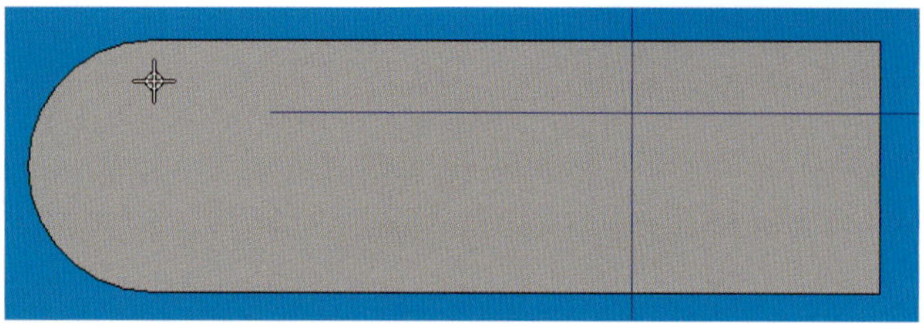

Beim Herausarbeiten von Teilformen sollte man sich vorstellen, dass man einen Laserstrahlschneider hat, bei dem man zusätzlich noch die Tiefe des Schnittes einstellen kann. Damit der Abfall herausgetrennt wird, muss man entweder an Körperkanten beginnen und enden oder das Profil muss geschlossen sein. Es ist möglich, hier in einem Schritt mehrere (gleich tiefe) Teilformen abzuarbeiten.

Als Erstes soll die Bohrung in der Mitte des Bogens entstehen. Dazu wählt man den Befehl *Kreis über Mittelpunkt*.

Um den Mittelpunkt des Kreises festzulegen, muss man in diesem Fall nur mit der Maus in die Nähe des Mittelpunktes des Bogens kommen – dann wird dieser angezeigt und als Mittelpunkt vorgeschlagen. Nach Klick auf den Punkt wird er als Mittelpunkt verwendet. Nach Eingabe des gewünschten Durchmessers wird die Bohrung erzeugt.

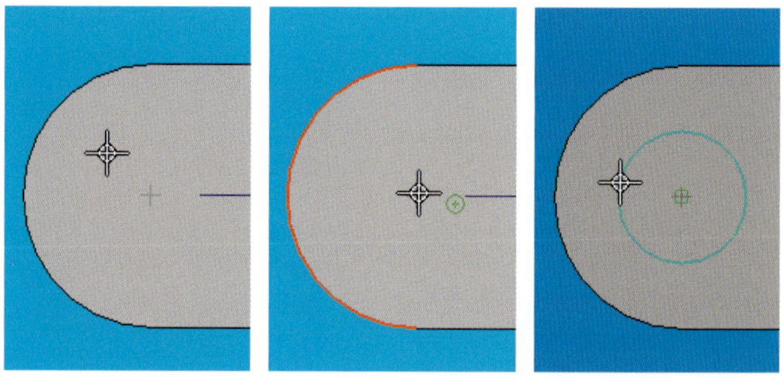

Um nun das Langloch zu erzeugen und an der richtigen Stelle zu positionieren, wird aus dem Menü *Extra* der Befehl *SketchPoint* (Zielpunkt) als Hilfsmittel verwendet. Ein definierter Punkt (im Beispiel rechts oben) wird als Referenzpunkt festgelegt.

Danach wird der Befehl *Kreis* aktiviert. Nun wird an den Mittelpunkten der Rundungen jeweils ein Kreis mit Durchmesser 12 gesetzt. Zur genauen Positionierung kann die Anzeige des SketchPoint in der Konstruktion, aber auch in der Menüleiste über dem Arbeitsbereich eingegeben werden.

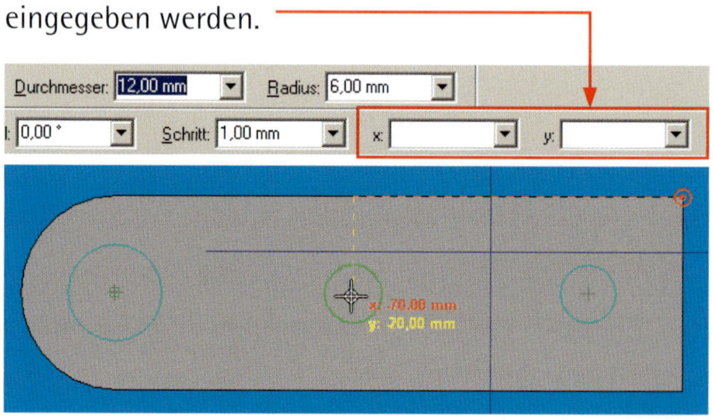


Mit dem Befehl *Linie* werden die Kreise verbunden. Dabei sollte auf das Symbol für Tangentenlinie geachtet werden.

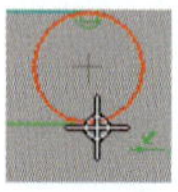

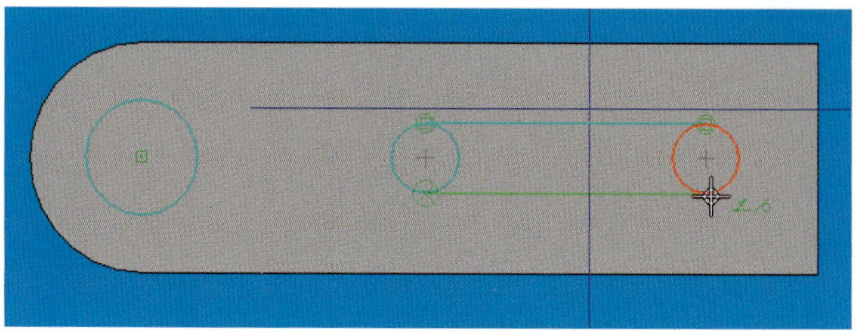

Im nächsten Schritt müssen „überflüssige" Linien beseitigt werden, d.h., aus den zwei Bohrungen und den zwei Linien wird ein Langloch. Dazu wird der Befehl *Trimmen* verwendet.

Mit der Maus werden alle zu entfernenden Linien angeklickt. Dabei wird der vormals geschlossene Kreis durch die Berührungspunkte mit den Linien in zwei Halbkreise aufgespalten.

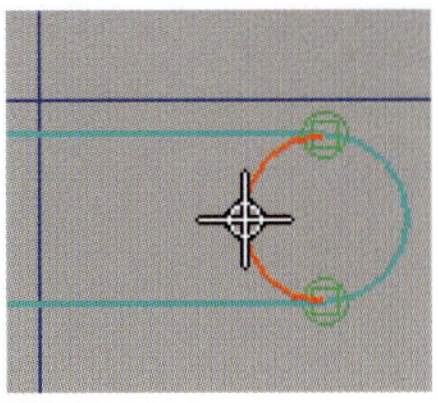

Das folgende Bild sollte als Ergebnis zu sehen sein.

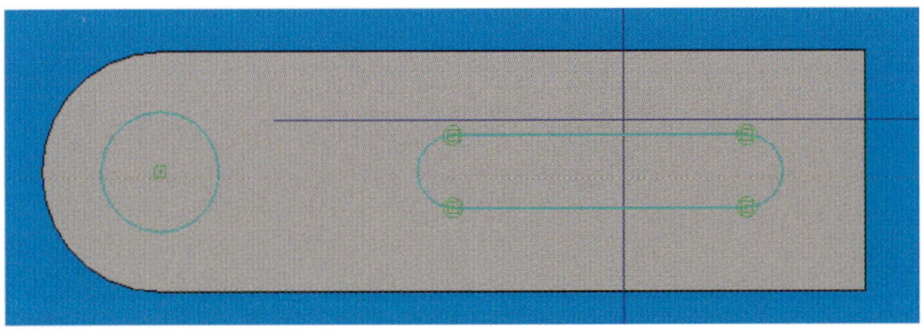

Mit dem Befehl *Fertig stellen* wechselt das Programm in den 3D-Modus zurück. Die Richtung und Tiefe der Teil-

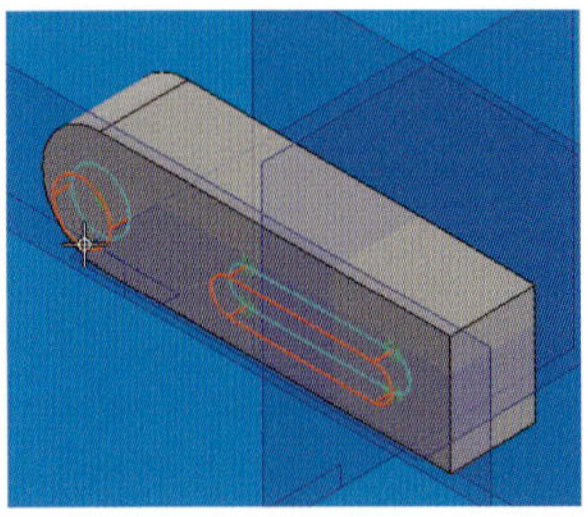

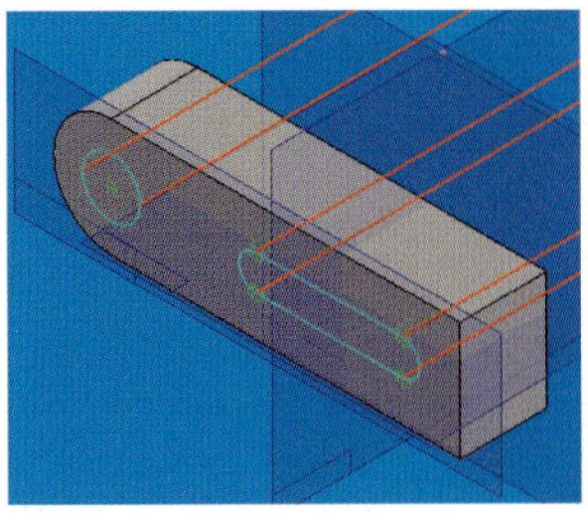

formen müssen bestimmt werden (in welche Richtung und welche Tiefe soll der Laserstrahl schneiden?).

Bei der Tiefe kann im Menü ein Maß angegeben werden oder wie in unserem Beispiel Tiefe

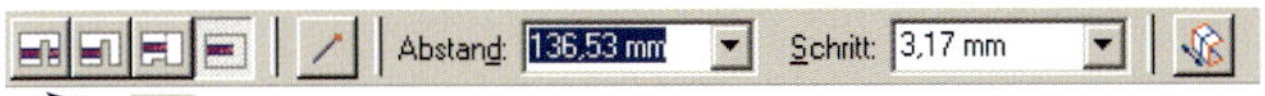

*über das ganze Teil* festgelegt werden.

Nun muss durch Klicken noch einmal die Richtung bestätigt werden und die Teilformen werden herausgearbeitet. Dabei kann man auch, wenn man sich genau in der Ebene befindet, nach beiden Seiten „schneiden" (vgl. mittlere Abb.)

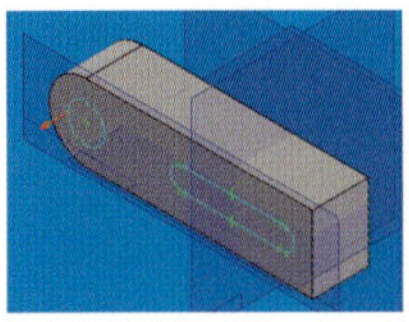

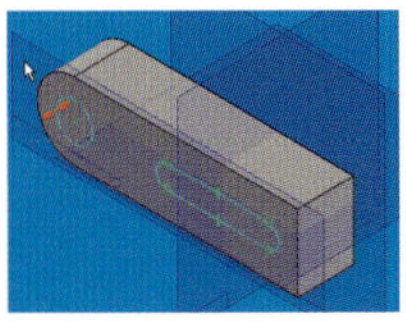

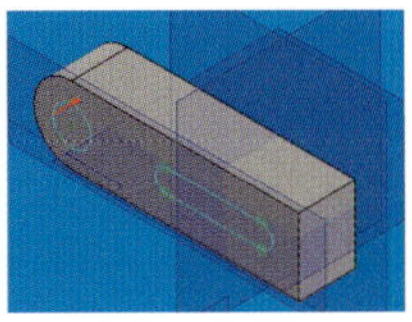

Der Bohrbuchsenhalter hat jetzt folgendes Aussehen (Zwischenform).

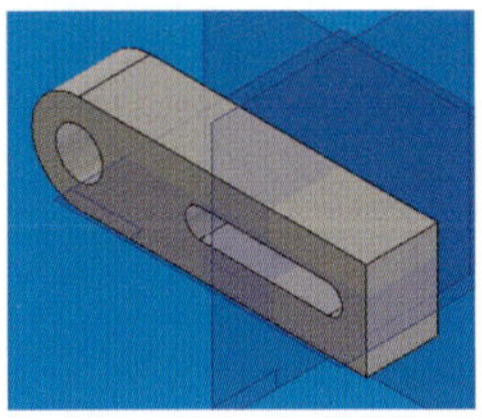

Im nächsten Schritt soll die Aussparung im Bereich der Rundung erzeugt werden.

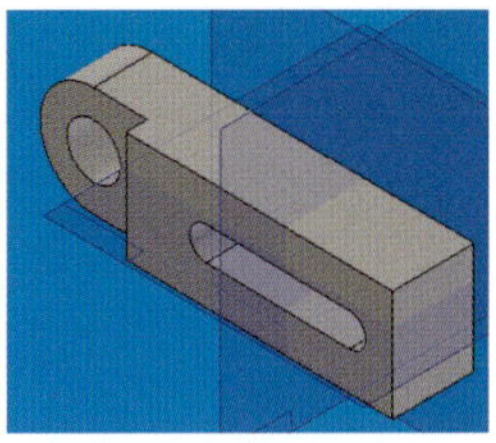

Dazu wählt man den Befehl *Ausschnitt* und die obere Ebene des Körpers.

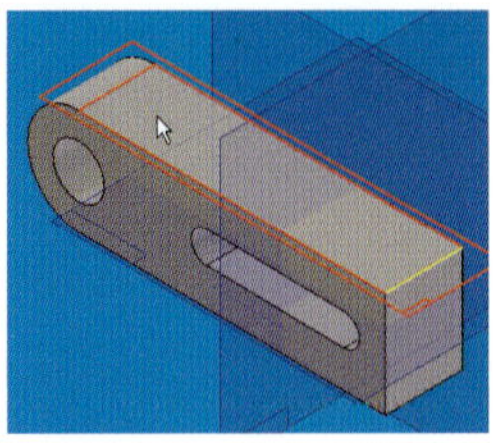

Nach Wechsel in den 2D-Modus „schneidet" man die Aussparung mit den Abmaßen 8 × 40 heraus. Dabei kann wieder SketchPoint genutzt werden.

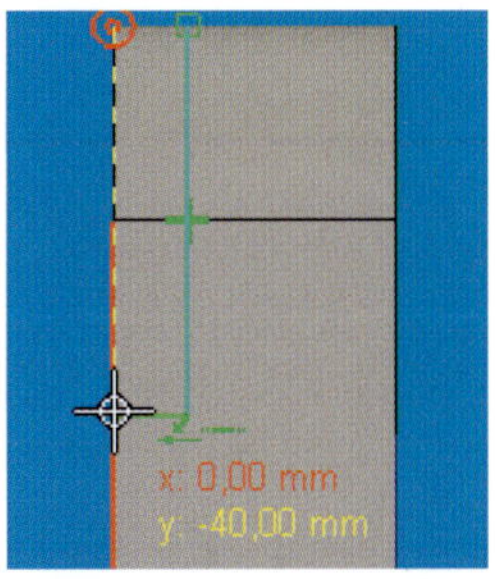


Mit dem Befehl *Fertig stellen* wechselt man wieder in den 3D-Modus. Hier ist darauf zu achten, dass die richtige Abfallseite und die richtige Schnittrichtung und -tiefe eingegeben werden.

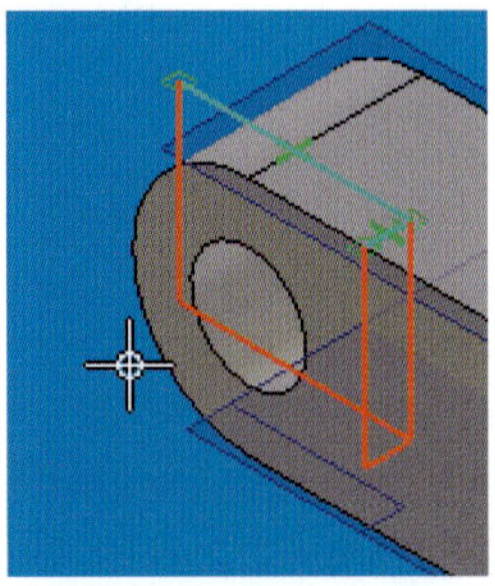

Nach Bestätigung wird dann der gewünschte Zwischenschritt in der Bearbeitung erreicht.

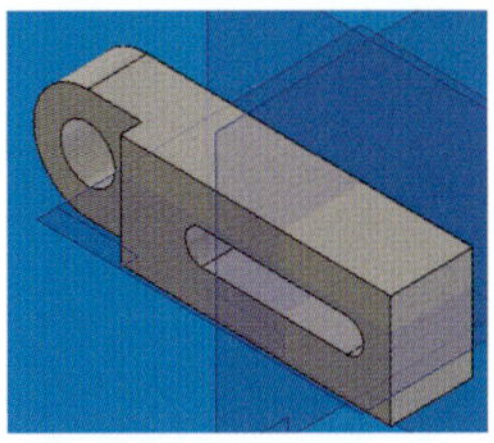

Nun muss noch die Nut in Längsrichtung eingearbeitet werden. Dazu werden der Befehl *Ausschnitt* und die rechte Ansichtsebene des Körpers gewählt.

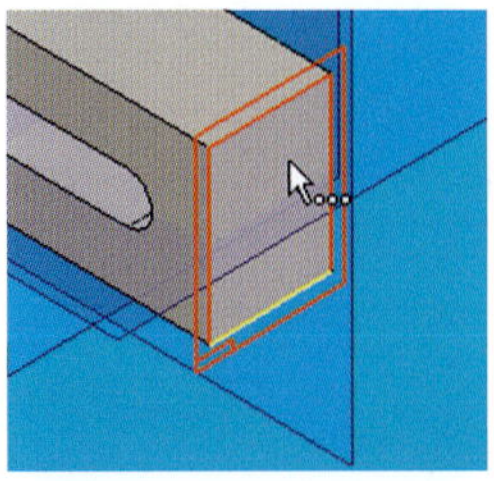

Im 2D-Modus muss die Teilform abgearbeitet werden. Um Zeit und somit einen Arbeitsgang zu sparen, kann man auf SketchPoint verzichten und zeichnet eine Linie mehr.

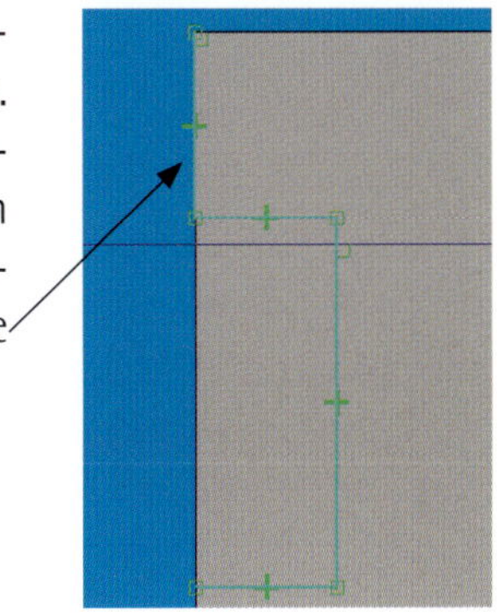

Nach *Fertig stellen* und Wechsel zum 3D-Modus müssen wieder die richtigen Einstellungen vorgenommen werden.

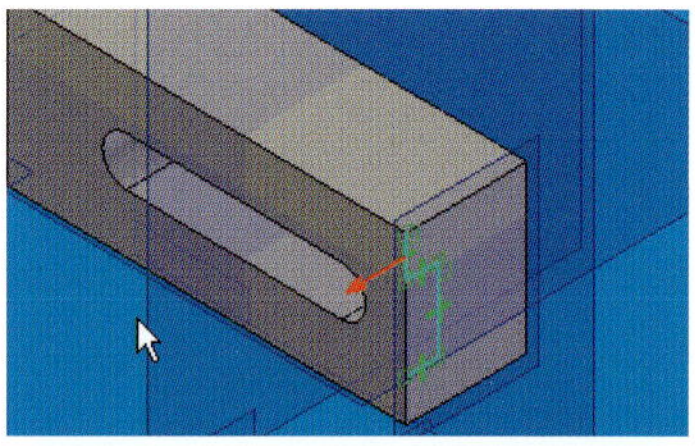

Der Bohrbuchsenhalter hat nun schon fast seine Endform erreicht.

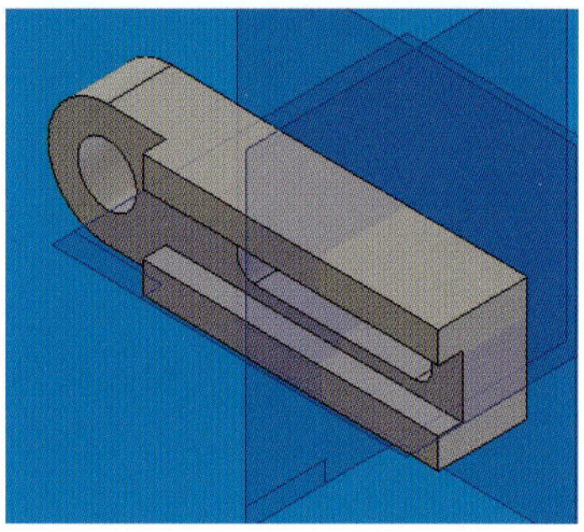

Abschließend sollen alle Kanten des Körpers gebrochen und mit einem Radius von 1 mm versehen werden. Dazu wird der Befehl *Verrundung* gewählt. Im Aufklappmenü dieses Befehls ist der Befehl *Fase* mit untergebracht, falls eine Fase gefordert wird.

Nun muss man alle Kanten, die gebrochen werden sollen, nacheinander anklicken.

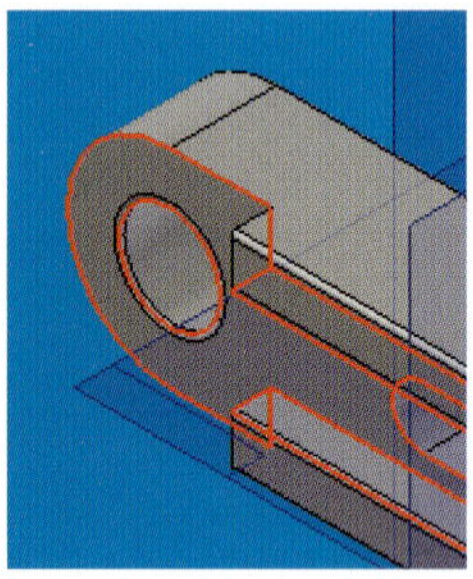

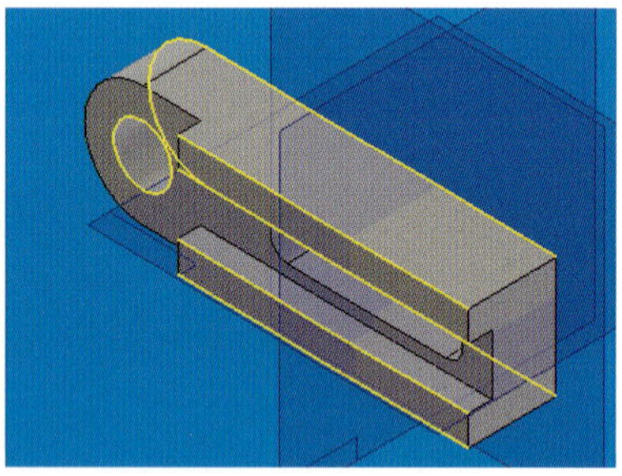

Im Menü wird der Wert für den Radius eingegeben.

Mit dem grünen Haken wird die Kette von Eingaben bestätigt. Nun wird aus der Schaltfläche *Abbrechen* die Schaltfläche *Vorschau*, die man anklickt. Die Eingabemöglichkeit wird inaktiv und das Programm zeigt alle gewählten Linien an. Durch den Befehl *Fertig stellen* wird der Körper fertiggestellt – die Endform erreicht. Wichtig ist nun die Speicherung des Körpers als *Bohrbuchsenhalter.par.*

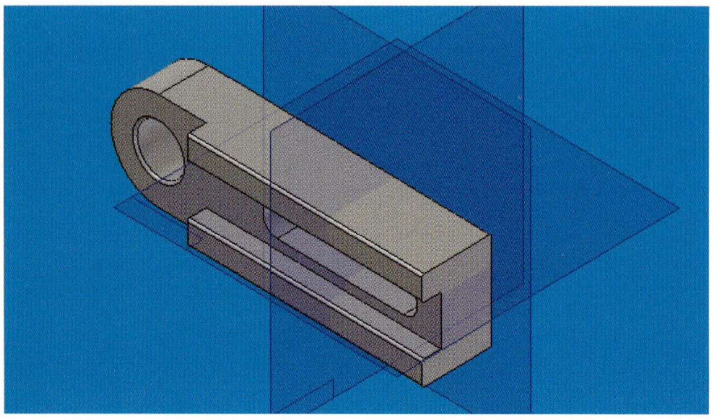

## 2.9 Ableitung einer technischen Zeichnung mit Bemaßung

In diesem Abschnitt soll die Ableitung einer 2D-Zeichnung und deren Bemaßung am Beispiel des Bohrbuchsenhalters erklärt werden. Dazu muss das Modul Draft gestartet werden. Wenn Solid Edge schon gestartet ist, öffnet man mit *Datei Neu* und der Auswahl *Normal.dft* eine neue Datei in Draft.

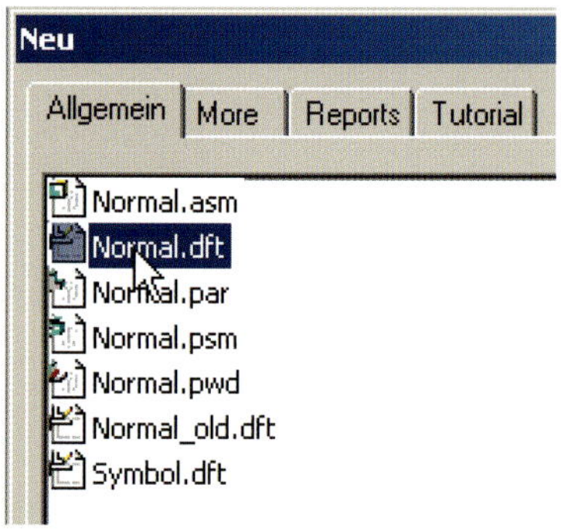


Es öffnet sich ein Zeichenblatt mit Schriftfeld.

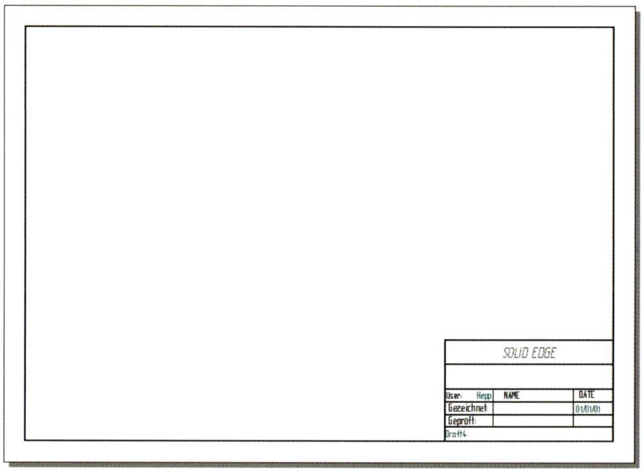


Je nach Installation und vorhandenem Drucker sollte die Blattgröße über das Menü *Datei – Blatt einrichten* (Tabellenreiter Hintergrund) angepasst werden. Anschließend wird mit dem Befehl *Einpassen* der Zoom auf den Bildschirm passgenau eingestellt.

Nun muss der Körper nicht gezeichnet werden, sondern die Daten können aus der Konstruktion übernommen werden. Dazu wird der *Zeichnungsansichts-Assistent* aufgerufen.

Der *Bohrbuchsenhalter* wird ausgewählt und geöffnet.

Bei Optionen wird der Befehl *Weiter* und bei Ausrichtung *Benutzerdefiniert* gewählt. Im nun aufgeblendeten Menü *Benutzerdefinierte Ausrichtung* kann man den Körper beliebig drehen und somit die richtige Ansicht als Vorderansicht einstellen. Zum Drehen sollte der Befehl *Allgemeine Ansichten* verwendet werden. Dort kann durch mehrfaches Drehen die optimale Ansicht als Vorderansicht ausgewählt werden. Bei diesem Befehl ist eine plane Ausrichtung garantiert.

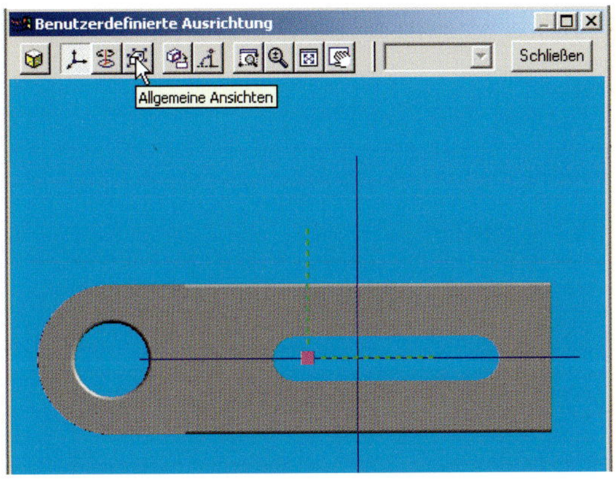


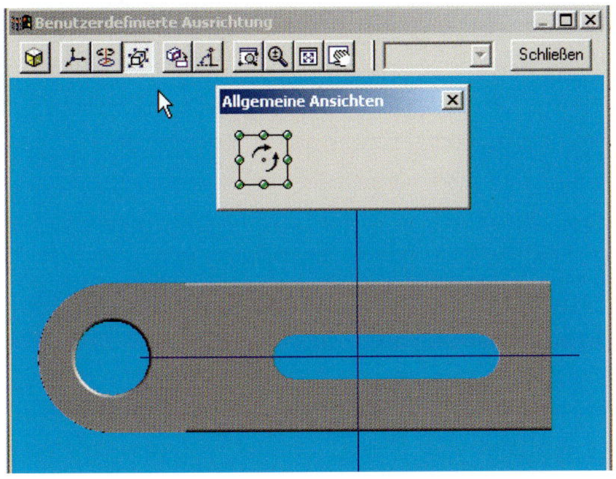


Mit *Schließen* wird das Menü *Layout* aufgerufen. Standardmäßig ist hier schon die Vorderansicht ausgewählt. Man kann weitere Ansichten auswählen – in unserem Beispiel SAvL, DS und eine räumliche Ansicht. Die Auswahl wird mit *Fertig stellen* abgeschlossen.

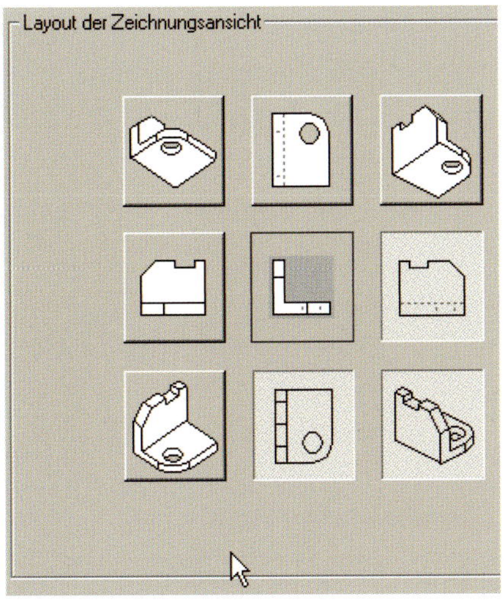


Nun wird auf dem Blatt ein Rechteck gezeigt. Durch Ziehen mit der Maus kann das Rechteck, welches die Außenmaße aller Ansichten darstellt, richtig auf der Seite positioniert werden. Nach Linksklick werden die Ansichten in das Blatt eingefügt.

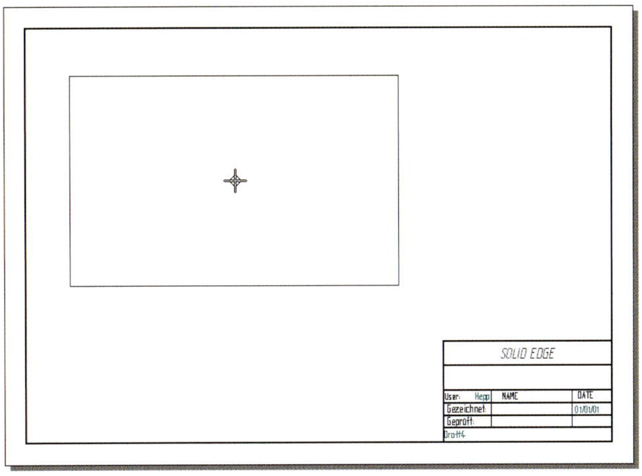


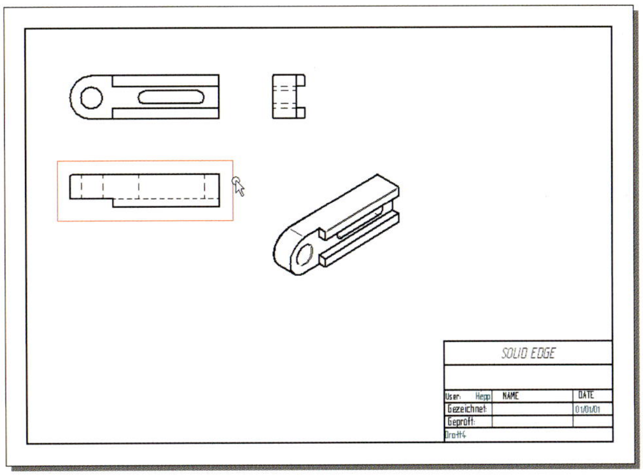


Um nun Maße anbringen zu können, ist die Größe der Ansichten nicht optimal. Die räumliche Ansicht dient nur zur Kontrolle und zum Überblick, daher kann diese verkleinert werden. Dazu wird die Ansicht aktiviert (angeklickt) und mit der rechten Maustaste das Kontextmenü geöffnet. Über *Eigenschaften* kann bei Skalierung der Maßstab (von 1 : 2 auf 1 : 5) geändert werden. Die verkleinerte Ansicht kann in die rechte untere Ecke geschoben werden. Die drei Ansichten sind miteinander verknüpft. Eine Maßstabsänderung (von 1 : 2 auf 1 : 1) wird für alle drei Ansichten durchgeführt. Nun zieht man die Ansichten wie gewünscht auseinander, sodass ausreichend Platz für die Bemaßung vorhanden ist.

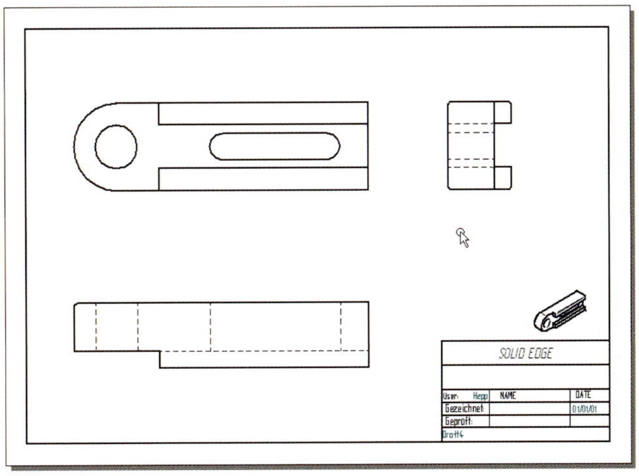

Bevor man mit der Bemaßung beginnt, werden die Symmetrieachsen eingezeichnet. Dazu ruft man den Befehl *Mittellinie* auf, in der Menüleiste am oberen Blattrand wählt man die Option *Mit 2 Linien*.

Wenn man nun zwei parallele Linien anklickt, wird zwischen diesen Linien eine grüne Mittellinie eingefügt.

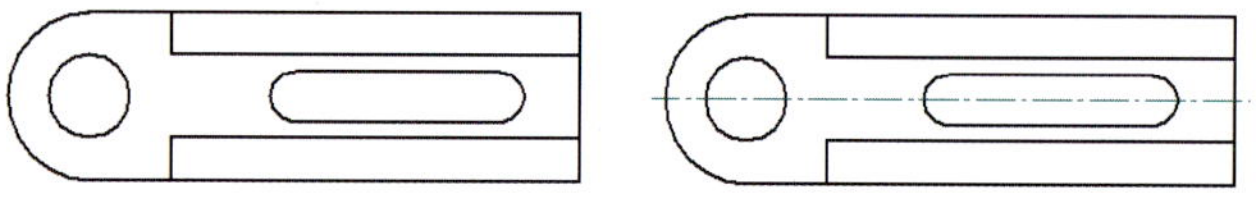

Die Mittellinie kann durch Ziehen verlängert werden.

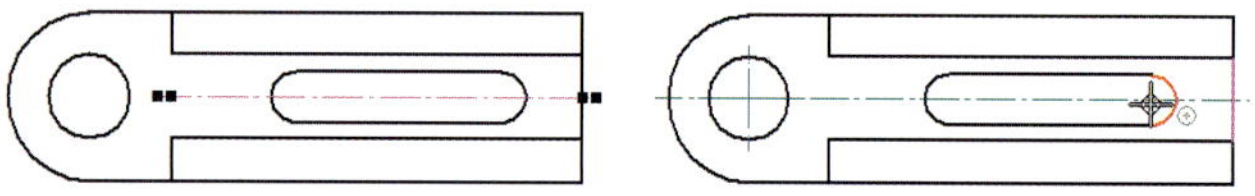

Bei Bohrungen wird der Befehl *Mittelmarkierung* für die Erstellung der Symmetrieachsen verwendet.

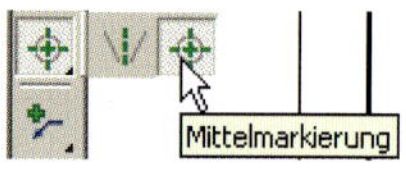


Nun kann man mit der eigentlichen Bemaßung beginnen. Dazu hat man mehrere Befehle zur Verfügung.

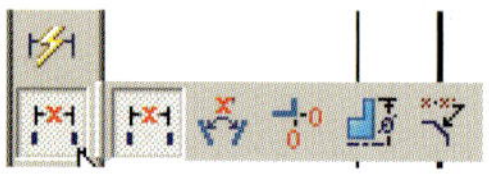

Der Befehl *SmartDimension* ist die einfachste Art, ein Maß anzutragen. Ein Element (Linie, Kreis, Radius) wird angeklickt, und schon wird das Maß (mit eventuellem Präfix, z. B. R oder ∅) angezeigt.

Bemaßt ein einzelnes Element oder bemaßt den Abstand oder den Winkel zwischen Elementen.

Durch Ziehen wird das Maß auf dem Platz positioniert.

Bemaßt den Abstand zwischen Elementen.

Mit dem Befehl *Abstandsbemaßung* wird der Abstand zwischen zwei Elementen bemaßt. Dabei bleibt die Ausgangslinie als Startpunkt im Speicher, sodass eine Bemaßung nach Maßbezugslinien einfach möglich ist.

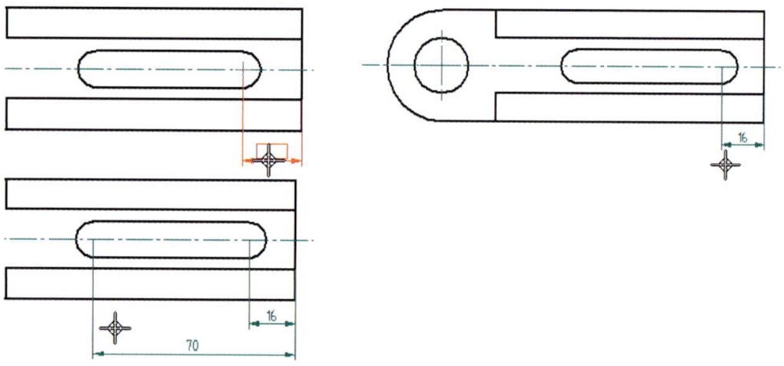


Mit diesem Befehl kann man z. B. auch Durchmesser (Seitenansicht) bemaßen, dazu muss man aber in der oberen Menüleiste den Befehl *Bemaßungspräfix* hinzufügen.

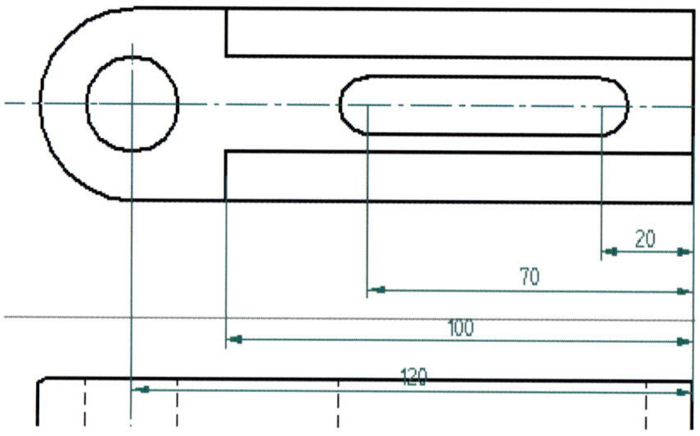


Beim letzten Maß ist die Gesamtbemaßung in die Draufsicht „gerutscht". Bei CAD-Programmen ist dies unproblematisch, da man die Ansicht entsprechend (mit kompletter Bemaßung) verschieben kann.

Nachdem alle Maße angetragen wurden, sollte die Datei gespeichert werden. Im Menü *Extras – Eigenschaftsmanager* kann man z. B. Titel und Autor eintragen, die dann im Schriftfeld auch dargestellt werden.

Nachdem dies alles gemacht wurde, sollte eine technische Zeichnung wie unten entstanden sein, diese kann ausgedruckt werden.

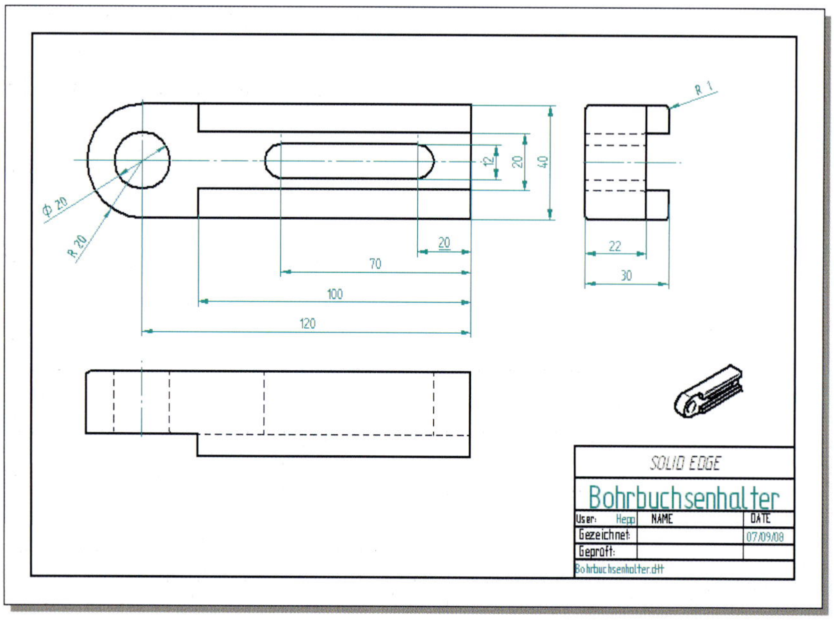

## 2.10 Anfertigung einer technischen Zeichnung in 2D-CAD

Bei 2D-CAD Systemen wird kein Körper konstruiert, sondern die Ansichten des Körpers werden mit dem Programm gezeichnet. Dabei sollte man die Schrittfolge für die Erstellung von Zeichnungen – wie in Klasse 7 gelernt – beachten. Einen entscheidenden Vorteil bieten die CAD-Systeme gegenüber Handzeichnungen. Änderungen können schnell und problemlos vorgenommen werden und danach ausgedruckte Zeichnungen sind sauber und ordentlich.

Am Beispiel eines Haltewinkels soll die Erstellung einer 2D-Zeichnung kurz erklärt werden.

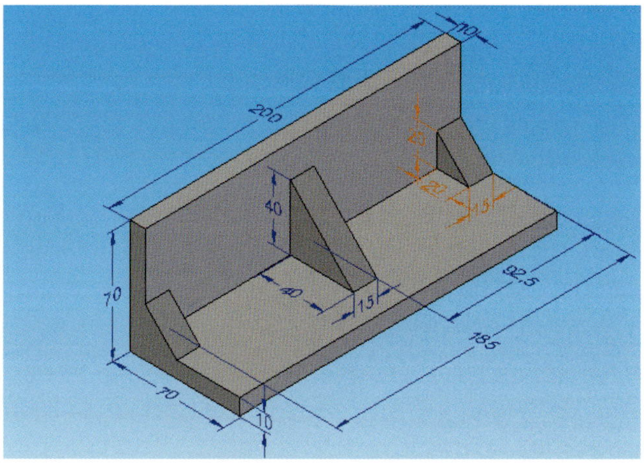


In Solid Edge Draft lässt sich auch die Erstellung von Zeichnungen realisieren. Nach Aufruf der Modellumgebung erscheint nachfolgender Bildschirm.
Er stellt eine Zeichenfläche zur Verfügung. Die Vorgehensweise ist ähnlich wie beim konventionellen Zeichnen.

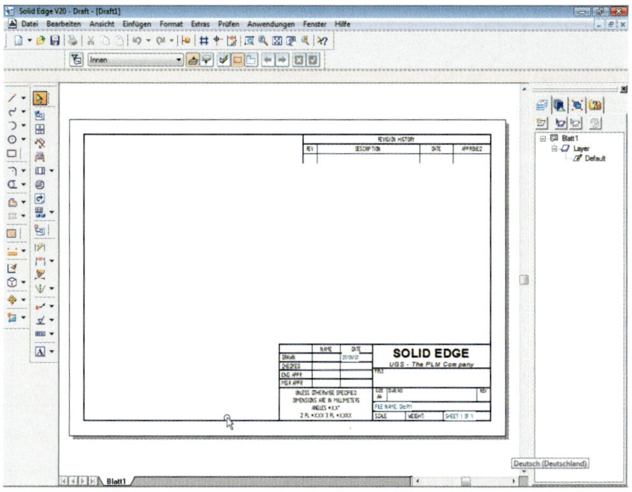


Eine Besonderheit beim 2D-CAD ist die Arbeit mit Layern. Ein Layer ist eine Ebene. Die verschiedenen Layer lassen sich ein- und ausblenden.

So verwendet man einen Layer für alle sichtbaren Körperkanten, einen Layer für verdeckte Körperkanten, einen Layer für Bemaßung. Je nach ein- oder ausgeblendetem Layer wird nun die Ansicht der technischen Zeichnung unterschiedlich dargestellt. Dies ist damit vergleichbar, wenn man bei einem Overheadprojektor verschiedene Folien übereinander legen kann.

Standardmäßig sind keine Layer angelegt. Diese sollte man vor dem Arbeiten (in der EdgeBar) anlegen.

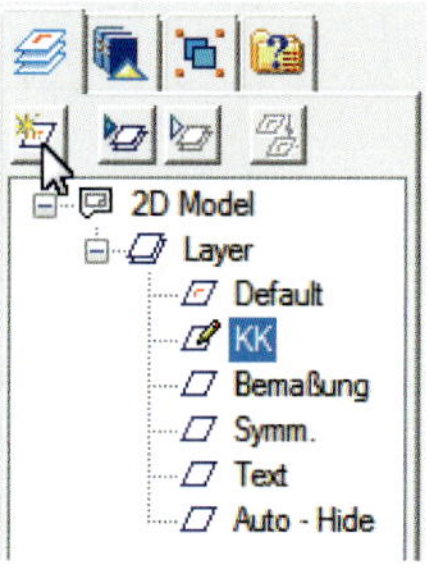


Bevor man nun mit dem Zeichnen beginnt, setzt man z. B. den Layer KK (sichtbare Körperkanten) aktiv. Somit werden alle nachfolgenden Linien in diesen Layer geladen. Wenn man den aktiven Layer ändert, werden die Linien, Maße usw. in den jeweiligen Layer geladen. Nun kann mit dem Zeichnen begonnen werden.

Nach Aufruf des Befehls *Linie* öffnet sich über dem Zeichenblatt ein Menü zur Definition der Linie.

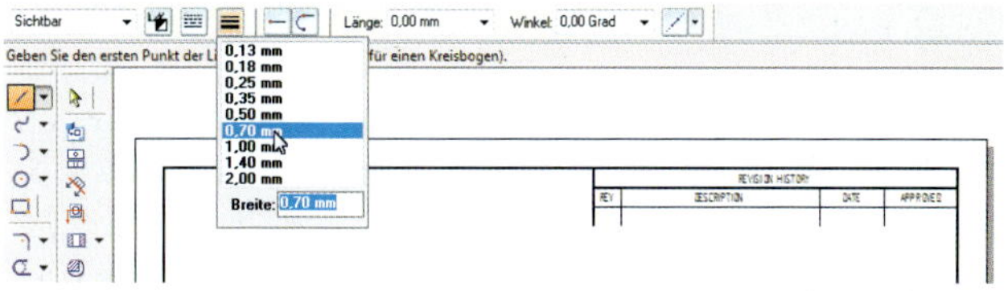


Zum Zeichnen der Körperkanten stellt man sichtbar *durchgehende Linie mit 0,70 mm Breite* ein.

Wenn man nun zeichnet, kann man wie im 3D-Modul die Länge und den Winkel der einzelnen Linien bestimmen.

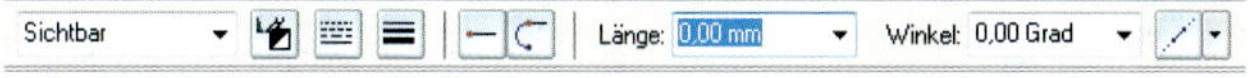


Beim Zeichnen kann man zur Orientierung ein Gitterraster mit selbst festgelegtem Ursprung verwenden. Man kann den Fang am Raster aktivieren, aber auch über x-y-Koordinaten jeden Anfangs- und Endpunkt einer Linie definieren.

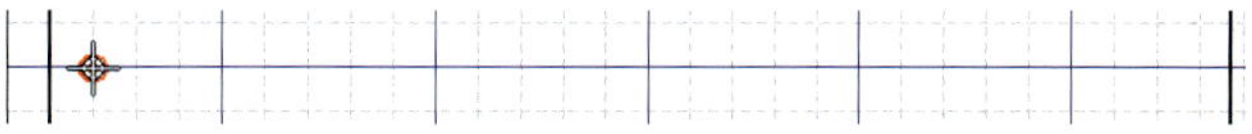

Nach der Erstellung der ersten Ansicht entsteht nachfolgendes Bild (mit Raster).

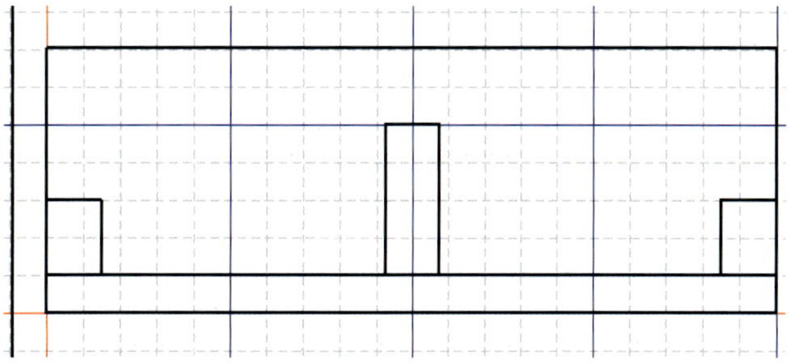

Wenn das Raster ausgeblendet wird, sieht die Ansicht so aus.

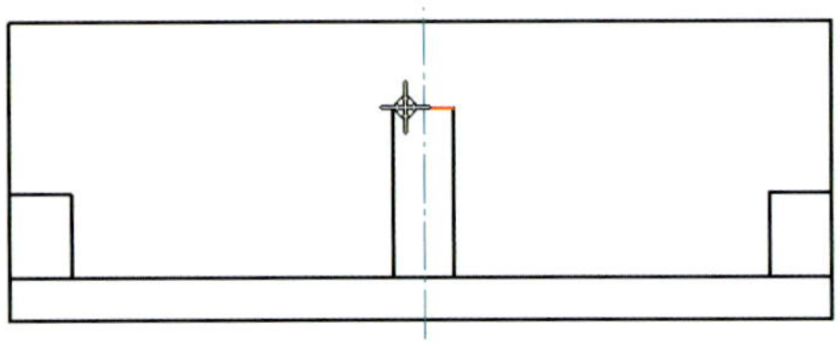

Zur genauen Positionierung der anderen Ansichten verwendet man wieder das Raster.

Nun werden Draufsicht und Seitenansicht von links erstellt.

Bei der Seitenansicht von links wird der Layer *verdeckte KK mit gestrichelter schmaler Volllinie* verwendet.

Zur Eintragung der Mittellinien wird der Layer *Symm.* eingestellt.

Zum Zeichnen der Symmetrieachsen ruft man den Befehl *Mittelinie* auf, der in der Menüleiste am oberen Blattrand angezeigt wird. Dort wählt man die Option *Mit 2 Linien*.

Wenn man nun 2 parallele Linien anklickt, wird zwischen diesen Linien eine grüne Mittellinie eingefügt.

Die Mittellinie kann nach Markierung an den Ziehpunkten verlängert werden.

Nun kann man mit der eigentlichen Bemaßung beginnen. Dazu hat man mehrere Befehle zur Verfügung.

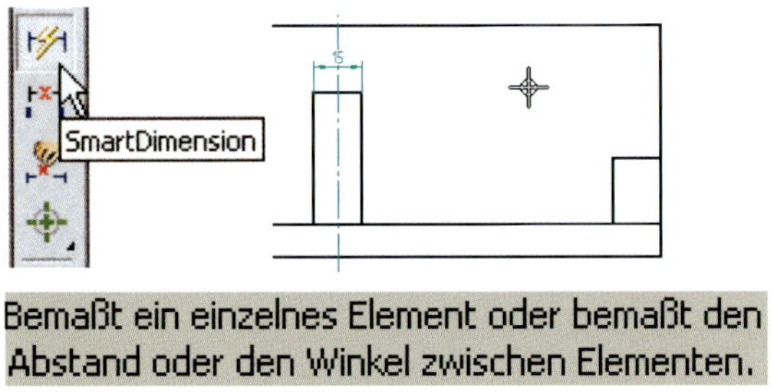

SmartDimension
Bemaßt ein einzelnes Element oder bemaßt den Abstand oder den Winkel zwischen Elementen.


Der Befehl *SmartDimension* ist die einfachste Art, ein Maß anzutragen. Ein Element (Linie, Kreis, Radius) wird angeklickt und schon wird das Maß (mit eventuellem Präfix, z. B. R oder ∅) angezeigt.

Nun muss man das Maß nach außen ziehen und durch Klicken bestätigen.

Nachdem alle Maße angetragen wurden, sollte die Datei gespeichert werden. Im Menü *Extras – Eigenschaftsmanager* kann man z. B. Titel und Autor eintragen, die dann im Schriftfeld auch dargestellt werden.

Nachdem dies alles gemacht wurde, sollte eine technische Zeichnung wie unten entstanden sein, diese kann ausgedruckt werden.

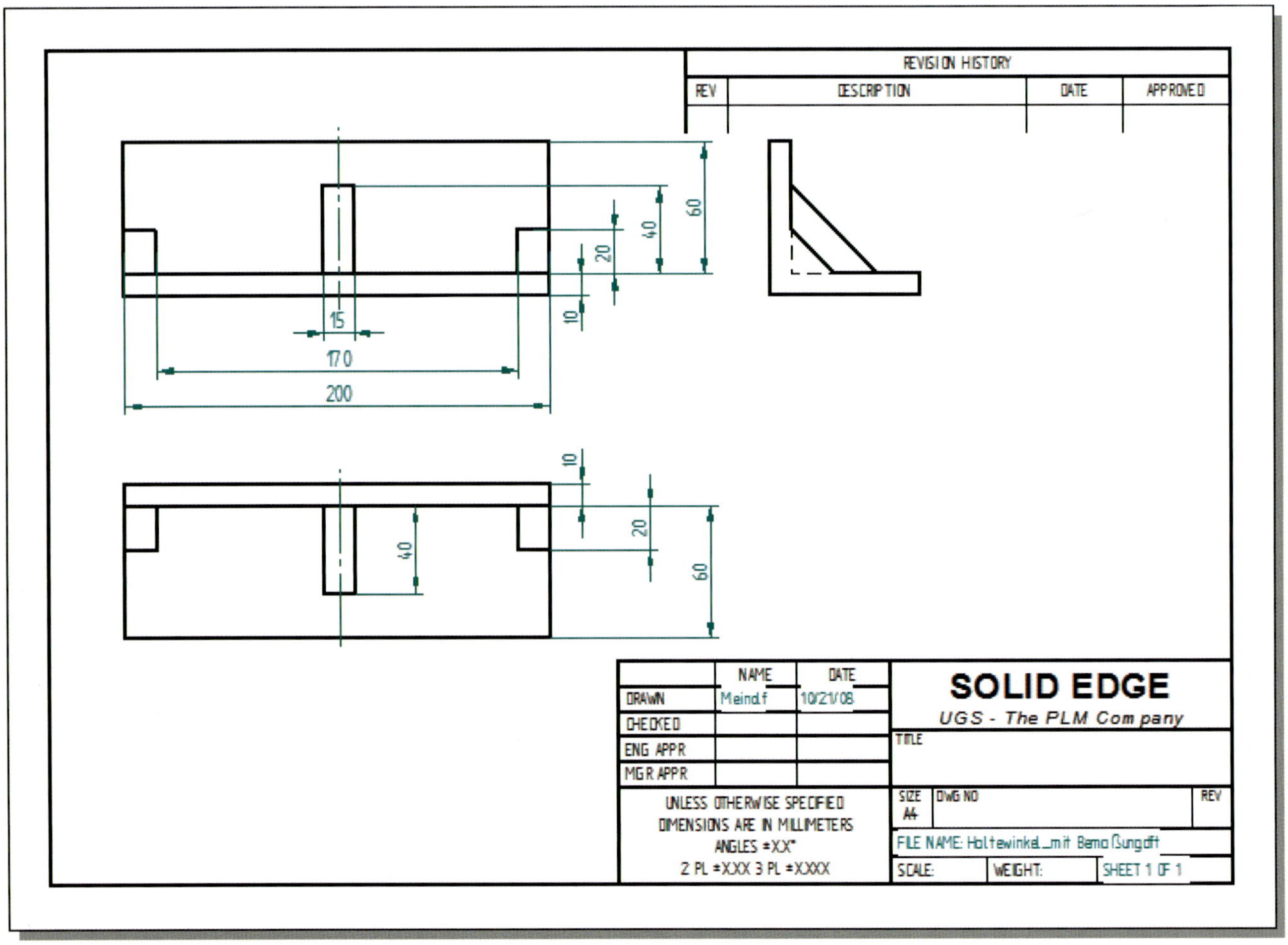

## 2.11 Computer Integrated Manufacturing (CIM)

Mit der steigenden Rechnerleistung von Computern hat sich aus CAD und anderen Programmen heraus eine ganze Palette von Programmmodulen entwickelt, die man unter dem Begriff CIM zusammenfasst. CIM (engl. Computer Integrated Manufacturing) bedeutet computerintegrierte Produktion. In Unternehmen werden computergestützte Systeme eingesetzt, die die gesamte Fertigung, Logistik, das Lager, das Rechnungswesen usw. koordinieren.

Solche Systeme können folgende Module beinhalten:

- CAD (computerunterstütztes Zeichnen, Entwurf),
- CAP (rechnergestützte Arbeitsplanung),
- CNC (Fertigung),
- CAQ (rechnergestützte Qualitätssicherung),
- CAM (rechnergestützte Fertigung),
- PPS (Produktionsplanung und -steuerung),
- BDE (Betriebsdatenerfassung).

Mit diesen Systemen lassen sich nicht nur Einzelteile konstruieren und in 2D zeichnen, sondern Erweiterungsmodule bieten vielfältige weitere Funktionen.

Eine Funktion ist die Erstellung von Zusammenbau- und Explosionszeichnungen. In den nachfolgenden Bildern ist eine Schmiege als Baugruppe und in Explosionsdarstellung abgebildet.

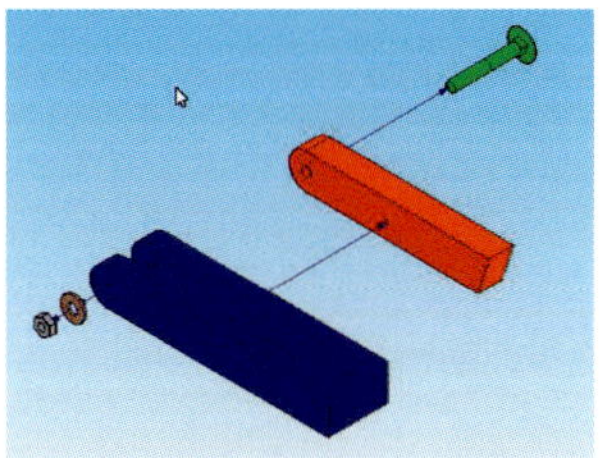

Im nächsten Bild wird die Baugruppe zusammengebaut. Eine solche Darstellung kann für die Montage oder Bestellung von Ersatzteilen verwendet werden.

Früher wurden Teile mit CAD gezeichnet und in Form von Zeichnungen und sonstigen Fertigungsanweisungen ausgedruckt. Die in der Zeichnung gespeicherten Daten wurden manuell zur Steuerung von Maschinen und Anlagen verwendet.

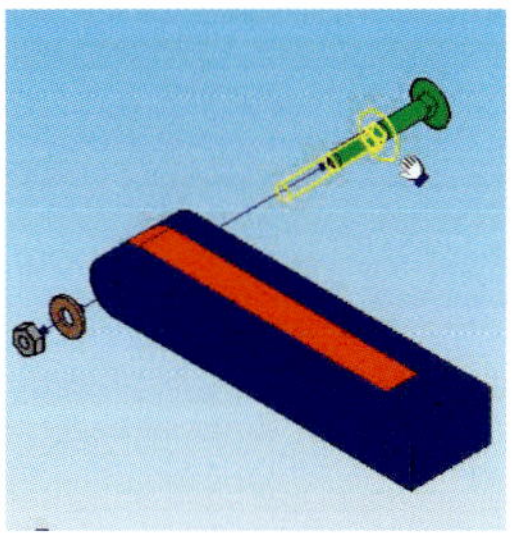

Ein nächster Schritt war die Übergabe der Konstruktionsdaten an die rechnergestützte Fertigung. Man spricht hier von Computer Aided Manufacturing (CAM) oder dem bekannteren Begriff Computerized Numerical Control (CNC), übersetzt „computerisierte numerische Steuerung". Maschinen werden also durch Computerbefehle gesteuert. Die Daten werden durch die Zeichnungsdatei mitgeliefert.

Ein weiterer Schritt ist die Computergestützte Qualitätssicherung, kurz CAQ (von engl. Computer Aided Quality assurance). Dies geht heute mittlerweile so weit, dass Autobauer nicht nur das Auto konstruieren, sondern die gesamte Produktstraße schon virtuell erzeugt wird, um festzustellen, ob ein einzelnes Teil so hergestellt werden kann. Weiterhin werden Teile schon virtuell getestet, ohne dass bereits ein reales Teil davon erstellt wurde. In den nachfolgenden Bildern wurde ein einfaches Kurbelgetriebe mit einem Motor „gekoppelt" und der Bewegungsablauf simuliert, mögliche Kollisionen werden aufgezeigt.

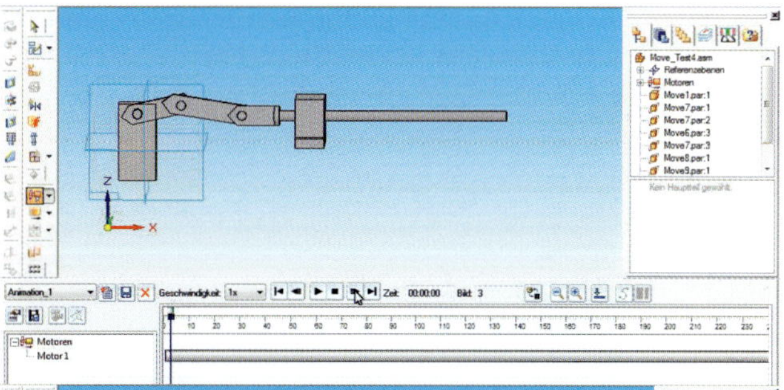

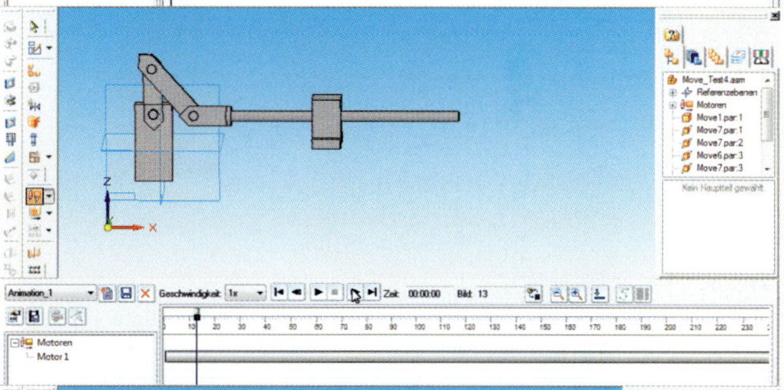

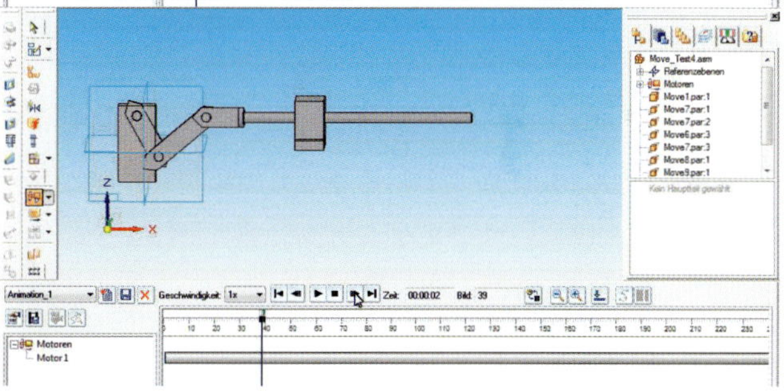

Zusätzlich zur Maschinensteuerung wird eine vorbereitende Unterstützung, z. B. bei der Verwaltung und Bereitstellung von Rohstoffen, Rohteilen und Hilfsstoffen sowie Einzelteilen angewendet. Solche Module werden als Produktionsplanung und -steuerung (PPS) bezeichnet.

Ein weiteres Gebiet ist die Betriebsdatenerfassung (BDE). Sie ist ein Sammelbegriff für die Erfassung von vielerlei Istdaten über Zustände und Prozesse.

Dabei können organisatorische Betriebsdaten wie Auftragsdaten (Zeiten, Mengen, Gewichte ...) und Personaldaten (Anwesenheits- und Arbeitszeit, Zutrittskontrolle) zur Weiterverarbeitung erfasst werden.

Man kann also heute den gesamten Prozess vom Entwurf bis zum Verkauf eines Erzeugnisses mit dem Computer erfassen und überwachen.

## 2.12 Übungen

**A** **Erstellen Sie die abgebildeten Körper in Solid Edge, Modul Part!**

1.

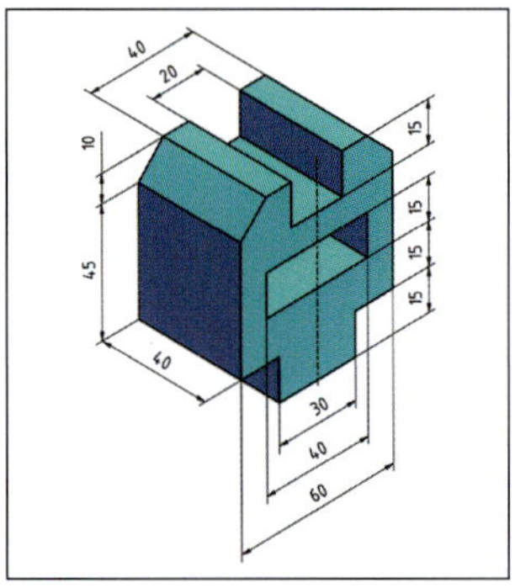

2.

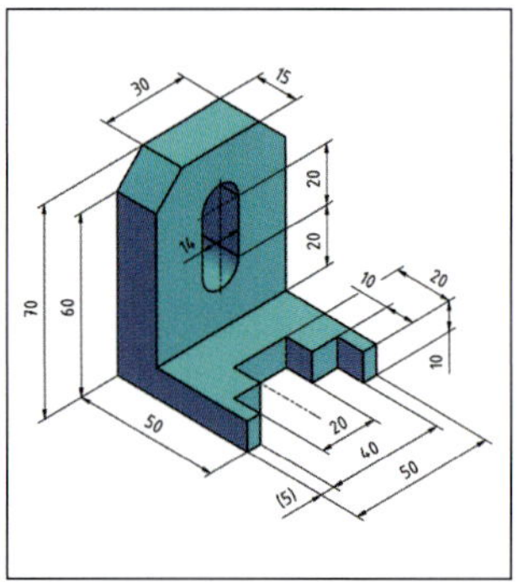

3.

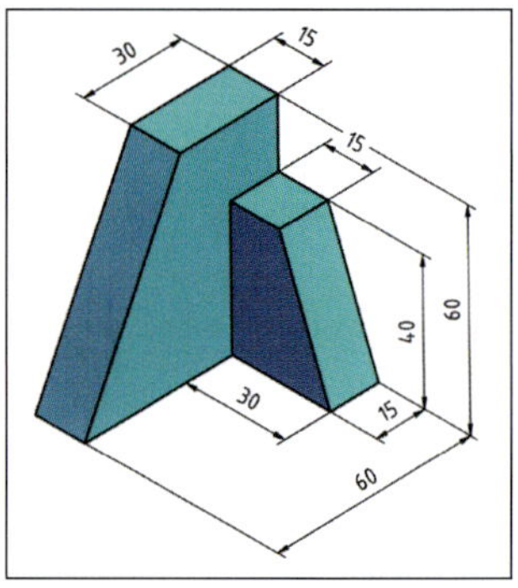

4.

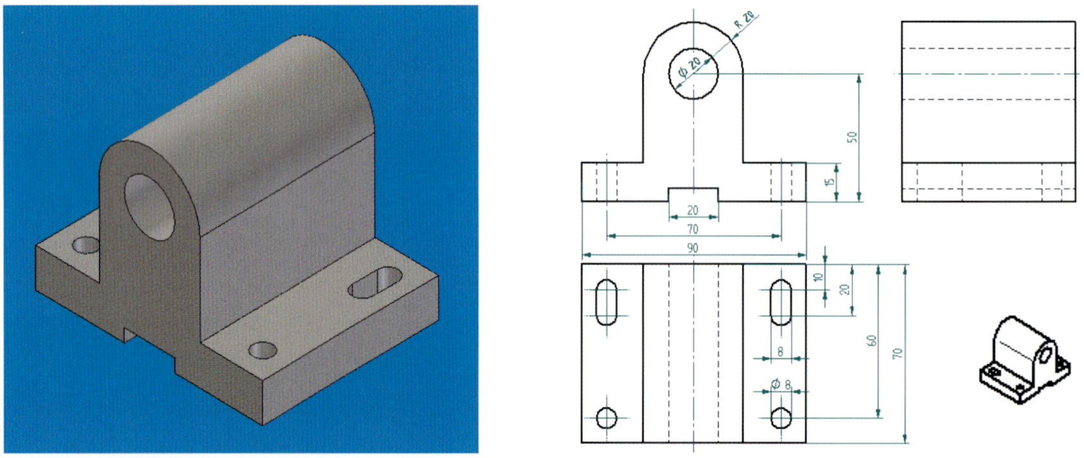


5.

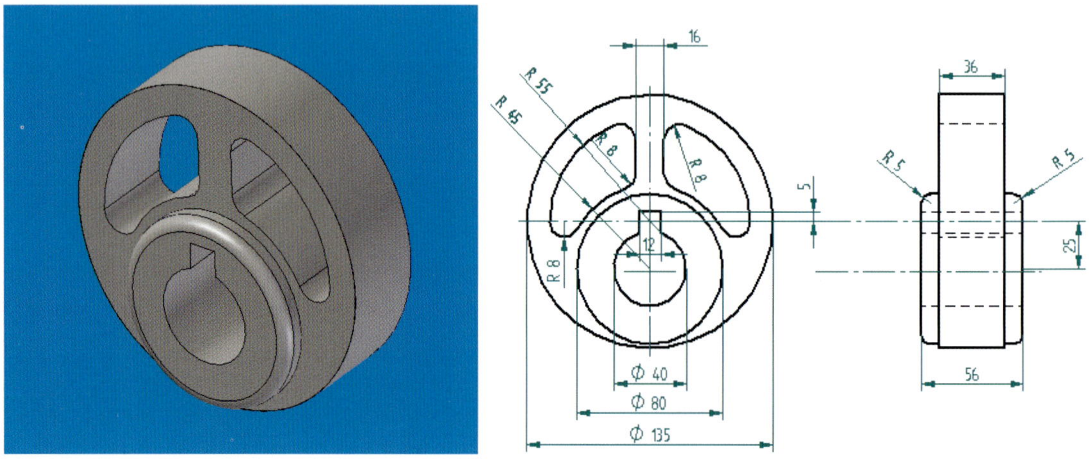

# 3. Entwickeln, Planen, Herstellen und Bewerten von komplexen Produkten

## 3.1 Entwickeln und Planen eines Produktes

Für einen reibungslosen Herstellungsablauf eines Produktes ist eine sorgfältige Planung sehr wichtig. Dies soll im Folgenden am Beispiel der Erstellung eines Niedrigenergiehauses aufgezeigt werden.

### 3.1.1 Entwickeln des Produktes

*Vorüberlegungen*

Bautechnik ist nicht leicht zu verstehen, weil das Planen und Herstellen von vielen Faktoren abhängt. Während bei unserem Bauvorhaben die Frage der Stabilität und der fachgerechten Ausführung im Vordergrund steht, kommen beim Bau eines Wohnhauses wichtige Gesichtspunkte hinzu, z. B. Bedürfnisse und Funktionen, Formvorstellungen, Dauer der Bauausführung, ausführende Baufirmen, Baufinanzierung, landschaftliche Umgebung und der Weg zur Arbeitsstätte. Neben der Einbindung des Hauses in die natürliche Landschaft sind gerade heute, wo sich die Bauherren vermehrt um gesundes Wohnen Gedanken machen, natürliche Baustoffe wichtiger geworden. Besonders die Kosten-Nutzen-Verhältnisse sind Grundlage ausführlicher Gespräche, z. B. mit dem Architekten, denn höhere Baukosten bei der Verwendung energiesparenderer, aber teurerer Baustoffe lassen sich oft erst im Laufe von Jahren abtragen. Da die Wärme besonders durch die Außenwände, Fensterflächen und durch das Dach verloren geht, muss genau geprüft werden, welche Baustoffe für die Außenwände verwendet werden und ob sie durch eine zusätzliche Dämmschicht isoliert werden müssen. Die Dicke des Fensterglases und die Frage nach Doppel- oder Dreifachverglasung spielen eine Rolle. Fragen des Umwelt- und Lärmschutzes, erhöhte Sicherheit, größere Tragfähigkeit usw. sind bei der Ausführung eines Bauvorhabens überaus wichtig. All diese Faktoren bieten Anlass, sich intensiv mit Fragen und Problemen der Bautechnik zu befassen.

*Zusammenstellung von Ideen*

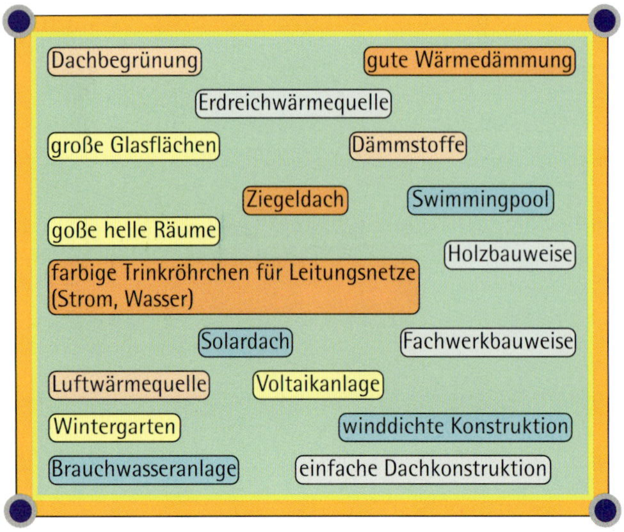


**A** **Bilden Sie Gruppen und führen Sie eine Ideensammlung für Ihr Produkt mithilfe der Methode des Brainstormings (Gedanken- und Geistesblitz-Methode) durch!**

*Bewerten der Ideen*

**A** **Erkunden Sie wesentliche Merkmale eines Passiv- oder Nullenergiehauses!**

Die Bezeichnung „passiv" heißt, dass zur Erwärmung des Hauses die durch die Fenster einstrahlende Sonnenenergie genutzt wird.

*Abb. 3-1 Passivhaus*

**A** **Nutzen Sie alle vorhandenen Medien, um Merkmale des Passivhauses zusammenzutragen!**

Z. B.:

- kompakter Baukörper (keine Dachfenster, kein Erker, keine Turmaufbauten),
- massive Dämmung, hoher Wärmeschutz,
- Südorientierung der Fenster mit Mehrfachverglasung,
- passive Vorerwärmung der Frischluft (z. B. Erdreichwärmeaustauscher),
- Wärmegewinnung durch Abluft.

Eine Möglichkeit, weitere Informationen zum Produkt zu sammeln, ist die Betrachtung, Analyse und Auswertung schon vorhandener Bauwerke.

### 3.1.2 Planen des Produktes

Ein Hausbau sollte nichts Einengendes haben – weder in der Planungsphase noch während der Herstellung und schon gar nicht, wenn man bereits eingezogen ist.

A

**Ihre Aufgabe ist es, ein Niedrigenergiehaus herzustellen, das die folgenden Bedingungen erfüllt:**

- **Es muss den vorgegebenen und von Ihnen festgelegten Zweck erfüllen.**
- **Es muss mit den Werkzeugen und sonstigen Arbeitsmitteln, die im Technikraum vorhanden sind, produziert werden können.**
- **Die Herstellung darf nicht zu schwierig sein und sollte überschaubar bleiben.**

Entscheidend für die Auswahl „Fachwerkhaus" sind auch die Erfahrungen mit Werkzeugen, Arbeitsweisen, Materialien und dem Werkstoff Holz aus dem Werk- und Technikunterricht.

A

**Erstellen Sie eine Liste, in der alle Anforderungen an das Niedrigenergiehaus aufgeführt werden, möglichst in Form einer tabellarischen Übersicht (Tab. 3-1) oder eines Pflichtenheftes!**

| Anforderungen | Aufgabenverteilung | verantwortlich |
|---|---|---|
| • Ansprechpartner der Gruppen und Zuordnen der Aufgaben<br>• Bedingungen, die das Produkt erfüllen muss<br>• Konstruktivitätsbedingungen, Arbeitsablaufplanung<br>• Genauigkeitsanforderungen<br>• Sicherheitsmaßnahmen bei der Herstellung<br>• Zeitrahmen | | |

*Tab. 3-1 Auszug aus tabellarischer Übersicht*

## 3.2 Herstellen eines komplexen Produktes

Seit Urzeiten schufen Menschen Behausungen, errichteten Schutzbauten gegen wilde Tiere oder feindliche Eindringlinge. Die Bautechnik dient nicht nur zum Schutz der Menschen (Burgen, Staudämme), sondern weckt auch Bedürfnisse nach Unterkunft und Wohnen, als Arbeits- und Versorgungsstätte, Kultur- und Erholungsstätte oder auch für Verkehrs- und Transporteinrichtungen (Brücken, Tunnel).

**Bauwerke spiegeln die Denkweisen und Vorstellungen der Menschen wider, die sie gebaut haben, die darin wohnen, leben und arbeiten.**

*Abb. 3-2 Hausbauten*

### 3.2.1 Bauweise

**Die Bauweise kennzeichnet die Art und Weise der Konstruktion und Errichtung eines Bauwerkes.**

Bauweisen werden unterschieden nach:

- Baustoffart (Holz-, Beton-, Mauerwerksbauweise),
- Art des Zusammenfügens von Bauteilen (Montagebauweise),
- Art der lasttragenden Konstruktionselemente (Skelett- und Wandbauweise).

Die **Entscheidung für die Holzbauweise** zur Herstellung des Bauwerkes hat vielerlei Gründe:

- Holz ist mit relativ geringem Energieaufwand gut zu bearbeiten (sägen, feilen, bohren ...),
- Holz hat hohe Festigkeitswerte bei geringem Eigengewicht,
- Holz hat gute Wärmedämmeigenschaften,
- Holzverbindungen entstehen mit Verbindungsmitteln (Schraube, Dübel, Leim ...),
- Holz ist ein nachwachsender Rohstoff.

**Das Fachwerkhaus ist eine altbekannte Art, in Skelettbauweise aus Holz ein Gebäude zu errichten. Die Holzträger sind untereinander verzapft, gedübelt oder verschraubt (Abb. 3–3).**

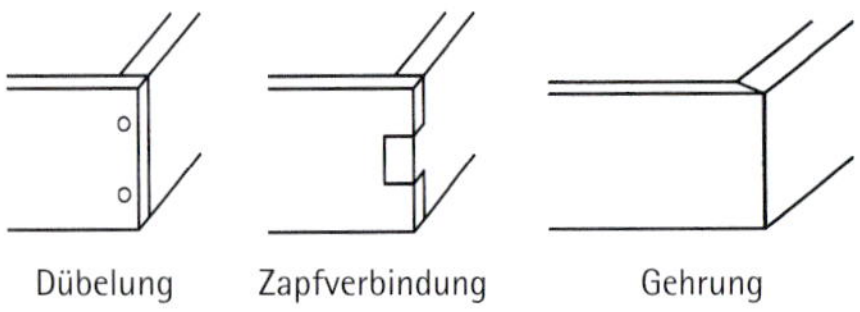


*Abb. 3-3 Eckverbindungen*

**Fachwerkkonstruktionen bestehen aus einer zahlreichen Kombination von Balken, Kanthölzern, Streben, Riegeln sowie den Verbindungselementen Bolzen, Zapfen, Dübel oder Schrauben.**

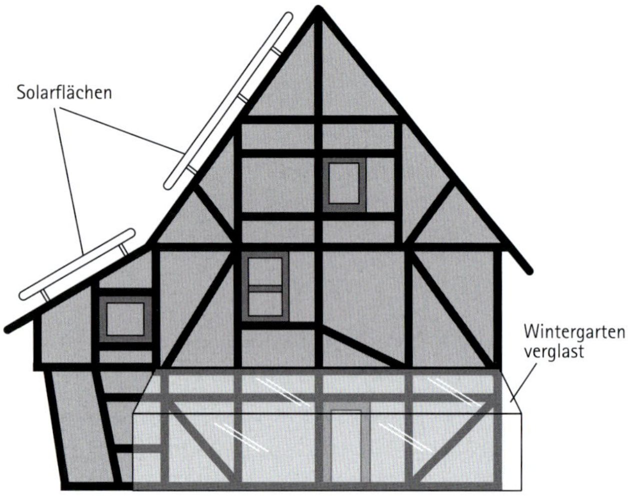


*Abb. 3-4 Niedrigenergiehaus in Fachwerkbauweise*

| Typ | Niedrigenergiehaus in Fachwerkbauweise |
|---|---|
| Art | massives Fachwerk mit Glas |
| Konstruktivität | vollunterkellert, mehrgeschossig, Dachausbau |
| Fundamente | Plattenfundament |
| Außenwände | massives Holzfachwerk (ausgefacht) in Skelett- und Rahmenbauweise |
| Dachtragewerk | Sparrendach |
| Dachform | Satteldach |
| Dämmmaterial | Styropor, Folien |
| Dämmung | transparente Wärmedämmung, Kerndämmung, Sparrendämmung |
| Besondere Kennzeichen | Solarenergienutzung, Wintergarten |
| Sonstiges | Einhaltung der Wärmeschutzverordnung (WSVO), Beachtung gebäudethermischer Aspekte |
| Einsatzbereich | Spiel- oder Puppenhaus in Kindertageseinrichtung |

*Tab. 3-2 Bauliche Daten des Bauwerkes*

Heute zählen die **Skelett-, Fachwerk- und die Tafelbauweise** zu den zeitgemäßen Holzbausystemen.

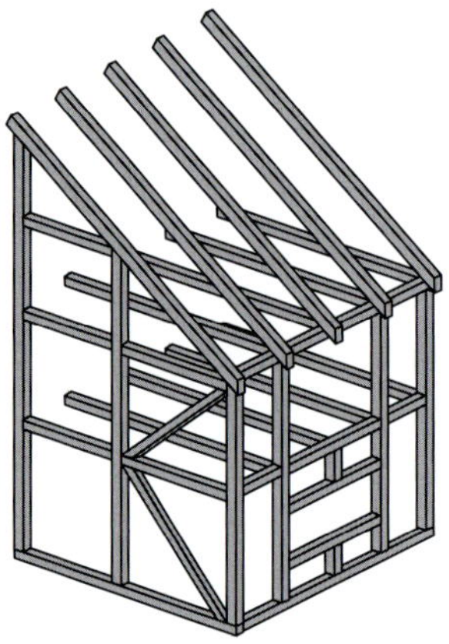

*Abb. 3-5 Skelettbauweise*

Bei einer Skelettbauweise ist das Tragsystem aus Stützen und Balken fast immer sichtbar bzw. von außen kann es durch eine Holzverschalung überdeckt und ausgefacht werden.

*Abb. 3-6 Fachwerkbau*

Bei der Fachwerkbauweise wird die Tragkonstruktion durch ein stabförmiges Gerippe aus Kanthölzern gebildet. Durch das Aufschrauben, Tackern oder Nageln von Platten und deren Verkleidung erhalten die senkrechten Kanthölzer ihre horizontale Stabilität. Diese Bauart ist für mehrstöckige Wohnhäuser und für Niedrigenergiehäuser gut geeignet. Die Wandteile werden in Fertigungshallen vorgefertigt.

*Abb. 3-7 Tafelbauweise*

Bei der Tafelbauweise enthalten die Holzkonstruktionen bereits Fenster, Türrahmen und Installationsrohre, sodass sie so an der Baustelle zusammengefügt werden.

### 3.2.2 Bautechnik

**Die Bautechnik umfasst die Herstellung, Reparatur und Konstruktion von Bauwerken mithilfe von Baustoffen, -geräten, -maschinen, Bauweisen sowie einer Bauorganisation.**

Ein Bauwerk setzt sich aus verschiedenen Bauelementen und Bauteilen zusammen. Ein Haus besteht im Rohbau aus Fundament, Wänden und Dach.

## Fundamente

**Das Fundament muss die Standfestigkeit eines Hauses gewährleisten.**

Für die Auswahl der Fundamente sind die Größe des Bauwerkes, die Bauweise und die Bodenbeschaffenheit entscheidend (Abb. 3-8).

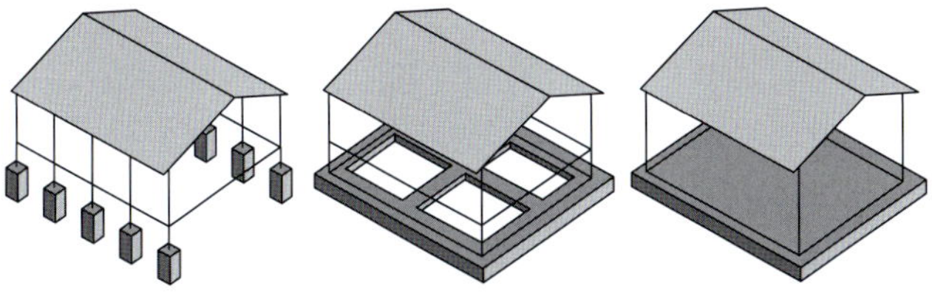


*Abb. 3-8 Fundamentarten*

## Wände

Auf Fundamente werden Wände gesetzt. Wände (Abb. 3-9) werden unterschieden nach

- Funktion (tragende, aussteifende und nicht tragende Wände),
- Lage (Innen- und Außenwände).

Außenwände tragen die Last des Gebäudes und schützen vor äußeren Umwelteinflüssen. Die unterschiedliche Trennung der Räume erfolgt durch Innenwände.

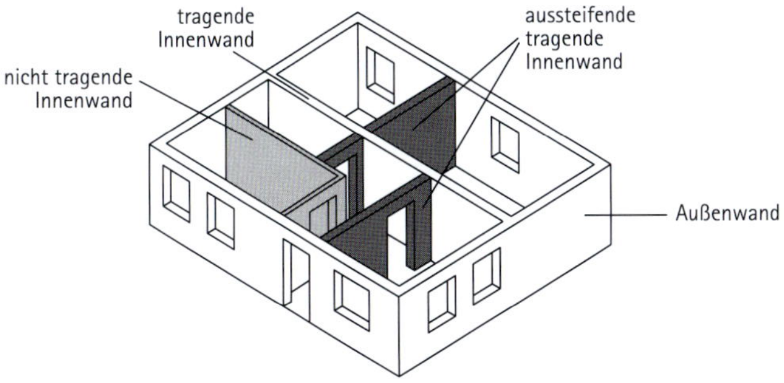


*Abb. 3-9 Wände*

Eckpfosten werden durch die Streben nach oben gestützt.

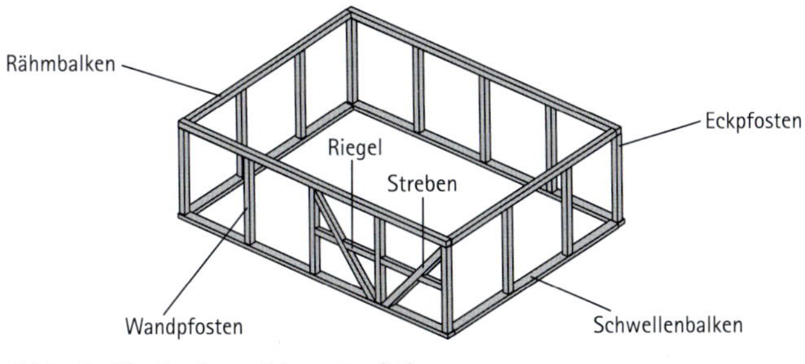


*Abb. 3-10 Fachwerkkonstruktion*

**Ein Arbeitsablaufplan zeigt, in welcher Reihenfolge welche Arbeitsschritte mit den entsprechenden Werkzeugen notwendig sind, um ein komplexes Produkt herstellen zu können.**

In der folgenden Tabelle wird der Arbeitsablaufplan für die Fachwerkkonstruktion (Abb. 3-11) dargestellt:

| Nr. | Arbeitsschritt | Arbeitsmittel |
|---|---|---|
| 1 | Messen, Prüfen, Anreißen der Schwellenbalken der senkrechten Eck- und Wandpfosten (Vierkanthölzer) | Stahlmaßstab, Gliedermaßstab, Anschlagwinkel, Bleistift, Streichmaß |
| 2 | Sägen, Feilen und Schleifen der Schwellenbalken, Eck- und Wandpfosten | Fuchsschwanz, Schraubzwinge, Schraubstock, Raspel, Flachfeile, Schleifpapier, Schleifklotz, Schwingschleifer |
| 3 | Anreißen, Messen und Prüfen der Rähmbalken | Stahlmaßstab, Gliedermaßstab, Anschlagwinkel, Bleistift, Streichmaß |
| 4 | Herstellen der Eckverbindungen von Eck- und Wandpfosten sowie Schwellen- und Rähmbalken | Anschlagwinkel, Bleistift, Gliedermaßstab, Feinsäge, Stechbeitel, Holzhammer, Schleifpapier, Schleifklotz, Schraubzwinge, Schraubstock |
| 5 | Verleimen der Rahmenkonstruktion aus Schwellenbalken, Eckpfosten, senkrechten Pfosten und Rähmbalken | Holzleim, Anschlagwinkel, Gliedermaßstab, Holzhammer, Schraubzwinge |
| 6 | Messen, Prüfen, Anreißen der Streben und der waagerechten Riegel | Stahlmaßstab, Gliedermaßstab, Anschlagwinkel, Bleistift, Streichmaß |
| 7 | Sägen und Feilen der Streben und Riegel | Fuchsschwanz, Feinsäge, Gehrungssäge, Feilen |
| 8 | Verbinden der Streben und Riegel der Eck- bzw. Wandpfosten | Leim, Dübel, Stechbeitel, Holzhammer, Bohrmaschine, Vorstecher, Bohrer |
| 9 | Oberflächenbehandlung | Pinsel |

*Tab. 3-3 Arbeitsablaufplan*

**A**

**Zur Herstellung der Fachwerkkonstruktion sowie weiterer Aufbauten wählen Sie einen angemessenen Maßstab! Fügen Sie die hergestellten Bauteile durch eine geeignete Verbindungsart (s. Seite 40) zu einem Fachwerkskelett zusammen!**

**Beachten Sie folgende Konstruktionshinweise:**

- **Auf dem Sockel liegen rechtwinklig verlegt die sogenannten Schwellenbalken.**
- **In regelmäßigen Abständen werden senkrecht Wandpfosten zwischen den Eckpfosten errichtet.**
- **Auf Eck- und Wandpfosten liegen parallel zu den Schwellenbalken die Rähmbalken.**
- **Zwischen den Eckpfosten und danebenstehenden Wandpfosten sorgen diagonale Streben für Seitenstabilität und waagerechte Riegel sichern die Pfosten gegeneinander vor Verschiebungen.**

### Dächer

**Dächer schützen das Haus vor Witterungseinflüssen. Sie sind ein wichtiges Gestaltungsmittel für die Gesamtheit eines Hauses.**

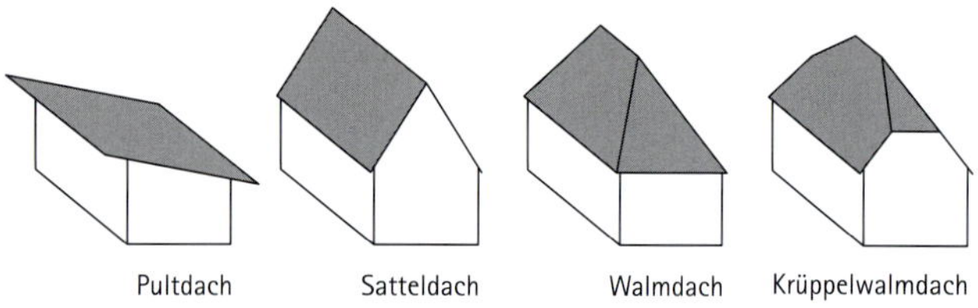


*Abb. 3-11 Dachformen*

### Dachkonstruktionen

**Dachkonstruktionen bestehen aus dem Dachtragewerk, dem Unterdachschutz (Dampfsperre, Dämmschicht und Unterspannbahn) zum Wärme-, Kälte- und Feuchtigkeitsschutz und der Dacheindeckung.**

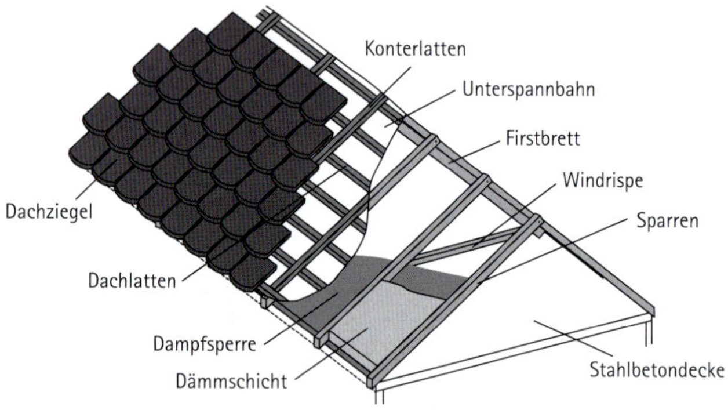


*Abb. 3-12 Dachkonstruktion*

Das Dachtragewerk (Abb. 3-12) besteht bei einem Sparrendach aus Sparren, Widerlager, Firstbrett, Windrispe, Konterlatten und Dachlatten. Die Dachlatten tragen die Dacheindeckung, z.B. Ziegel, Schindeln, Schiefer. Dreieckbinder erhöhen die Stabilität der Dachkonstruktion.

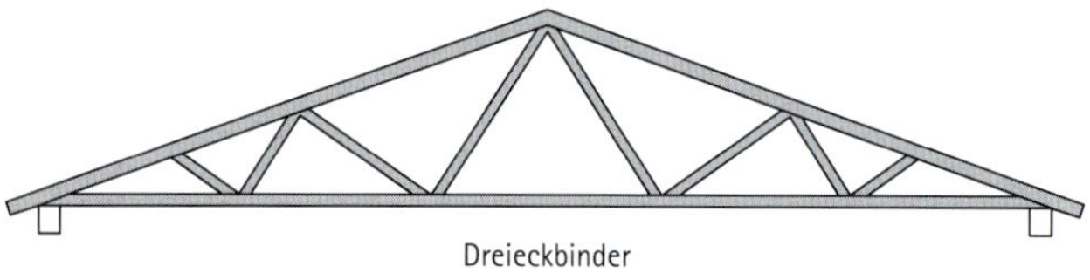


*Abb. 3-13 Dachtragewerk*

## 3.2.3 Lasten und Kräfte an einem Bauwerk

**Die auf ein Bauwerk oder Bauteil wirkenden Kräfte nennt man Lasten.**

Auf Bauteile wirken äußere Belastungen, sogenannte Verkehrslasten (Personen, Möbel, Regen, Schnee). Aber auch Bauteile selber stellen durch ihr Eigengewicht Lasten dar – sogenannte Eigenlasten. Damit ein Bauwerk sicher ist, müssen alle Lasten zum Fundament hingeleitet werden. Die Fundamente drücken auf den Baugrund, sie üben Druckkräfte aus. Es muss jedoch ein Kräftegleichgewicht bestehen, d.h., dass der Baugrund große Kräfte entgegensetzen muss (Abb. 3-14).

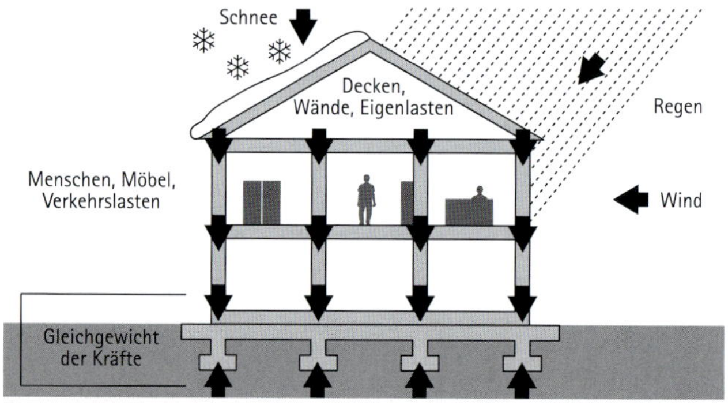


*Abb. 3-14 Belastungen*

Die Bauteile eines Bauwerkes unterliegen Beanspruchungen. Dies sind Kräfte wie Zug, Druck, Biegung. Durch die Krafteinwirkungen entstehen in den Bauteilen mechanische Spannungen. Diese können zu Verformung und Bruch der Bauteile führen. Bauteile erhalten in Abhängigkeit vom Material und seinem Querschnitt (Profil, Abb. 3-15) eine Festigkeit. Die Biege- und Knickfestigkeit kann durch Verwendung von Profilen verbessert werden. Voll- und Hohlprofile werden vorwiegend als tragende Bauteile verwendet.

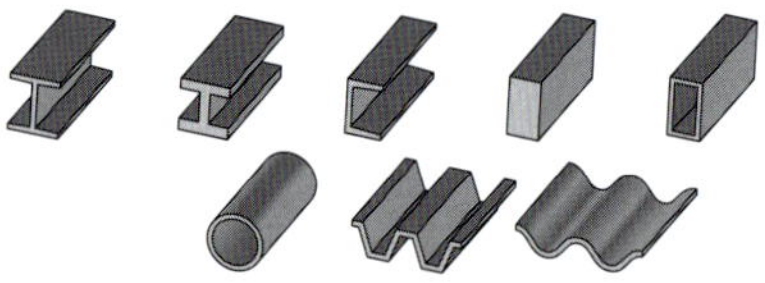

*Abb. 3-15 Profilarten*

**Tragende Bauteile (Träger) bilden das stabile Grundgerüst eines Bauwerkes. Es wird als Konstruktion bezeichnet.**

**A**

**Prüfen Sie die Belastbarkeit von Profilen nach Abb. 3-16! Beurteilen Sie diese Hypothese: Träger (Balken) biegen sich bei Belastung durch, je größer die Stützweite des Trägers – der Abstand seiner Stützen – ist. Durch günstige Profilbildung kann ein Balken tragfähiger gemacht werden.**

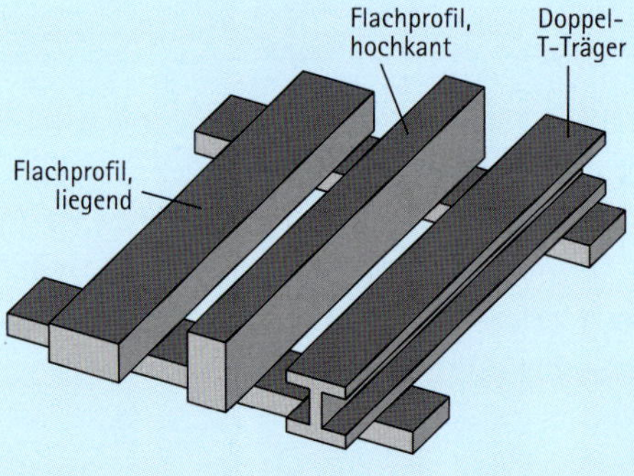


*Abb. 3-16 Einflussgrößen auf die Biegefestigkeit*

**Verändern Sie bei jedem Versuch immer nur eine Variable, z. B.:**

- **Materialstärke**
- **Maßabstand der Stützweite**

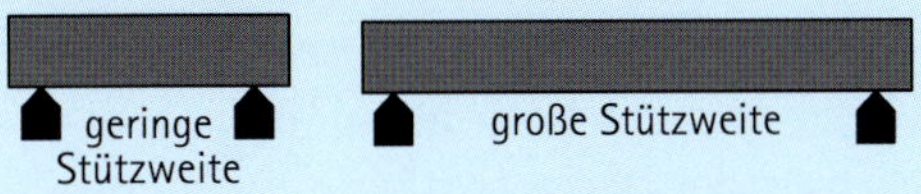


- **Form der Querschnittsfläche (Profil)**

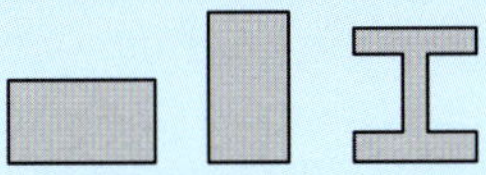

- **Die Belastungsrichtung (flach liegend, hochkant)**

1. **Werten Sie, wie sich die Variablen auf die Belastbarkeit eines Trägers auswirken!**
2. **Hat sich Ihre Hypothese bestätigt?**
3. **Konnten Sie etwas Unerwartetes feststellen? Welche Erklärung finden Sie hierzu?**
4. **Welche Erkenntnisse ergeben sich hieraus bezüglich der Baukonstruktion?**

### 3.2.4 Baustoffe

**Baustoffe sind Materialien, aus denen ein Bauwerk entsteht.**

Die wichtigsten Baustoffe sind Natursteine, künstliche Steine, Holz, Beton, Bindemittel (Zement, Kalk), Zuschläge (Kies, Sand), Baustähle sowie Dämm- und Dichtungsstoffe (Bitumen, Aluminiumfolie).
Bausteine können aus Naturgestein bestehen oder aus künstlichen Baustoffen hergestellt werden. Tabelle 3-4 führt die verwendeten Bau- und Dämmstoffe und ihre Eigenschaften auf.

**! Informieren Sie sich über einsetzbare Werkzeuge zur Bearbeitung von Bau- und Dämmstoffen!**

Die Eigenschaften und Verwendung einiger Baustoffe wie Natursteine (Marmor, Granit), Beton (Stahl-, Frischbeton), Baustähle (Profilstähle, Stahlmatten, Stahldraht) wurden in der folgenden Übersicht vernachlässigt, da sie bei unserer Bauaufgabe keine Rolle spielen.

| Baustoffe (Steine) | Eigenschaften | Verwendung |
|---|---|---|
| Mauerziegel | druckfest<br>witterungsbeständig | Innenwände<br>Außenwände |
| Leichtbetonsteine | wärmedämmend | |
| Gasbausteine | wenig druckfest | |

| Baustoffe (Holz) | Eigenschaften | Verwendung |
|---|---|---|
| Nadelhölzer<br>(Fichte, Kiefer) | biegefest<br>gut zu bearbeiten<br>(sägen, bohren, leimen, schrauben) | Schalung<br>Dachstuhl<br>Innenausbau<br>Stützen<br>Möbel |
| Laubhölzer<br>(Eiche, Buche) | hart<br>gut zu sägen<br>bohren<br>leimen<br>schrauben | Träger<br>Stützen<br>Innenausbau<br>Möbel |

| Dämmstoffe | Eigenschaften | Verwendung |
|---|---|---|
| Styropor<br>Kork<br>Mineralwolle | leicht<br>porös<br>wärmedämmend | Wärmedämmung<br>Schallschutz<br>Isolierdämmung |

*Tab. 3-4 Auswahl an Bau- und Dämmstoffen*

Die gebräuchlichsten Bausteine sind Mauerziegel, Klinker, Kalksandsteine, Leichtbetonsteine und Gasbetonsteine.

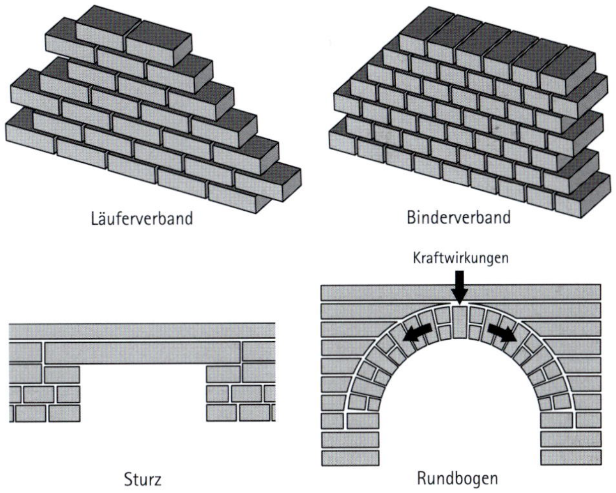


*Abb. 3-17 Mauerwerksbau*

Die Mauersteine werden zu einem Mauerverband (Läufer- und Binderverband) angeordnet. Mit Mörtel werden die Steine fest miteinander verbunden. Maueröffnungen für Türen und Fenster können z. B. durch einen Sturz oder gemauerte Rundungen überbrückt werden (Abb. 3-17).

**A Erkunden und notieren Sie, welche Bau- und Dämmstoffe im Bauwesen weitere Anwendung finden!**

### 3.2.5 Ökologisches Bauen

Ökologisches Bauen bedeutet vor allem, dass das Gebäude die Bedürfnisse der Nutzer bestmöglich erfüllt, ohne dass künftige Generationen es genauso nutzen müssten oder dass es Probleme bei der möglichen Entsorgung gäbe.

*Abb. 3-18 Ökologische Bauweise*

Die ökologische Bauweise (Abb. 3-18) erfordert die Verwendung von solchen Baustoffen, deren Gewinnung wie auch Nutzung umweltverträglich erfolgt und die einfach entsorgt werden können.

#### Umweltgerechtes, gesundes und energiesparendes Bauen

Da jede Baumaßnahme einen Eingriff in die Natur darstellt, sollte ein Bauvorhaben den Lebensraum von Pflanzen und Tieren nicht unnötig einschränken. Die Baumbestände sind zu schonen und der Bodenaushub sollte in unmittelbarer Nähe des Baugebietes belassen werden.

Das Wohlbefinden und die Gesundheit des Menschen stehen bei der Herstellung und Nutzung von Gebäuden an erster Stelle. Die Holzbauweise bietet ideale Voraussetzungen für gesundes Wohnen, wenn die Baustoffe keine giftigen Gase abgeben und wenn gesundheitsschonende Holzbehandlungsmittel zur Oberflächenbehandlung eingesetzt werden. Eine gesunde „Wohlfühltemperatur" wird durch einen entsprechenden Wärmeschutz erreicht, wenn im Sommer die Räume vor Überhitzung geschützt werden und im Winter die Wärme nicht nach außen abwandert.

Viele Häuser sind „Energiefresser". Je besser die Wärmedämmung bei Außenwänden, Dach, Boden, Fenstern und Wandflächen ist, desto weniger Heizenergie ist erforderlich, und somit wird auch die Luft weniger durch Abgase belastet. Durch Dach- und Fassadenbegrünung wird die Wärmedämmung erhöht. Werden die Wohnräume nach Süden mit großen Glasflächen ausgerichtet und der richtige Baustoff (Holz) ausgewählt, dann wird der Energieverbrauch gesenkt.

#### Wärmedämmung und Dämmstoffe

**Wärmedämmung soll den Wärmefluss zwischen Innenraum und Außenumgebung verringern.**

Die Fähigkeit, gegen Wärmedurchgang zu isolieren – sowohl Hitze als auch Kälte abzuhalten –, ist eine wichtige Eigenschaft der Dämmstoffe. In Bau- und Fachmärkten gibt es zahlreiche Angebote an Dämmmaterialien. Die Auswahl zur Verarbeitung richtet sich nach Art und Weise der Dämmung und der Art des Bauwerkes. Für unser Niedrigenergiehaus bieten sich Dämmstoffe wie verschiedene Mineralfasermatten, Kork, Mineralwolle, Polyester- und Naturgipsplatten, Styropor, Folien, Flachs oder auch unbehandelte Schafwolle an.

Eine gesetzliche Wärmeschutzverordnung (WSVO) legt den Grad der Wärmeisolation für Neubauten fest. Demnach gilt, dass leichte Stoffe mit vielen Hohlräumen durch Lufteinschlüsse eine gute Wärmeisolation besitzen. Somit isoliert z.B. eine 16 mm dicke Hartschaumschicht ebenso gut wie eine 1 m dicke Mauer aus Natursandsteinen. Maßgebend für die Wärmedämmung eines Baumaterials ist der Wärmedurchgangskoeffizient, auch *k*-Wert genannt. Je niedriger dieser Wert ist, desto besser ist die Wärmedämmung.

#### Vom biologischen Vorbild zur technischen Lösung

| Biologisches Vorbild | | |
|---|---|---|
| Eisbär  | Haut als schwarze Fläche | absorbiert Licht und wandelt es in Wärme um |
| | Pelzhaar hohl | Anlegen und Aufrichten der Pelzhaare variiert die Isolationsdicke |

Technische Lösung

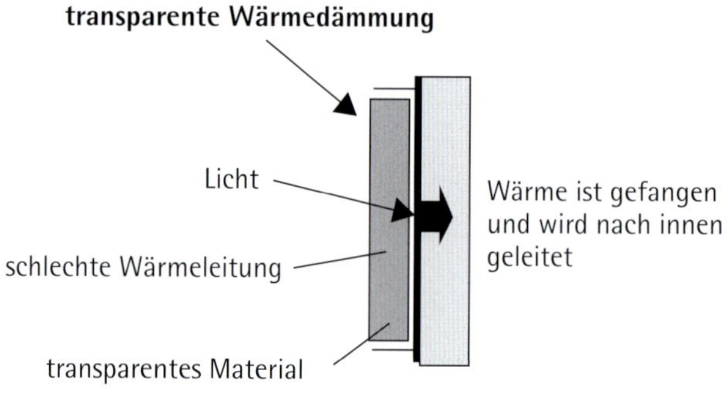


Ein transparentes Dämmmaterial wird an der Südfassade einer Hausmauer angebracht, da es für Sonnenlicht durchlässig, aber zugleich ein schlechter Wärmeleiter ist. Diese beiden Materialeigenschaften bewirken, dass eine dahinter liegende geschwärzte Mauer die Sonneneinstrahlung als Wärme aufnimmt und sie ins Hausinnere weiterleitet. Durch das Dämmmaterial wird weitestgehend ein Abwandern der gewonnenen Wärme nach außen verhindert. Auch bei geringer Wärmeeinstrahlung ist durch die vorgewärmte Außenwand die Erwärmung der Raumluft sichergestellt, denn bei gleichen Temperaturen (innen und außen) kommt der Wärmestrom zum Stillstand.

**Wärmedämmung der Wände**

Die Außenwände können in der Stein-auf-Stein-Bauweise, aus Fertigelementen oder auf Holzkonstruktionen errichtet werden (Abb. 3-19).

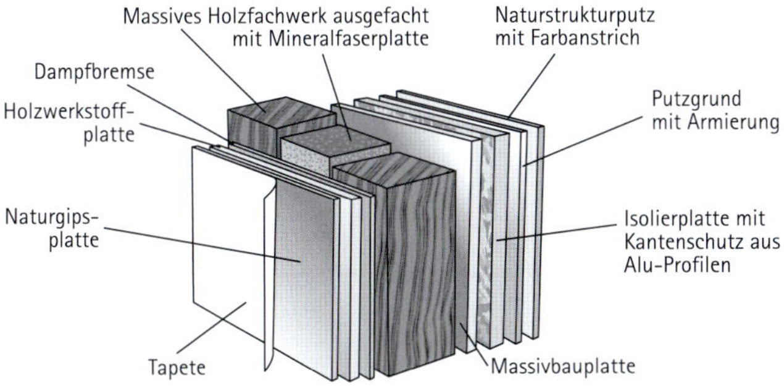


*Abb. 3-19 Aufbau einer Außenwand*

Eine stabile Holzbalkenkonstruktion wird zwischen Balken mit Dämmmaterial ausgelegt. Je nach Konstruktionsart lassen sich außen an den entstehenden Wandelementen Platten befestigen, die zur Stabilität beitragen. Fertigteilhäuser haben den Vorteil, dass alle Wände absolut trocken sind, die Wandelemente vorgefertigt und erst auf der Baustelle in kurzer Zeit zu einem Haus zusammengefügt werden.

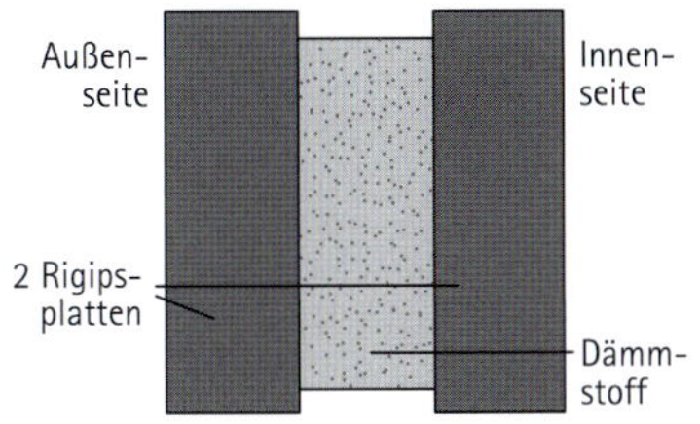


*Abb. 3-20 Prinzip einer Plattendämmung*

Im Trockenbau werden aus Holzplatten nichttragende Wände als Skelett errichtet und die Zwischenräume mit wärme- und schalldämmenden Baustoffen ausgefüllt (Abb. 3-20). Von beiden Seiten werden Platten (z. B. aus Gipskarton) angeschraubt – sogenannte Leichtbauwände.

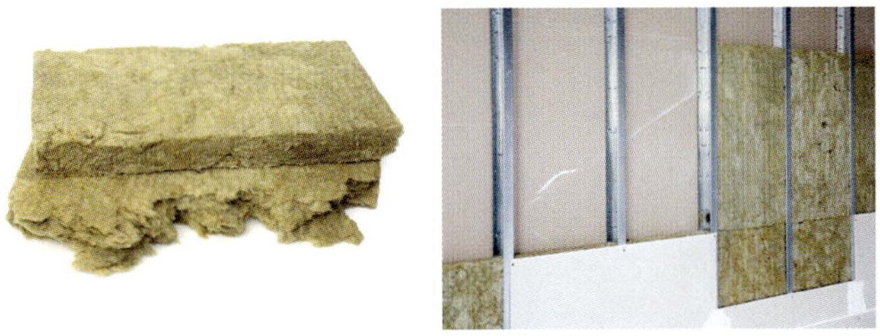

*Abb. 3-21 Trockenbau*

**Wärmedämmung des Daches**

Folgende Dämmmöglichkeiten stehen zur Auswahl:

- Dämmung des Dachbodens, wobei das Material fugendicht auf dem Boden ausgelegt wird,
- Dämmung zwischen den Sparren (Abb. 3-22), die von der Raumseite erfolgt.

*Abb. 3-22 Dämmung zwischen den Sparren*

*Abb. 3-23 Dampfbremse*

Da lediglich die Sparrenzwischenräume gedämmt werden, treten jeweils auf der Balkenseite Wärmeverluste auf. Das Dämmmaterial muss mit etwas Verspannung in die Zwischenräume gepresst werden, damit später entstehende Ritzen – da Sparren quellen, schwinden und sich verziehen – nahtlos ausgefüllt werden.

Dämmung über den Sparren darf nur durch typengeprüfte Mineralwolle oder Polystyrolplatten ausgeführt werden. Das erfolgt mittels Latten. Weil die Dachkonstruktion komplett hinter der schützenden Dämmschicht liegt, können Wärmebrücken durch die Sparren gar nicht erst auftreten. Zudem fällt es von außen leicht, die erforderliche Dampfbremsfolie so exakt anzubringen (Abb. 3-23), dass keine Fugen und Ritzen entstehen und somit die Winddichtigkeit und der Feuchteschutz gewährleistet werden.

Beim ökologischen Bauen setzt man im Städtebau zunehmend auf Dachbegrünung als Beitrag zur Umweltverträglichkeit. Diese hat wesentliche Vorteile, z. B. Binden des Staubes, Verringerung der Schallbelästigung, Lärm- und Kälteschutz sowie Nutzung des Niederschlagwassers. Besonders zu beachten ist aber die höhere statische Dimensionierung der Dachkonstruktion, da ein größeres Gewicht zu tragen ist.

*Abb. 3-24 Prinzip Dachbegrünung – Beispiel Dachbegrünung*

## 3.3 Bewerten des komplexen Produktes

Die beiden Attribute – Tradition und moderne Wohnarchitektur – kommen in diesem Niedrigenergiehaus als Fachwerkbauweise zum Zuge. Die freie Planung der Grundkonstruktion bietet jeglichen Gestaltungsspielraum.

| Bauweisen | Ausführungsmöglichkeit |
|---|---|
| tragendes Gestell | Konstruktion: Skelett aus Dachlatten und Holzbalken |
| äußere Form | rechteckig, mehreckig |
| Gestaltung der Außenwände | geschlossene Wände aus einem Stück, offene Wände aus Brettern, Balken in Dreieckkonstruktion |
| Werkstoffe für Wände | Naturholz, Holzwerkstoffe (Spanplatte, Holzfaserplatte), Geflecht aus Stroh und Lehm |
| Art der Fügeverbindungen der Einzelteile | Nut und Feder, geschraubt, genagelt, gezapft, gedübelt oder gesteckt |
| Dachform | Satteldach, Pultdach |
| Oberflächengestaltung und -schutz | lasiert, imprägniert, unbehandelt, werkstoffbeschichtet |
| Dämmstoffe | Mineralwolle, Folien, Styropor, Kork, Mineralfasermatten |
| Dachaufbau | Dachziegel, Solarzellen |
| Fenstergestaltung | Acrylglas |

*Tab. 3-5 Bauweise und Ausführungsmöglichkeiten*

Ziel dieses Projektes sollte es sein, zu ermitteln, wie die individuellen, finanziellen, zeitlichen und handwerklichen Möglichkeiten auszuschöpfen sind. Bauen auf Niedrigenergieniveau bedeutet, die Wärmedämmung umfassend anzuwenden und die Solarthermie weitgehend zu nutzen.

Allgemeine abschließende Bewertungskriterien, die für alle möglichen Lösungsvarianten zutreffen, sind zum Beispiel:

- Stabilität,
- Funktionssicherheit,
- Materialaufwand,
- Zeitaufwand,
- Energiebedarf,
- Umweltfreundlichkeit,
- Kosten,
- Design (ästhetisches Aussehen).

Die folgende Tabelle (Tab. 3-6) zeigt, welche Kriterien für den jeweiligen Einsatz der Werk-, Dämm- und Hilfsstoffe am Bauwerk zur Anwendung gelangen.

| Werk-, Dämm- und Hilfsstoffe | Fundamentherstellung | Wandherstellung | Dachkonstruktion | Wanddämmung | Dachdämmung |
|---|---|---|---|---|---|
| Holz | x | x | x | x | x |
| Polystyrol | | x | | x | x |
| Acrylglas | | x | x | x | |
| Mineralwolle | | x | x | x | x |
| Folie | x | | x | x | x |
| Solarzellen | | x | x | | |
| verschiedene Mineralfasermatten | x | x | x | x | x |
| Naturgipsplatten | | x | x | x | x |
| Schiefer/Ziegel | | | x | | |
| Holzleim | x | x | x | | |
| Schrauben/Nägel/Stifte/Klammern | x | x | x | x | x |

*Tab. 3-6 Bewertung der Baustoffe (Auszug)*

Das fertige Niedrigenergiehaus kann nun für seine zukünftige Bestimmung als Spiel- oder Puppenhaus an eine Kindertagesstätte übergeben werden.

# 4. Analyse und Synthese technischer Systeme

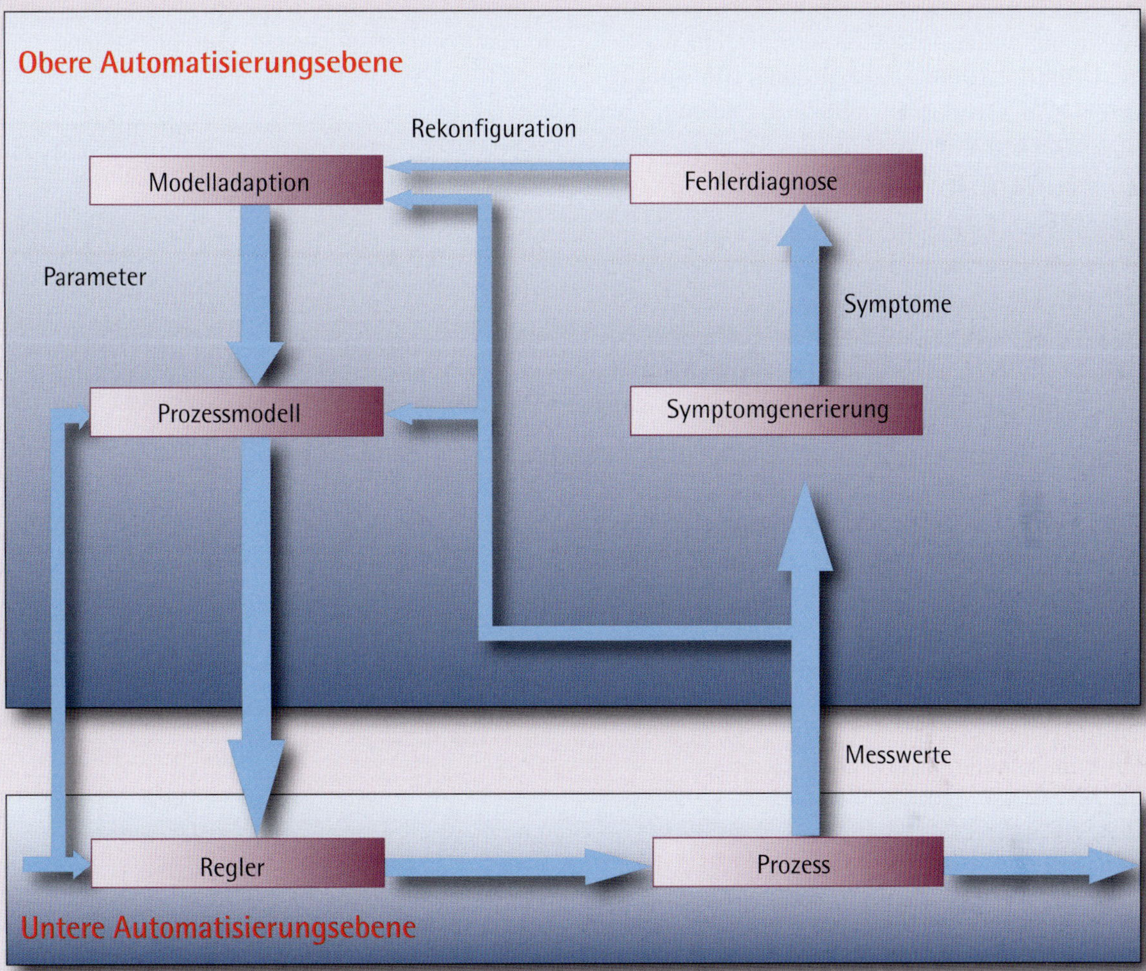


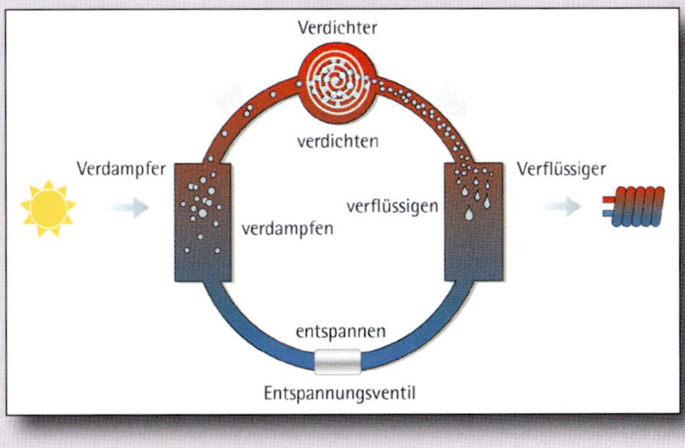

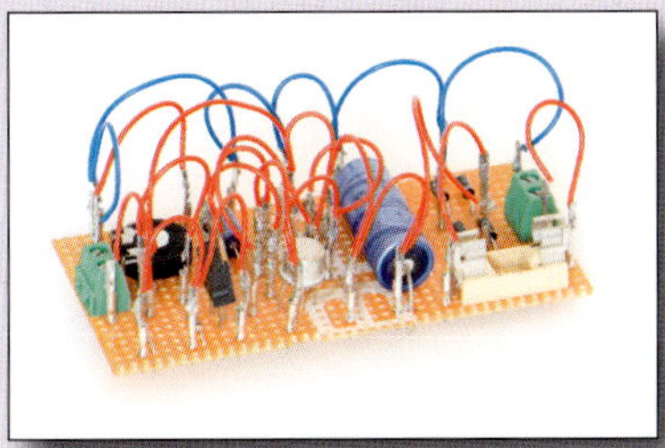

## 4.1 Technische Systeme

Zahlreiche Produkte besitzen eine jahrzehnte- oder jahrhundertelange Tradition. Dabei änderten sich Aussehen und Material, neue Funktionen kamen hinzu. Vergleicht man die Transportmittel, die Heizungssysteme oder die Rundfunk- und Fernsehsysteme der letzten 100 Jahre mit denen von heute, wird dies besonders deutlich. Alle Veränderungen an Produkten ordnen sich ihren Funktionen unter, sodass diese weiterhin existieren. Ihre Grundfunktionen (Übertragen, Transportieren, Übermitteln, Verarbeiten ...) sind geblieben, aber schneller, sicherer, exakter geworden.

Um technische Produkte genauer analysieren zu können, benötigen wir eine Modellvorstellung, die auf alle technischen Erzeugnisse angewandt werden kann. Eine solche Modellvorstellung ist das technische System. In ständiger Wechselwirkung mit der Umwelt stehend, haben technische Systeme stets einen bestimmten Aufbau und erfüllen konkrete Funktionen.

Im technischen System können Stoff, Energie und Informationen transportiert, umgewandelt und geformt werden (Tab. 4-1). Jedes technische System ist nach außen (Umgebung) abgegrenzt, hat eine Funktion und eine Struktur (Abb. 4-1). Die Struktur des technischen Systems ergibt sich aus der Anordnung und Verknüpfung der Funktionseinheiten. Dies kann nur durch das Zusammenwirken von Teilfunktionen erreicht werden. Diese Teilfunktionen werden durch Subsysteme erfüllt, die als Funktionseinheiten verwirklicht werden.

| | | |
|---|---|---|
| Technische Systeme | Informationsumsätze | Rundfunk und Fernsehen<br>PC<br>Telekommunikation |
| | Energieumsätze | Beleuchtungstechnik<br>Motorentechnik<br>Heizungssysteme |
| | Stoffumsätze | Transportmittel<br>Arbeitsmaschinen<br>Verarbeitung von Naturprodukten zu Lebensmitteln |

*Tab. 4-1 Einteilung technischer Systeme*

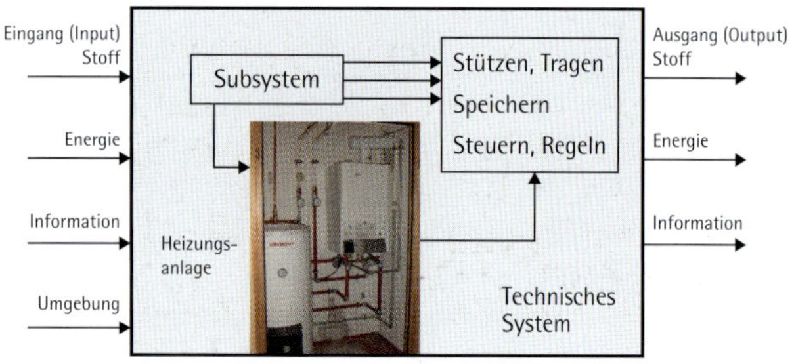


*Abb. 4-1 Struktur technisches System*

Durch die Steuerungs- und Regeleinheiten wird der Stoff-, Energie- und Informationsfluss so gestaltet, dass die Erfüllung des Zwecks (technologischer Vorgang) möglich wird. Bei einfachen Maschinen und Haushaltsgeräten ist der Mensch durch das Betätigen von Schaltern und Reglern in den Informations- bzw. Signalfluss mit einbezogen.

Der jeweilige Informations- und Signalfluss kann grundsätzlich erfolgen:

- vom Menschen zum technischen System,
- zwischen technischen Systemen (automatisierte Systeme),
- vom technischen System zum Menschen.

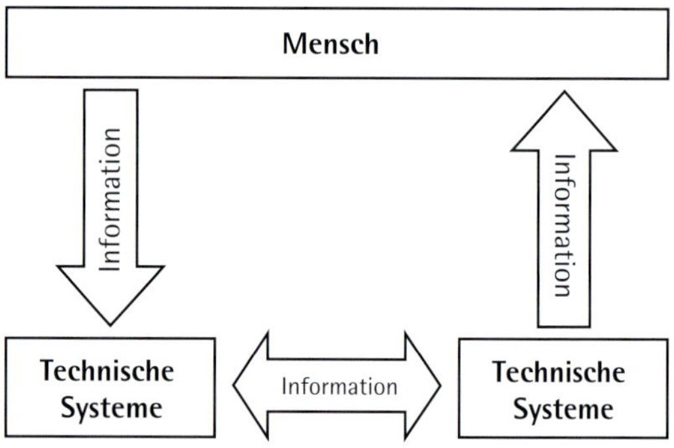


Um ein technisches System zu analysieren und zu modellieren, ist eine bestimmte Ablaufstruktur (Abb. 4-2) hilfreich.

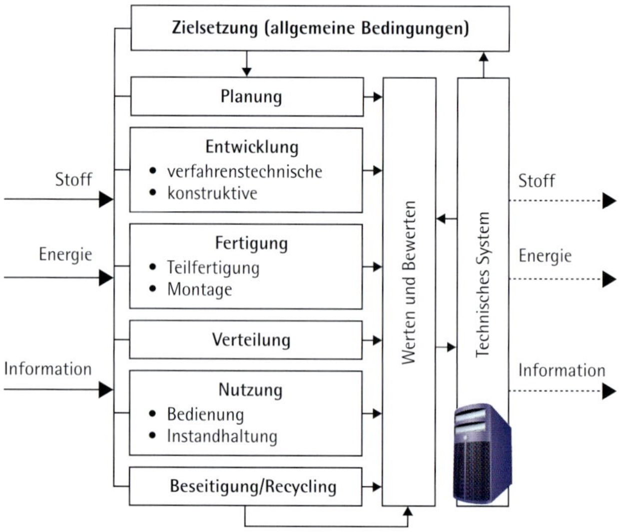


*Abb. 4-2 Vereinfachte Ablaufstruktur*

**A** **Nennen Sie weitere technische Systemanwendungen! Ergänzen Sie die Übersicht!**

| Technische Systeme | | |
|---|---|---|
| Informationsumsatz | Energieumsatz | Stoffumsatz |
| | | Transportmittel |
| | Beleuchtung | |
| PC | | |
| | | |
| | | |
| | | |

**Stoff, Information und Energie umsetzende Systeme**
Eine Stoffwandlung liegt vor, wenn sich die Eigenschaften des Ausgangsmaterials während der Bearbeitung ändern, z. B. ergibt das Mischen von Zucker, Eiern, Butter, Mehl und Hefe mit einem Handmixer einen neuen Stoff, den Teig. Dieser wird nochmals verändert, indem er zu einem Brot geformt wird.
Bei den typischen Trennverfahren werden hingegen Stoffe durch Sägen, Bohren und Schneiden getrennt. Außer der Stoffwandlung und der Stoffformung gehören hierzu Systeme, welche Stoffe erzeugen, übertragen, wandeln, transportieren, speichern und verarbeiten: Die Heizungsanlage setzt Energie um, der Computer verarbeitet Informationen, der Elektromotor einer Küchenmaschine wandelt Elektroenergie in mechanische Energie um. Auf diese Weise können alle natürlichen Energiearten, zu denen auch Licht, Wärme, mechanische Bewegung und Elektrizität gehören, ineinander umgewandelt werden. Da Energie niemals zu 100 Prozent umgesetzt wird, entstehen dabei immer Verluste.

Der Piepton des Handys, das Klingelzeichen in der Schule, die Signalfarben der Verkehrsampel beinhalten eine bestimmte Information. Informationen in technischen Systemen werden stets in Form von Daten erfasst, gespeichert und weitergegeben. Um diese Daten verarbeiten zu können, benötigt man technische Systeme, welche in der Lage sind, Daten zu verschlüsseln, zu übertragen und zu entschlüsseln. Dadurch wird es möglich, Informationen eine Bedeutung zuzuordnen und eine verständliche Mitteilung zu senden.

**Technische Systeme haben eine bestimmte Struktur und erfüllen eine bestimmte Funktion. Sie werden nach ihrer Funktion in Stoff, Energie und Information umsetzende Systeme unterschieden.**

A

**1. Ordnen Sie Baugruppen des Pkw, die dem Stoff-, Energie- bzw. Informationsfluss dienen! Ergänzen Sie dazu folgende Übersicht!**

| Baugruppe | Stofffluss | Energiefluss | Informationsfluss |
|---|---|---|---|
| Blinker | | | |
| Verbrennungsmotor | | | |
| Getriebe | | | |
| Lenkrad | | | |
| Lichtanlage | | | |
| Räder | | | |

**2. Begründen Sie, warum technische Systeme stets in Wechselwirkung mit der Umwelt stehen!**

## 4.1.1 Information und Kommunikation

Hören und Sehen sind die wichtigsten Sinnesleistungen des Menschen, um mit anderen und mit der Umwelt kommunizieren zu können. Die Nachrichtenübertragungskanäle Licht und Schall erhalten somit eine besondere Bedeutung. Im Laufe der Geschichte entwickelten die Menschen einen umfangreichen Schatz an akustisch und optisch wirkenden technischen Kommunikationsmitteln, mit deren Hilfe räumliche und auch zeitliche Entfernungen überwunden werden können. Rauchzeichen, Fackeln, Boten zu Fuß, zu Pferd oder zu Wagen, Trommeln bzw. der von Morse entwickelte elektrische Telegraf sowie das erste von Reis erbaute funktionsfähige Telefon (1861), dessen gebrauchsfähige Form dem Amerikaner Bell (1876) patentiert wurde, dienten zur optischen und akustischen Informationsübertragung. Die ersten Fernsehübertragungen (elektronische Übertragung von Bildern) erfolgten 1935.

**Technische Kommunikationsmittel dienen der Nachrichtenübertragung über räumliche und zeitliche Entfernungen hinweg. Die Informationen werden technisch übertragen.**

Besonders revolutionierend auf die menschliche Kommunikation wirkten die Entwicklungen der Drucktechnik, der Telegrafie und Telefonie, die Entwicklung des Rundfunks sowie die Schaffung von Datennetzen. Ohne technische Kommunikationsmittel ist eine Informationsübertragung kaum noch möglich. Diese technischen Mittel entwickeln sich immer rascher. Vor allem Übertragungsgeschwindigkeit und Qualität nehmen zu.

**Kommunikation ist der Austausch von Mitteilungen, Informationen und Nachrichten zwischen Menschen.**

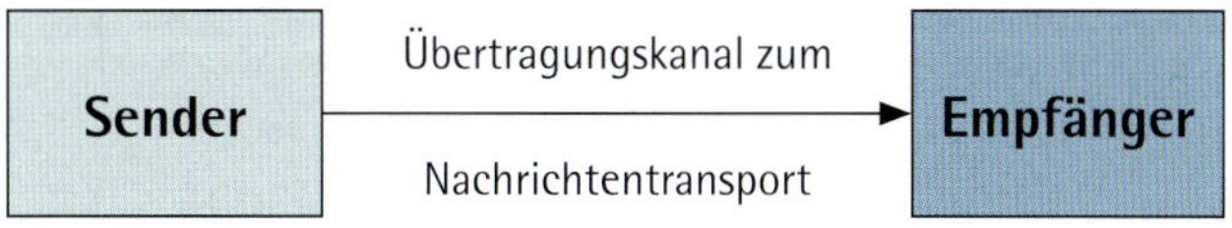


Nach dem Grundmodell jeder Kommunikation werden Signale zwischen einem Sender und einem Empfänger durch einen Übertragungskanal transportiert.

**Nachrichten bestehen aus Informationen. Informationen sind Mitteilungen, Nachrichten und Daten wie Messgrößen über Ereignisse, Abläufe und Sachverhalte.**

Informationen und Nachrichten sind nicht dasselbe. Informationen können als das Grundelement der Kommunikation bezeichnet werden. Sie sind Mitteilungen oder Botschaften eines Senders an einen Empfänger.

Ein beliebiger Sachverhalt erhält eine Form, die für die Übertragung in Nachrichten durch einen Übertragungs-

oder Kommunikationskanal vom Sender zum Empfänger geeignet ist. Der Sachverhalt wird auf diese Weise zur Information. Neben den Informationen enthalten Nachrichten auch Rauschen (Informationsverlust durch Störungen) bzw. Redundanz (Informationswiederholungen in gleicher oder veränderter Weise zum Verstehen der Information).

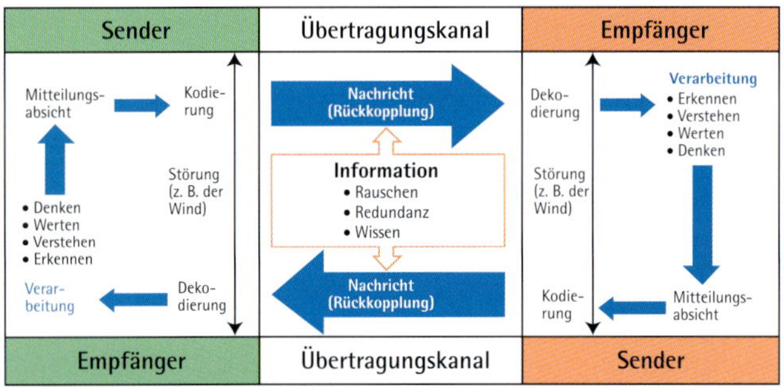


*Abb. 4-3 Bidirektionale Kommunikation*

An der Kommunikation können viele Menschen beteiligt sein und sie kann unterschiedlich verlaufen. Sind nur ein Sender und ein Empfänger beteiligt, verläuft der Austausch in eine Richtung. Man spricht hier von der **unidirektionalen Kommunikation**.

Die Kommunikation ist dann vollständig, wenn sie als Wechselwirkung stattfindet, wenn der Sender eine Rückmeldung vom Empfänger über die richtige Entschlüsselung bzw. Interpretation erhalten kann. Erst dann zeigt sich, ob der Empfänger die in der Nachricht enthaltenen Informationen im Sinne des Senders verstanden hat. Dabei handelt es sich um eine **bidirektionale Kommunikation** (Abb. 4-3).

Sind aber mehrere Personen gleichzeitig an einem solchen Informationsaustausch beteiligt, so spricht man von einer **multidirektionalen Kommunikation**.

**A**

1. **Im Haushalt befinden sich zahlreiche Informations- und Kommunikationssysteme. Tragen Sie folgende Systeme zusammen: Hausklingelanlage, Funkuhr, Signalhorn eines Polizeiautos, das Klingeln eines Handys, Ampelanlage, Signalton einer Mikrowelle!**

| System | Übertragungskanal | Informationsträger |
|---|---|---|
| Hausklingelanlage | | elektrische Energie |
| Funkuhr | | |
| … | | |

2. **Welche Systeme haben bereits Bedeutung für Zugänge in das Internet oder könnten sie haben? Welche technischen Kommunikationsmittel stehen dem Menschen in der Gegenwart zur Verfügung?**

## 4.1.2 Die Informationsübertragung

So einfach uns die frühen Kommunikationssysteme heute auch erscheinen mögen, sie verwirklichten bereits wichtige Prinzipien der Nachrichtenübertragung. Kommunikationssysteme sind alltäglich. Dies zeigt sich in der elektrischen Informationsübertragung beim Klingeln an der Haustür, dem Signal des Weckers, dem Ertönen der Schulklingel, dem Piepen der Mikrowelle, dem Polizeiauto mit Signalhorn und Blaulicht oder dem Taschenrechner, der das Lösen von Aufgaben erleichtert.

*Abb. 4-4 Gerät mit Tasten: Beispiel Mobiltelefon*

Eine kleine Batterie liefert häufig nur eine geringe Spannung und es fließt auch nur ein geringer elektrischer Strom. Alle elektrischen Geräte, die mit schwachen Strömen arbeiten, gehören zur Informationstechnik. Die Informationseingabe erfolgt häufig über Tastendruck (Abb. 4-4). Der Stromkreis wird geschlossen, die Information wird in ein übertragbares elektrisches Signal umgewandelt. Der Übertragungskanal leitet die Information bis zur Informationsausgabe weiter. Dort erfolgt eine Rückumwandlung der Information in verwertbare Signale, zum Beispiel Töne einer Klingel. Der Mensch als Informationsempfänger kann sie hören, werten und danach handeln (Abb. 4-5).

**Die Informationskette besteht aus Eingabe – Verarbeitung – Ausgabe. Signale sind physikalische Größen und Träger von Informationen.**

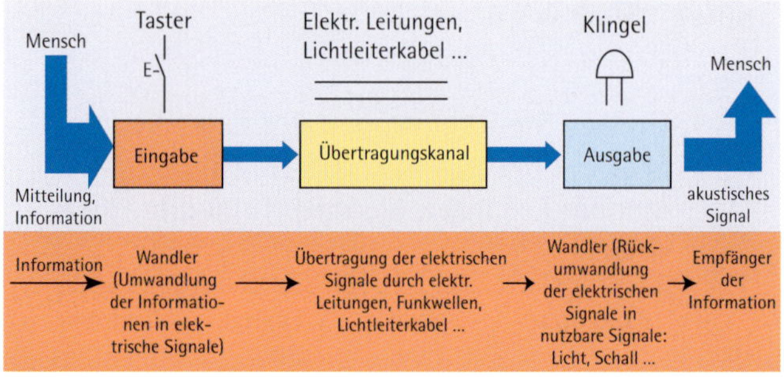


*Abb. 4-5 Informationskette*

Sachverhalte werden zu Informationen, wenn sie eine für die Übertragung zwischen Sender und Empfänger erforderliche Form enthalten. Um Informationen zuverlässig und effektiv übertragen zu können, werden sie in geeigneter Form verschlüsselt (codiert). Beim Empfänger müssen sie dann wieder entschlüsselt (decodiert) werden.

**Jede Nachricht ist codiert, d. h. sie wird in Signale umgewandelt, die aus Zeichen bzw. Symbolen bestehen.**

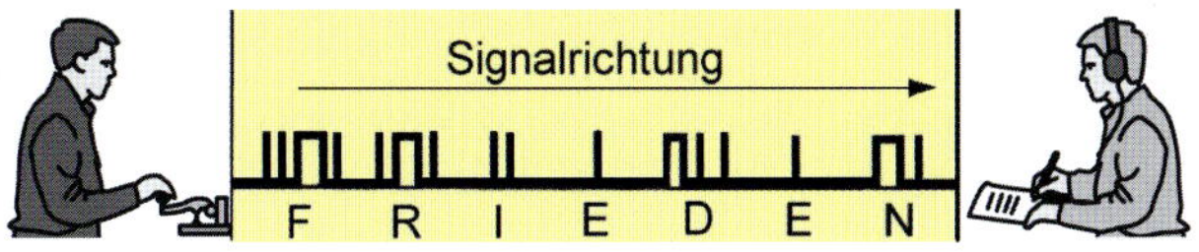


*Abb. 4-6 Codieren – Decodieren*

Eine einfache Form der Codierung ist die Verarbeitung eines Klingelzeichens, um einen bestimmten Bewohner einer Wohnung an die Tür zu rufen.

**Codierung ist Verschlüsseln in einer für die Übertragung günstigen Signalform.**
**Decodieren ist Entschlüsseln in einer für den Empfänger günstigen Signalform.**

Für die elektrische Informationsübertragung müssen Informationen in Signale gewandelt und rückgewandelt werden. Man unterscheidet verschiedenartige Signale: Bei analogen Signalen ist innerhalb festgelegter Grenzen jeder beliebige Wert (z. B. Temperaturanzeige der Heizungsanlage) möglich. Sind nur endlich viele bestimmte Werte möglich, spricht man von diskreten Signalen. Erscheinen diskrete Werte, die auf zwei Ziffern oder zwei Zuständen beruhen, bezeichnet man diese als digitale Signale (z. B. digitale Zeitangabe einer Uhr).

**Ein Signal ist der zeitliche Verlauf bestimmter physikalischer Größen. Signalträger ist die physikalische Größe, von der das Signal ausgeht.**

Bei einer Klingel sind nur zwei Werte möglich: Es klingelt oder es klingelt nicht. Eine Signallampe zeigt eine Gefahrenquelle an oder nicht. Wir bezeichnen dies als binäre Signale.

**Binäre Signale ändern ihren Wert sprunghaft.**
**Sie besitzen nur zwei Informationswerte (L = Low und H = High) oder 0 und 1.**

| Stromkreis | Information | Signal | logischer Wert |
|---|---|---|---|
| geöffnet | NEIN | L | 0 |
| geschlossen | JA | H | 1 |

*Tab. 4-2 Wandlung der Information zum Signal*

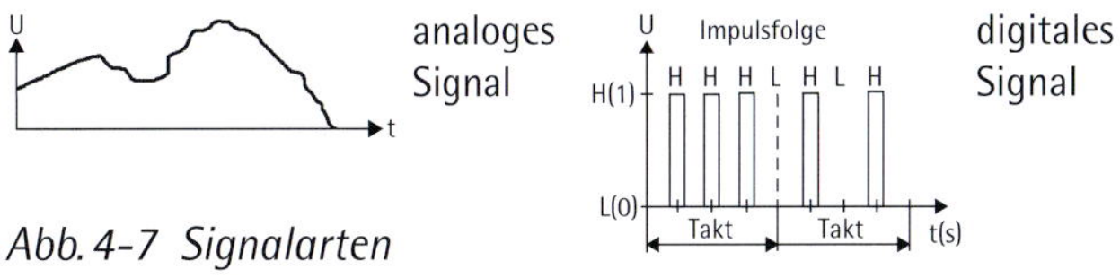


*Abb. 4-7 Signalarten*

Damit Informationen nicht verloren gehen, müssen sie auf Informationsspeichern gespeichert werden (z. B. interne Speicher im PC).

**Speicher bewahren Informationen auf. Sie sind häufig verschlüsselt.**

## 4.2 Analysieren und Experimentieren mit elektrotechnischen und elektronischen Schaltungen

Viele der modernen Informationsmittel sind elektrische und elektronische Bauelemente, die zu Baugruppen montiert werden (Abb. 4-8).

*Abb. 4-8 Baugruppen*

Ein elektronisches Bauelement beeinflusst die Signal- oder Energieübertragung elektrischer Ladungsträger.

| Einteilung der Bauelemente nach | | Merkmale |
|---|---|---|
| **dem Wirkprinzip** | elektromechanische und elektronische | Elektrische und mechanische Wirkprinzipien beeinflussen Energie- und Signalflusssteuerung (z. B. Relais). Elektronische Ladungsträger (Elektronen) werden durch elektromagnetische Felder gesteuert und beeinflussen die Energie- und Signalübertragung (z. B. Diode). |
| **der Komplexität** | diskrete und indiskrete | Ein konstruktives und ein funktionales Grundglied bildet eine Einheit (diskret). Verknüpfung mehrerer Grundglieder zu einem Grundglied. |
| **dem Übertragungsverhalten** | lineare und nichtlineare | Ursache (Spannung) und Wirkung (Strom) sind direkt proportional miteinander verknüpft (linear) bzw. Ursache und Wirkung sind nicht linear miteinander verknüpft. |
| **der Energiewandlung** | objektive und passive | Ausgangsenergie eines Signals ist größer als Eingangsenergie (objektiv) oder Energie- und Signalfluss ermöglicht häufige Veränderung der Signalform. Der Signalfluss wird verstärkt. |

*Tab. 4-3 Einteilung von Bauelementen*

**A**

1. **Suchen Sie aus dem Lehrbuchtext Beispiele für akustische und optische Signalgebungen und ergänzen und erweitern Sie diese in der Übersicht!**

| Akustische Signale | Optische Signale |
|---|---|
| Haustürklingel | Blinkanlage am Pkw |
| ... | ... |

2. **Nennen Sie einige Beispiele für analoge und digitale Signale!**
3. **Nennen Sie Möglichkeiten, womit Informationen gespeichert werden können!**
4. **Erkundigen Sie sich, ob auch für digital gespeicherte Informationen Gefahren existieren!**
5. **Erstellen Sie eine Übersicht der Zuordnung von elektrischen und elektronischen Bauelementen nach den Kenntnissen aus dem Physikunterricht!**

### 4.2.1 Analysieren elektronischer Schaltungen

Elektronische Geräte stellen hochinteressante Anwendungen naturwissenschaftlicher Forschung dar. Ein einfaches Radio ist so gestaltet, dass es jeder bedienen kann. Die komplizierten Vorgänge spielen sich in seinem Inneren, „hinter der Tastatur" ab.

Damit ein kleines Radio funktioniert, müssen in diesem Gerät zwischen Batterie und Lautsprecher einige Komponenten perfekt zusammenspielen. Dazu gehören unter anderem Widerstände, Kondensatoren, Dioden und Transistoren.

| Schaltzeichen | Bauteil | Schaltzeichen | Bauteil |
|---|---|---|---|
| 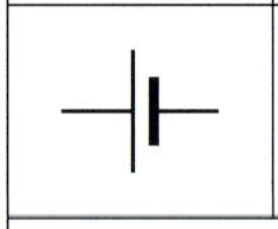 |  | 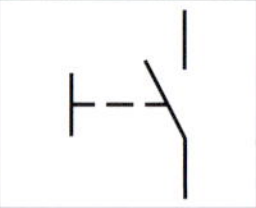 | 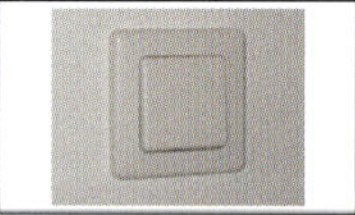 |
| Batterie | | Schalter | |
| 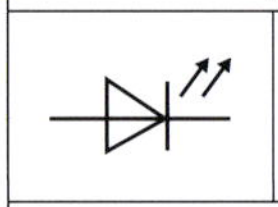 | 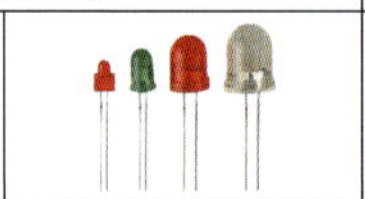 | 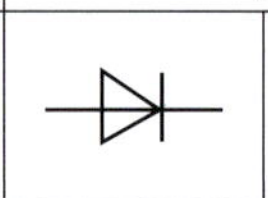 | 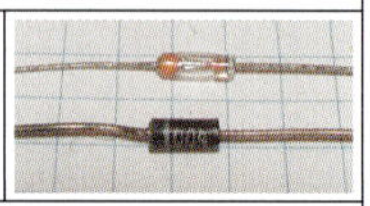 |
| LEDs | | Dioden | |
| 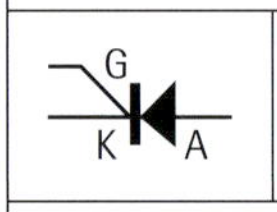 |  | 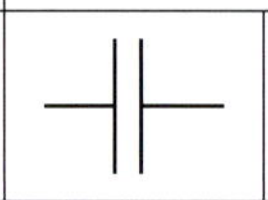 | 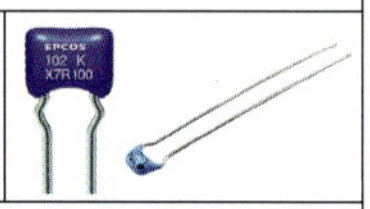 |
| Thyristor | | Kondensatoren | |
| 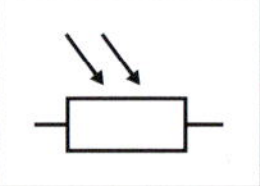 |  | 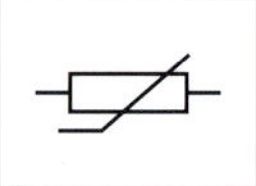 | 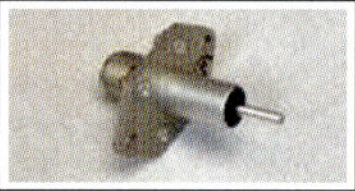 |
| Fotowiderstand | | Thermistor | |
| 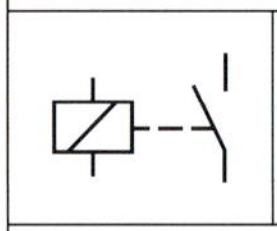 | 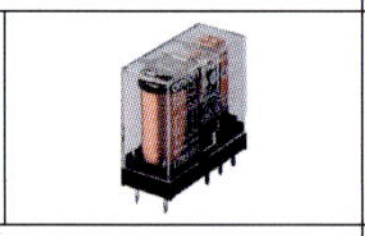 | 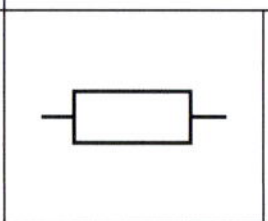 | 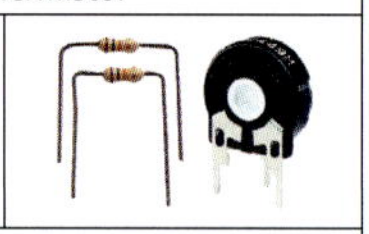 |
| Relais | | Widerstände | |
| 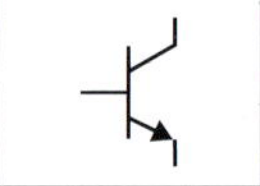 | 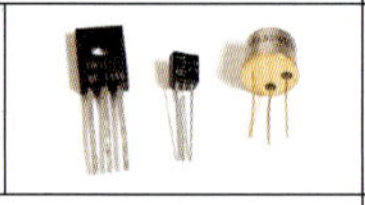 |  | 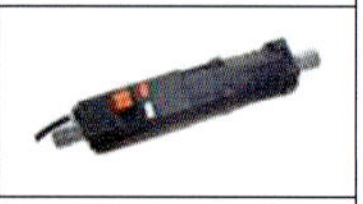 |
| Transistoren | | Thermorelais | |

Tab. 4-4 Auswahl Bauelemente

**Widerstände**

Widerstände sind die einfachsten elektronischen Bauelemente, mit denen sich Stromstärken und Spannungen verändern lassen. Jedes Bauelement, jeder Draht oder jeder Verbraucher, wie Lampen, elektrische Motoren, elektrische Heizmatten sowie Kupferbahnen auf einer Platine, stellt funktionell Widerstände dar, denn sie haben die Eigenschaft, den elektrischen Strom zu hemmen.

Ihr Widerstandswert ist abhängig von der Länge, dem Querschnitt, dem Material oder der Temperatur. Ein veränderlicher Widerstand wird auch Potenziometer genannt.

**Widerstände sind elektrische oder elektronische Bauelemente, die den in einem Stromkreis fließenden Strom begrenzen. Dabei wird elektrische Energie in Wärmeenergie umgewandelt.**

| Widerstände | Charakteristika |
|---|---|
| Schutzwiderstand | – wird als Vorwiderstand in Reihe geschaltet, wenn ein Verbraucher mit einer Spannung betrieben wird, die höher als die Nennspannung des Verbrauchers ist |
| Stellwiderstand | – dient zur stufenlosen Veränderung der Betriebsspannung (Reihenschaltung von zwei Widerständen) |
| Potenziometer | – Regler für Lautstärke (Radio), Einstellung über eine Welle oder stufenweise |
| Fotowiderstand | – Widerstandsabnahme bei zunehmender Helligkeit, sodass elektrische Signale in Abhängigkeit vom Tageslicht gesteuert werden |
| Heiß- und Kaltleiter | – verändern temperaturabhängig ihren Widerstandswert. Bei Heißleitern erfolgt mit zunehmender Temperatur eine Widerstandsverminderung.<br>– Bei Kaltleitern erfolgt mit zunehmender Temperatur eine Widerstandserhöhung. |

*Tab. 4-5 Widerstandsarten*

Da sich bei Kaltleitern mit zunehmender Temperatur der Widerstandswert erhöht, werden sie vorwiegend als Messfühler in Schaltungen zur Temperaturüberwachung eingesetzt.

**Kondensatoren**

Eine isolierende Schicht (als Dielektrikum bezeichnet) liegt zwischen zwei elektrisch leitfähigen Platten (Abb. 4-9).

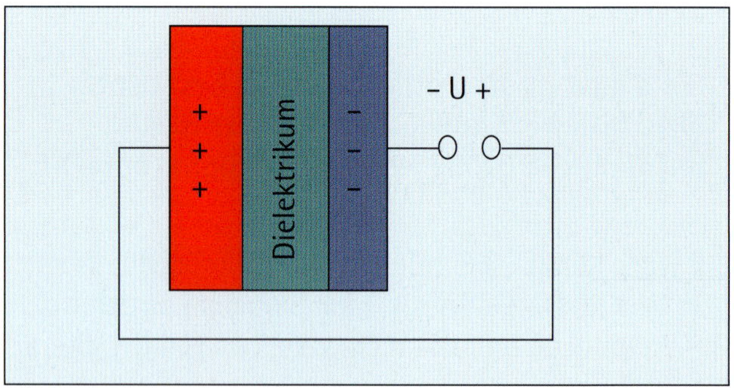


*Abb. 4-9 Aufbau eines Kondensators*

Schließt man an die Platten eine (Gleich-)Spannung an, so fließt zunächst ein Strom. Die Platten laden sich elektrisch auf und ein elektrisches Feld wird aufgebaut. Die elektrische Ladung bleibt auch erhalten, wenn die Spannungszuführung unterbrochen wird, sodass der aufgeladene Kondensator wie eine Spannungsquelle wirkt. Vom verwendeten Isolationsvermögen des Dielektrikums, von der Größe und dem Abstand der Platten hängt die aufzunehmende Elektrizitätsmenge sowie die Höhe seiner Kapazität (Maß für die Ladungsmenge, die in einem elektrischen Feld gespeichert werden kann) ab.

Kondensatoren gibt es in zahlreichen Ausführungen. Die bekanntesten sind Drehkondensatoren und Elektrolytkondensatoren (Elkos).

**Kondensatoren sind Bauelemente, die Ladungen und damit auch Energie in Form elektrischer Felder speichern.**

## Relais

**Relais sind elektrische oder elektronische Bauelemente, die Schaltvorgänge in elektrischen Stromkreisen auslösen können.**

Der Stromfluss in der Erregerspule (Steuerstromkreis) erzeugt ein Magnetfeld, das den Anker anzieht. Dadurch werden die Kontakte betätigt, die den gesteuerten Stromkreis schalten. Eingangs- und Ausgangssignal sind voneinander getrennt.

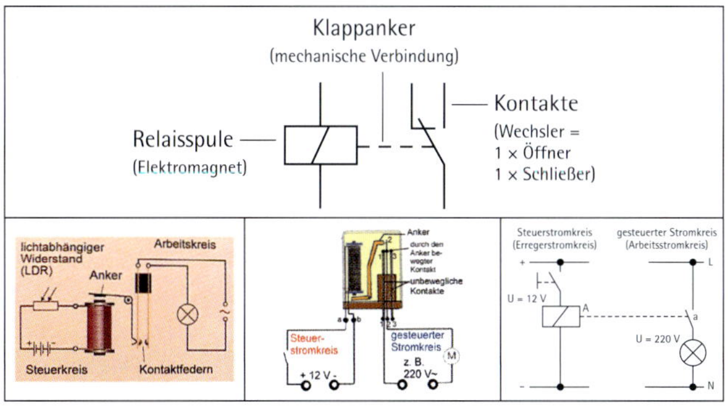


*Abb. 4-10 Relaisaufbau und Stromkreise*

Die häufig verwendeten Relaisarten sind elektromagnetische Relais, elektronische Relais und thermische Relais. Bei elektromagnetischen Relais wird durch eine stromdurchflossene Spule im geschlossenen Stromkreis eine Kraft auf ein beweglich gelagertes Eisenteil (Anker) ausgeübt, wodurch die Lage eines Schaltkontaktes geändert wird.

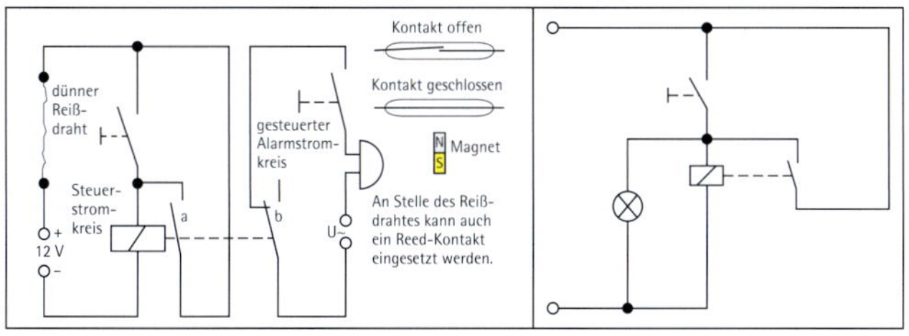


*Abb. 4-11 Relaisschaltung mit Selbsthaltung* *Relais als Signalspeicher*

Bei einem thermischen Relais erwärmt ein stromdurchflossener Leiter einen Bimetallstreifen, der so angeordnet ist, dass ein Schaltvorgang ausgelöst wird, z. B. beim Bügeleisen.

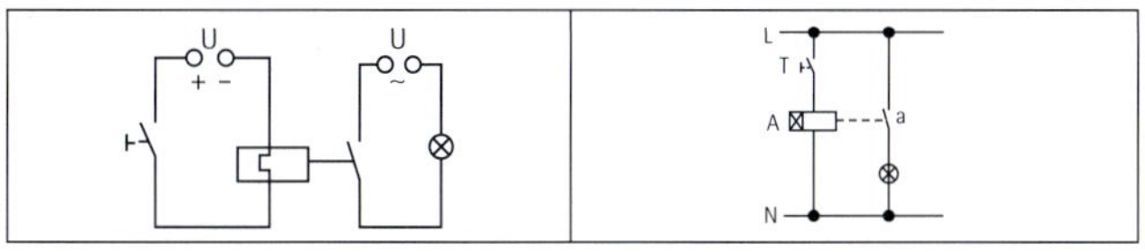

*Abb. 4-12 Thermorelaisschaltung und Zeitrelaisschaltung*

**Bei Relaisschaltungen werden Signale von einem Stromkreis auf einen anderen übertragen. Das Relais kann als Leistungsverstärker eingesetzt werden.**

Relaisschaltungen dienen zur Signalverknüpfung, z. B. Aufzugssteuerung und Hausklingelanlagen mehrgeschossiger Wohnhäuser, Sicherheitsanlagen oder zur Bedienung von bestimmten Maschinen (Pressen, Stanzen).

## Thermistoren

**Thermistoren sind Halbleiterbauelemente zur elektrischen Temperaturmessung.**

Thermistoren (elektrische Temperaturmessfühler) sind besonders dort gut geeignet, wo die Messstelle schwer zugänglich oder weit von einer zentralen Messwarte entfernt ist (z. B. im Auto). Sie können als Messfühler in Schaltungen zur Temperaturüberwachung eingesetzt werden. Entsprechend der Veränderung ihres Widerstandswertes in Abhängigkeit von der Temperatur werden Heißleiter (kurz: NTC) und Kaltleiter (kurz: PTC) unterschieden:

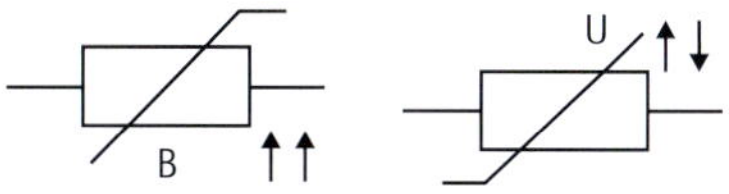


Kaltleiter (PTC) Heißleiter (NTC)

*Abb. 4-13 Temperaturmessgerät*

**Temperaturabhängige Widerstände heißen Thermistoren (Heiß- oder Kaltleiter).**

## Thyristoren

Thyristoren sind im Prinzip steuerbare Dioden. Sie haben drei Anschlüsse: Anode, Kathode und das Gate.

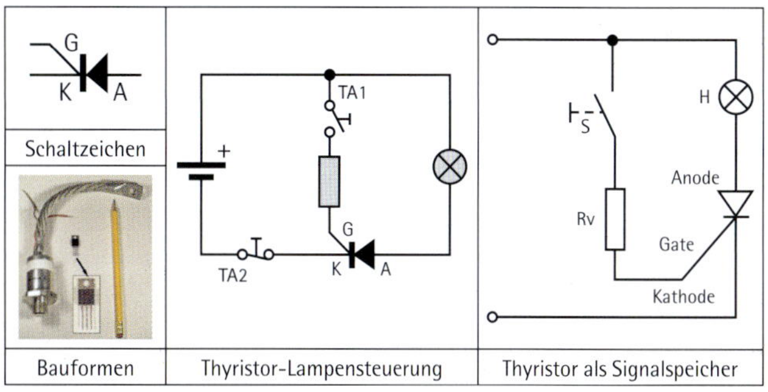


*Abb. 4-14 Thyristor*

Im Grundzustand ist der Thyristor in beiden Richtungen sperrend. In Durchlassrichtung sperrt er bis zu einer Zündspannung. Durch einen positiven Stromimpuls am Gate kann er in den leitenden Zustand geschaltet werden. Zum Sperren muss der Strom durch den Thyristor so stark verringert oder ganz unterbrochen werden, dass der gespeicherte Schaltzustand nicht gehalten wird. Thyristoren können als Signalspeicher bei Alarmanlagen eingesetzt werden und hierbei Relais ersetzen. Thyristoren gibt es in verschiedenen Bauformen. Sie sind preiswert, ihre Schaltgeschwindigkeit ist sehr hoch und sie arbeiten verschleißfrei.

## Dioden

**Dioden sind Halbleiterbauelemente, die dem elektrischen Strom in einer Richtung einen niedrigen elektrischen Widerstand und in der anderen einen hohen elektrischen Widerstand entgegensetzen (Durchlassrichtung oder Sperrrichtung).**

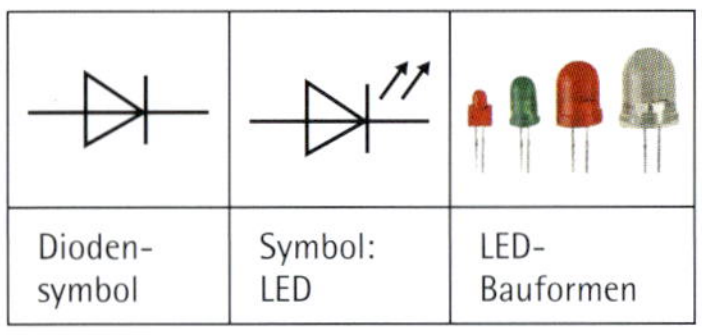


Ein wichtiger Anwendungsbereich der Diode ist die Umwandlung der Wechselspannung in Gleichspannung.

Leuchtdioden (LED: Leucht-Emitter-Diode) geben bei Stromfluss Licht ab. Zur Verminderung der Stromaufnahme werden sie mit einem Widerstand in Reihe geschaltet. Leuchtdioden finden wir u.a. in Senderpegelanzeigen, Stereoanlagen, beim Drucker oder PC.

**Leuchtdioden sind lichtaussendende Dioden (LED) und werden in Durchlassrichtung betrieben.**

Bei einer Fotodiode wirkt das einfallende Licht über die Linse auf einen Halbleiter ein, sodass der Sperrstrom erhöht wird.

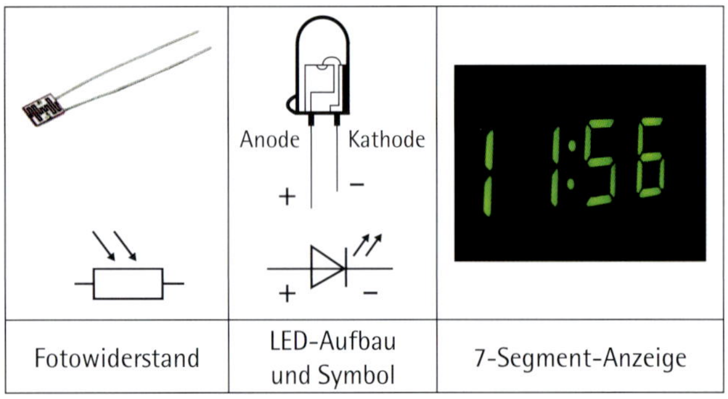


*Abb. 4-15 Fotodioden*

**Fotodioden sind Licht empfangende Dioden. Sie werden in Sperrrichtung betrieben.**

## Transistoren

Transistoren (Abb. 4-16) sind Halbleiterbauelemente. Sie haben drei Anschlüsse (Elektroden): die Basis (B), den Emitter (E) und den Kollektor (C).

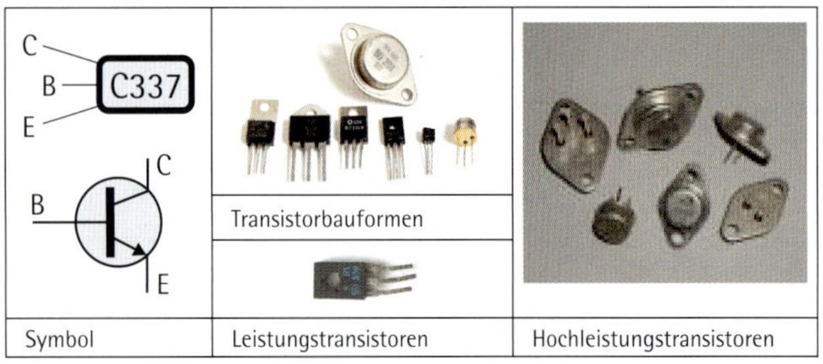


*Abb. 4-16 Transistoren*

Bei den aus Silizium hergestellten Bauteilen unterscheiden wir npn-Transistoren und pnp-Transistoren. Die Buchstaben bezeichnen unterschiedliche Leitungseigenschaften:
p-leitend bedeutet Elektronenmangel (positiv),
n-leitend bedeutet Elektronenüberschuss (negativ).

Die heute verwendeten Transistoren sind oft vom Typ npn.

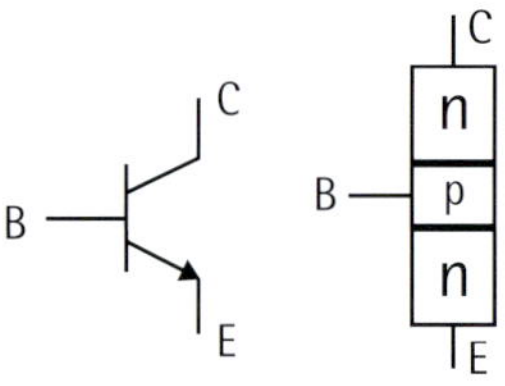


*Abb. 4-17 npn-Transistoren*

Ohne Basisstrom ($I_B$) fließt kein Kollektorstrom ($I_C$). Fließt ein Basisstrom, so wird die Grenzschicht zwischen Basis und Kollektor von Elektronen überflutet. Der Basisstrom steuert den Kollektorstrom.

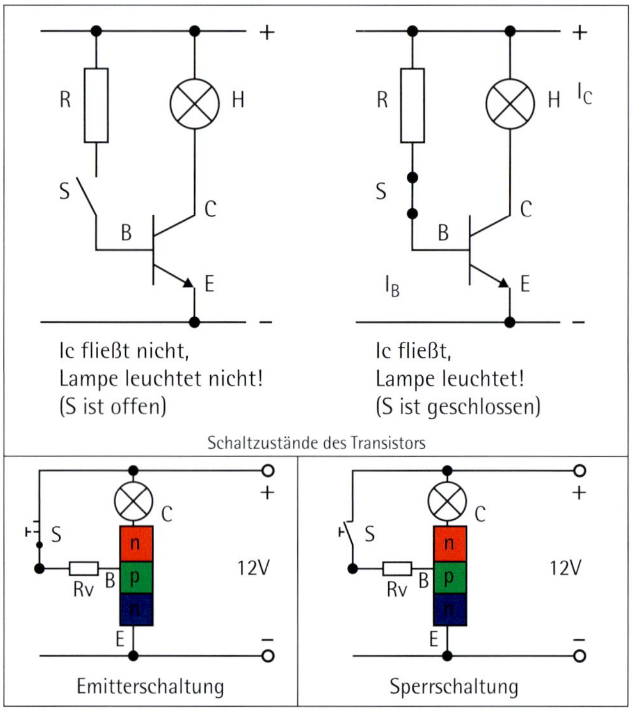


*Abb. 4-18 Transistor als Schichtmodell*

**Der Transistor ist ein stromverstärkendes Bauteil. Es fließt nur ein Kollektorstrom, wenn ein Basisstrom fließt.**

Ein Transistor kann die gleiche Funktion erfüllen wie ein Schalter. In elektronischen Geräten und Anlagen müssen häufig unzählige Schaltvorgänge pro Sekunde ablaufen. Dazu sind mechanisch bewegte Kontakte nicht mehr geeignet.

**Der Transistor ist ein Halbleiterbauelement zum Schalten oder Verstärken von elektrischen Signalen.**

In Benzinmotoren muss zur Erzeugung der Zündfunken je Sekunde 100- bis 200-mal geschaltet werden. In diesen Fällen ist der Einsatz von Transistoren sinnvoll, da die Zahl der Schaltvorgänge praktisch unbegrenzt ist und die Schaltgeschwindigkeit sehr hoch sein kann.

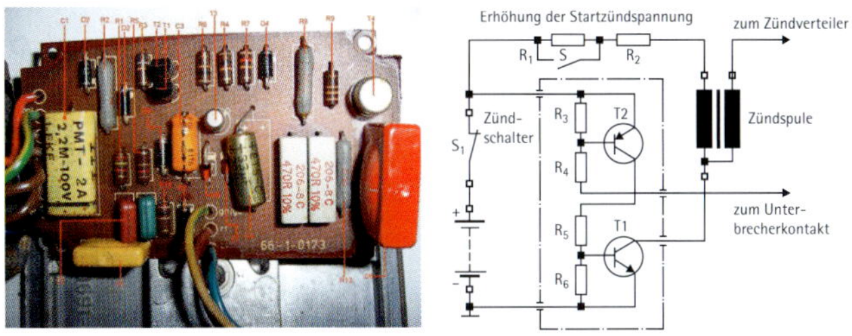


*Abb. 4-19 Leiterplatte und Schaltplan einer Transistorzündanlage*

Die Verstärkerwirkung des Transistors wird u. a. mithilfe von Sensorschaltungen, z. B. bei Lichtschranken, Rauch- oder Bewegungsmeldern sowie elektronischen Thermometern, genutzt.

## Sensoren

Sensoren sind Bausteine, die eine nichtelektrische Größe (Druck, Temperatur) in elektrische Signale umwandeln. (Beispiel Lichtschranke: Hier finden sich optische Sensoren in Form von Fotozellen. Hierbei wird die Lichtintensität in ein elektrisches Signal umgewandelt.)
Ein Sensor ist ein kontaktloser elektronischer Schalter, bei dem durch Erfassung äußerer Einflüsse eine elektronische Schaltfunktion ausgelöst wird.

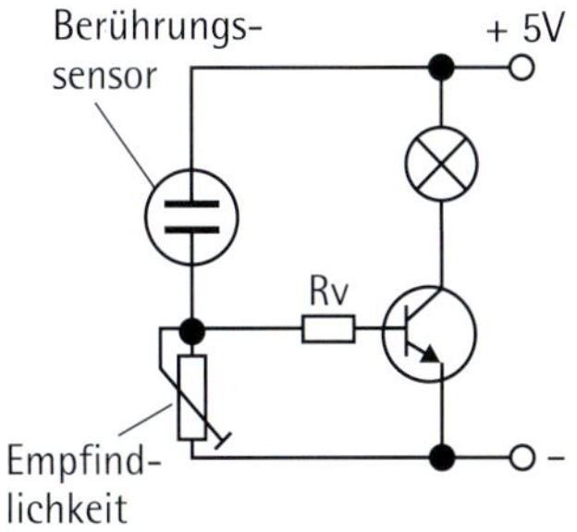


*Abb. 4-20 Sensorschaltung*

Eine veränderliche Eingangsgröße, z. B. Temperatur, trifft auf einen Sensor. Im Steuerkreis verändert sich dadurch die Spannung und ermöglicht damit im Arbeitsstromkreis eine Signalauslösung.

**A**

1. **Nennen Sie Anwendungsgebiete für Relais, Thyristoren, Thermistoren und Transistoren!**
2. **Erläutern Sie die Funktion des Transistors als Schaltelement!**
3. **Wann wirkt der Transistor als Schalter, wann als Verstärker?**

## Integrierte Schaltkreise

Eine Verknüpfung vieler Bauelemente, wie z. B. Dioden, Widerstände, Kondensatoren, Transistoren und deren leitende Verbindungen, sind in einem Halbleiter (Chip) realisiert. Ein Siliziumplättchen von wenigen mm² Größe enthält eine integrierte Schaltung (Abb. 4-21).
Ein integrierter Schaltkreis (engl. *integrated circuit*, abgekürzt IC) ist ein Halbleiterbauelement, das aus vielen Transistoren und anderen Bauteilen auf der Oberfläche eines sogenannten Substrats besteht.

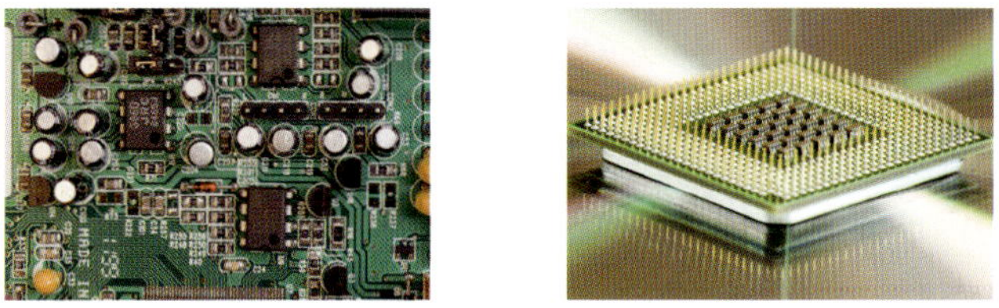

*Abb. 4-21 Leiterplatte mit IC Chip*

Mikroelektronische Steuerungs- und Verarbeitungseinheiten enthalten elektronische Logikbausteine, mit deren Hilfe bestimmte Funktionen wie AND, OR, NAND, NICHT und NOR erreicht werden.

**Durch die gezielte Verknüpfung von elektronischen Bauteilen (Transistoren, Dioden ...) lassen sich logische Schaltungen herstellen. Diese werden als integrierte Schaltkreise (IC) bezeichnet.**

*Abb. 4-22 IC-Bauformen*

Integrierte Schaltkreise sind die Grundlage jedes Mikroprozessors und damit jedes Computers. Die ICs können in Bruchteilen von Millionstelsekunden schalten und trotz ihrer geringen Größe die Funktionen von Tausenden Transistoren mit zugehörigen Widerständen, Kondensatoren, Dioden usw. enthalten. Kernstück eines ICs ist der Chip. ICs werden auch zum Speichern von Informationen eingesetzt, u. a. im Arbeitsspeicher eines Computers.

**Mikroprozessoren sind frei programmierbare integrierte Schaltkreise, die viele elektronische Funktionen auf kleinstem Raum konzentrieren.**

Bei einem Mikrochip werden die Transistoren nicht mehr gelötet, sondern der komplette Bauplan wird auf das Substrat aufgebracht. Somit ergibt sich eine Logikschaltung in erheblich kleinerer Form, sodass sie als „Mikrochip" bezeichnet wurde.

Indem in logische Schaltungen Transistoren eingesetzt werden, lassen sie sich auch auf die in Mikroprozessoren befindlichen TTL-Schaltkreise umsetzen (TTL = Transistor-Transistor-Logik).

**TTL-Schaltkreise sind integrierte Schaltkreise, in denen die logischen Grundfunktionen überwiegend durch das Zusammenwirken von Transistorfunktionen realisiert werden.**

Charakteristisch für diese elektronischen Logikbausteine ist, dass die beiden Zustände am Ein- und Ausgang eines Bausteins eine einheitliche Spannungsebene haben.

$U$ = 0 V logisch 0, gesperrter Zustand
$U$ = 5 V logisch 1, durchgängiger Zustand

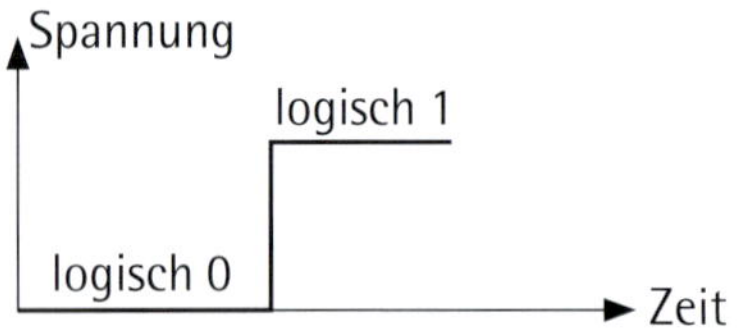


*Abb. 4-23 Logische Schaltzustände*

| Logische Grundfunktionen | Schaltsymbol | Funktionstabelle | | |
|---|---|---|---|---|
| UND-Verknüpfung (Konjunktion) Das Ausgangssignal (A) ist dann logisch 1, wenn beide Eingangssignale ($E_1$, $E_2$) logisch 1 sind. | E1, E2 – [&] – A | $E_1$ | $E_2$ | A |
| | | 0 | 0 | 0 |
| | | 1 | 0 | 0 |
| | | 0 | 1 | 0 |
| | | 1 | 1 | 1 |
| ODER-Verknüpfung (Disjunktion) Das Ausgangssignal (A) ist dann logisch 1, wenn eines der beiden Eingangssignale ($E_1$, $E_2$) logisch 1 ist. | E1, E2 – [1] – A | $E_1$ | $E_2$ | A |
| | | 0 | 0 | 0 |
| | | 1 | 0 | 1 |
| | | 0 | 1 | 1 |
| | | 1 | 1 | 1 |
| NICHT-Verknüpfung (Negation) Das Ausgangssignal (A) hat immer den entgegengesetzten Zustand des Eingangssignals E. | E – [1]o – A | $E_1$ | | A |
| | | 0 | | 1 |
| | | 1 | | 0 |
| NAND-Verknüpfung (Kombination von UND – NICHT) Das Ausgangssignal (A) ist dann logisch 1, wenn nicht alle Eingangssignale ($E_1$, $E_2$) logisch 1 sind. | E1, E2 – [&]o – A | $E_1$ | $E_2$ | A |
| | | 0 | 0 | 1 |
| | | 1 | 0 | 1 |
| | | 0 | 1 | 1 |
| | | 1 | 1 | 0 |
| NOR-Verknüpfung (Kombination von ODER – NICHT) Das Ausgangssignal (A) ist dann logisch 1, wenn alle Eingangssignale ($E_1$, $E_2$) logisch 0 sind. | E1, E2 – [1]o – A | $E_1$ | $E_2$ | A |
| | | 0 | 0 | 1 |
| | | 1 | 0 | 0 |
| | | 0 | 1 | 0 |
| | | 1 | 1 | 0 |

*Tab. 4-6 Logische Verknüpfungsschaltungen*

Die logischen Schaltungen, u.a. UND, ODER und entsprechende Kombinationen, verdeutlichen dies.

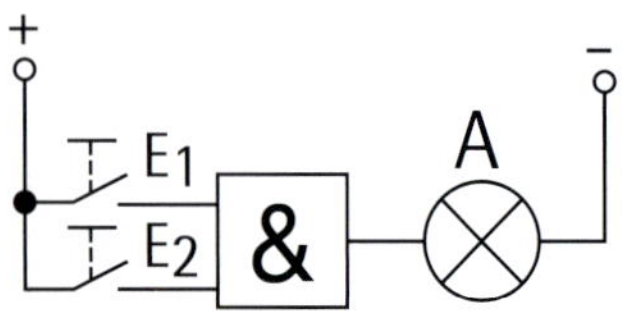


*Abb. 4-24 „Black-Box"*

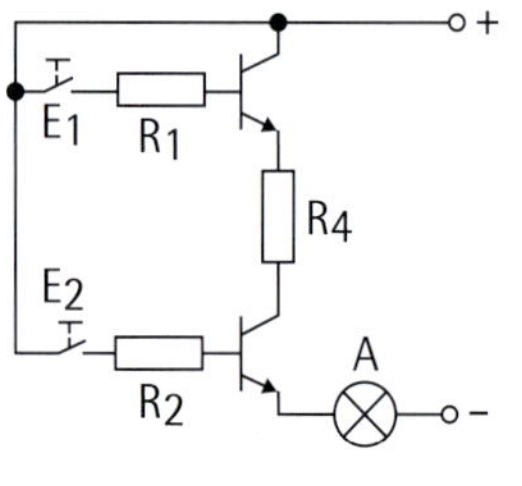


*Abb. 4-25 TTL-Darstellung ODER-Schaltung*

**A** **Werten Sie anhand des Schaltsymbols die Art der Verknüpfungsschaltung und begründen Sie dies!**

Mit elektronischen Schaltungen können elektrische Signale nicht nur von einem Stromkreis auf einen anderen Stromkreis übertragen, sondern auch miteinander verknüpft werden.

Am Beispiel einer Fußgängerampel soll die grundlegende Funktion einer Verknüpfungsschaltung deutlich gemacht werden: Die grüne Lampe der Fußgängerampel darf nur dann leuchten, wenn der Taster betätigt wird und die rote Kraftfahrzeug-Ampellampe eingeschaltet ist. Es muss also eine logische UND-Verknüpfung zwischen den beiden Eingangsgrößen (gespeichertes Tastersignal und rote Lampe der Kfz-Ampel) sowie der Ausgangsgröße (grüne Lampe der Fußgängerampel) bestehen.

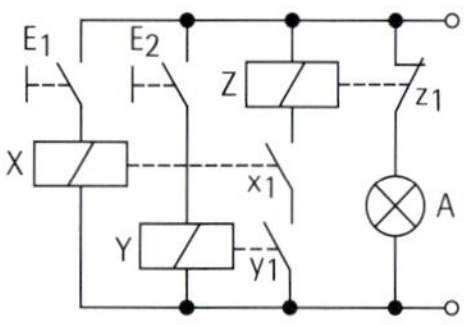


Alle Signalverknüpfungsschaltungen lassen sich als Relaisschaltung (z. B. NAND-Schaltung) darstellen.

**A**

1. **Erkunden Sie, wo Signalverknüpfungsschaltungen angewendet werden!**
2. **Erstellen Sie die Schaltpläne einer NICHT-Verknüpfung, UND-Verknüpfung und NOR-Verknüpfung!**
3. **Lesen Sie folgenden Schaltplan!**

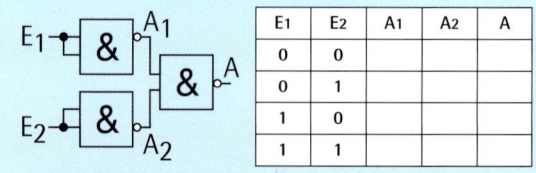

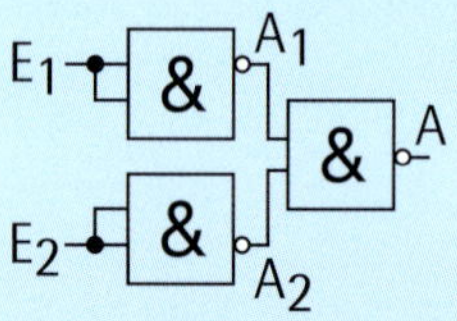


| E1 | E2 | A1 | A2 | A |
|---|---|---|---|---|
| 0 | 0 | | | |
| 0 | 1 | | | |
| 1 | 0 | | | |
| 1 | 1 | | | |

- **Ergänzen Sie die vorgegebene Schaltbelegungstabelle!**
- **Betrachten Sie die Ausgänge $A_1$, $A_2$, A!**
- **Notieren Sie das Schaltsymbol und den Namen der logischen Verknüpfung, die sich am Ausgang A ergibt!**

4. **Bei einem Pkw soll jeweils eine Kontrollleuchte aufleuchten oder ein akustisches Signal ertönen, wenn**
   - **die Sicherheitsgurte nicht angelegt sind,**
   - **die Bremsanlage mangelhaft ist (angezogene Handbremse, zu geringer Bremsflüssigkeitsstand),**
   - **der Keilriemen defekt ist (rutscht ...),**
   - **die Kühlmittelpumpe schadhaft ist**
   - **oder ...**

   **Wählen Sie drei der oben genannten Komponenten aus! Entwerfen Sie eine entsprechende logische Verknüpfungsschaltung!**

### 4.2.2 Experimentieren mit elektrotechnischen und elektronischen Schaltungen

Für uns sind viele Einsatzmöglichkeiten des elektrischen Stromes zur allseitigen Nutzung alltäglich geworden. Wir schalten das elektrische Licht ein, hören Musik über den CD-Player, betätigen den elektrischen Türöffner, schreiben und speichern Texte mit dem PC, führen Haushaltsarbeiten mit elektrischen Geräten und Maschinen durch, richten uns im Straßenverkehr nach einer elektrischen Ampelanlage oder sichern Räume vor Gefahren. Allerdings ist es nicht einfach, diese Vorgänge zu durchschauen.

**Schaltzeichen, Schaltplan, Gestaltungsregeln**

Ein Schaltplan zeigt, wie eine elektrische oder elektronische Schaltung aufgebaut ist, wie sie funktioniert oder wo in einer defekten Schaltung nach einem Fehler gesucht werden muss. Die elektronischen Bauteile werden im Schaltplan durch Symbole dargestellt. Diese Schaltzeichen muss man kennen, um den Schaltplan nutzen zu können.

**Schaltzeichen sind Symbole für die zeichnerische Darstellung elektrischer und elektronischer Bauelemente, Geräte, Maschinen und Einrichtungen.**

Zusätzlich muss man wissen, wie die durch die Schaltzeichen dargestellten Bauteile funktionieren. Erst dann lässt sich der Schaltplan lesen und verstehen.
Folgende Schrittfolge kann dabei hilfreich sein:

1. Bedeutung der verwendeten Schaltzeichen ermitteln
↓
2. Schaltzustände der Schaltgeräte festlegen
↓
3. Wirkung des elektrischen Stromes bei den ermittelten Schaltzuständen auf eventuelle Veränderung untersuchen
↓
4. Wirkungsprinzip der Schaltung erklären

**Der Schaltplan ist die Darstellung einer Schaltung durch Schaltzeichen.**

Elektrische und elektronische Schaltungen bestehen aus Bauelementen, die durch Leitungen verbunden sind. Bei der Schaltung der Bauelemente (Lampen, Widerstände, Spannungsquellen, Dioden ...) untereinander gibt es mehrere Möglichkeiten:

- die Reihenschaltung,
- die Parallelschaltung und
- deren Kombination.

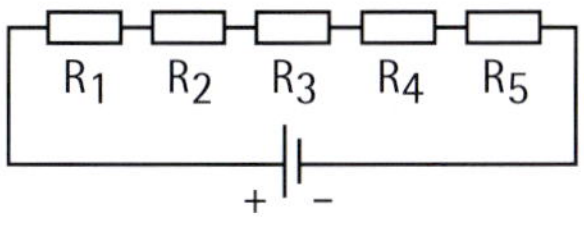


Reihenschaltung

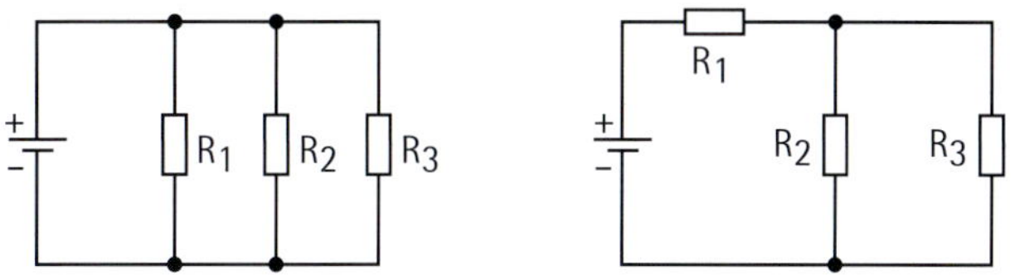


Parallelschaltung

Reihen- und Parallelschaltung

*Abb. 4-26 Schaltung von Widerständen*

Betriebsmittel, Schaltgeräte sowie Spannungsquellen können in Reihe oder parallel geschaltet werden. So werden z. B. Batterien in Taschenlampen in Reihe geschaltet. Dagegen werden bei Anlagen aus Sicherheitsgründen Schaltgeräte parallel geschaltet, um allseitige Meldeinformationen zu erhalten.

Je nach Verwendungszweck werden Schaltpläne unterschieden.

**Der Stromlaufplan zeigt die Wirkungsweise einer Schaltung.**
**Der Bauschaltplan ist die Grundlage für den Schaltungsaufbau.**

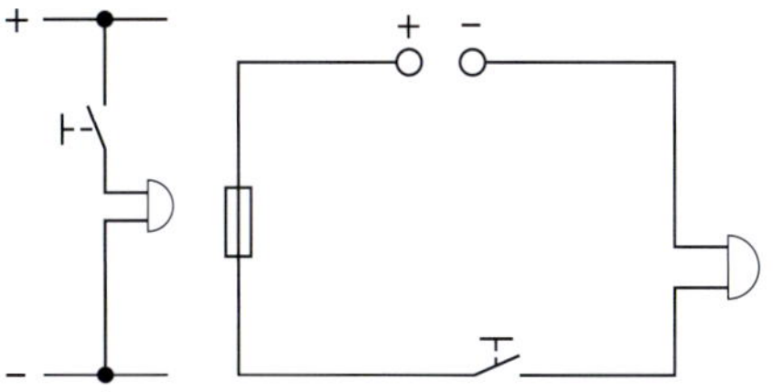


*Abb. 4-27 Schaltpläne: Stromlaufplan – Bauschaltplan*

**Der Übersichtsschaltplan (auch als Installationsschaltplan bezeichnet) ist eine vereinfachte Darstellung einer Schaltung mit ihren wesentlichen Teilen (z. B. Installieren von Räumen, Gebäuden).**

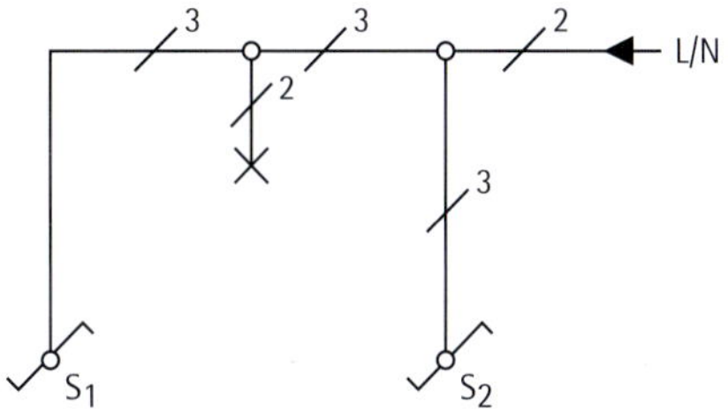


*Abb. 4-28 Installationsplan einer Wohnraumschaltung*

**!**

**Bei der Entwicklung eines Schaltplanes sind folgende Grundregeln zu beachten:**

1. **Schaltzeichen mit waagerechten und senkrechten Linien verbinden!**
2. **Leitungskreuzungen vermeiden!**
3. **Die Schaltung immer im ausgeschalteten Zustand darstellen!**

**Sicherheitsbestimmungen, Schutzmaßnahmen**
Elektrischer Strom kann sehr gefährlich sein. Die Berührung spannungsführender Teile, die Einwirkung elektromagnetischer Felder aus elektrischen Leitungen und Geräten oder die unsachgemäße Handhabung von Bauteilen oder Schaltungen kann gesundheitsschädliche Gefahren hervorrufen.

! **Folgende Sicherheitsvorschriften beim Experimentieren sind unbedingt zu beachten:**

1. Wählen Sie die erforderlichen Bauteile aus.
2. Entwickeln Sie Ihre Schaltungen nach Schaltplan und festgelegter Schrittfolge, erst dann erfolgt der Netzanschluss.
   **Achtung:** Schutzkleinspannung bis 24 V verwenden, denn die Spannung des Stromnetzes (230 V) ist lebensgefährlich und deshalb in der Schule verboten!
   Achten Sie auf die richtige Polung beim Anschließen (Explosionsgefahr)!
3. Vergleichen Sie vor der Funktionsprobe die aufgebaute Schaltung mit dem Schaltplan!
4. Lassen Sie alle Schaltungen vom Lehrer überprüfen!
5. Vorsicht beim Umgang mit elektrischen Mess- und Prüfgeräten (Polung, Messbereichseinstellung, Schaltung zum Verbraucher ...) und elektrischen Heizgeräten (Verbrennungsgefahr)!
6. Gehäuse am Netzstecker niemals öffnen (Unfallgefahr)!
7. Keine beschädigten Zuleitungen oder Geräte verwenden. Steckverbindungen (Steckdose und Stecker) nicht selbst reparieren!

*Schutzisolierung*
Wer ein elektrisches Gerät benutzt, darf die elektrisch leitenden Teile nicht berühren. Deshalb erhalten diese Geräte ein Gehäuse aus einem Material, welches den elektrischen Strom nicht leitet (Nichtleiter/Isolatoren), wie Gummi, Plast, Porzellan (Beispiele: Radio, Haartrockner, Allesschneider, Tischlampe).

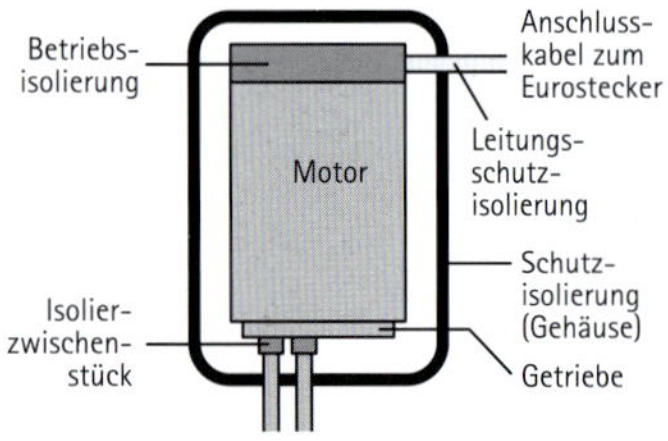

*Abb. 4-29 Prinzip Schutzisolation Mixer*

**Eine wirksame Schutzmaßnahme ist die Schutzisolation. Schutzisolierte Geräte sind durch ein Symbol gekennzeichnet.** ⧈

*Schutzkleinspannung*
Elektrische Gebrauchsgegenstände wie Küchenmaschinen, Elektroherde oder Geräte der Unterhaltungselektronik sind für eine elektrische Spannung von 230 V ausgelegt. Aber bereits Spannungen über 65 V sind für den Menschen lebensgefährlich. Da eine Spannung von 50 V mit Sicherheit ungefährlich ist, wird sie für eine Anzahl von Geräten und Werkzeugen vorgeschrieben. Ein Transformator oder ein Stromversorgungsgerät wandelt die Netzspannung von 230 V in diese ungefährliche Kleinspannung um. Auch Spielzeuge (z. B. Modelleisenbahn) werden für eine niedrige Spannung hergestellt. Häufig nutzen diese Spielzeuge als Energiequelle Batterien, deren Spannung von 1,5–9 V ebenfalls ungefährlich ist und deshalb vor Unfällen schützt.

*Abb. 4-30 Anwendung der Schutzkleinspannung bei einer Modelleisenbahn*

Die Schutzkleinspannung (z. B. bei Schülerarbeitsplätzen im Technikraum) ist eine Spannung bis 50 V. Im Unterricht arbeiten wir überwiegend im Schutzkleinspannungsbereich bis 24 V.

**Schutzkleinspannung erhält man über Schutztransformatoren, Batterien, Akkus oder Solarzellen.**

*Schutzkontaktverbindung*
Durch unsachgemäßes, aber auch durch häufiges Benutzen wird ein Gerät möglicherweise defekt. So kann beispielsweise ein Strom führendes Bauteil oder eine blanke elektrische Leitung das Metallgehäuse einer Waschmaschine berühren, sodass dieses Strom führend wird. Die Berührung der Waschmaschine würde einen elektrischen Schlag auslösen (sogenannter Körperschluss). Um dies auszuschließen, werden solche Geräte mit einem Eurostecker (2-poliger Schutzkontaktstecker, „Schukostecker", Abb. 4-31) an der Anschlussleitung versehen.

**Eine Schutzkontaktverbindung bietet die Sicherheit, dass ein fehlerhaft Strom führendes Gerät durch Auslösen der Sicherung sofort vom Stromnetz abgeschaltet wird.**
**Geräte mit Schutzkontakt sind durch ein Symbol gekennzeichnet.** ⏚

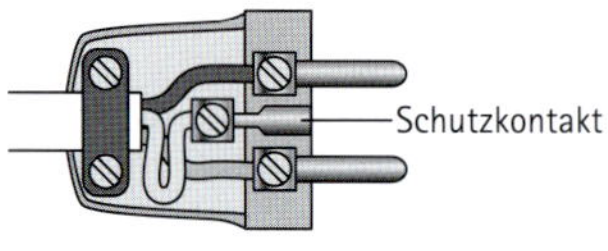

*Abb. 4-31 Schutzkontaktverbindung*

## Mess- und Prüfschaltungen mit technischen Widerständen

Funktioniert ein mit Batterie betriebenes Gerät nicht mehr zuverlässig, so kann das an der zu geringen Spannung liegen. Durch eine Messung lässt sich überprüfen, ob in der Schaltung ein erforderlicher Strom fließt. So kann die elektrische Stromstärke, die elektrische Spannung, aber auch der elektrische Widerstand mit einem Messgerät gemessen werden.

Wir unterscheiden Messgeräte nach ihrer Anzeigeeinheit und nach ihren Messmöglichkeiten (analog und digital). Vorwiegend werden Vielfachmessgeräte zur Messung elektrischer Größen wie Spannung, Stromstärke und Widerstand eingesetzt.

**Elektrisches Messen ist das Erfassen des Ist-Zustandes einer elektrischen Größe (Stromstärke, Spannung, Widerstand, Leistung).**

| Messen der elektrischen Spannung | Messen des elektrischen Stromes | Messen des elektrischen Widerstandes |
|---|---|---|
| 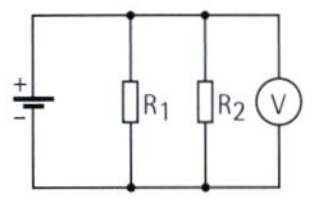 | 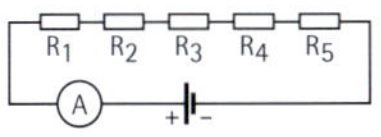 | 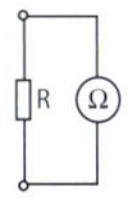 |
| Spannungsmesser (Voltmeter) werden beim Messen elektrischer Spannungen parallel zum Messobjekt geschaltet | Strommesser (Amperemeter) werden beim Messen elektrischer Ströme in Reihe zum Messobjekt geschaltet | Widerstandsmesser (Ohmmeter) werden beim Messen elektrischer Widerstände in Reihe zum Messobjekt geschaltet |

*Abb. 4-32 Messen der elektrischen Größen Spannung, Stromstärke und Widerstand*

**A**

1. **Informieren Sie sich, welche Messgeräte an Ihrer Schule im Physikunterricht verwendet werden, und machen Sie sich mit deren Handhabung sachkundig!**
2. **Nennen Sie wichtige Regeln beim Messen mit einem Vielfachmessgerät!**
3. **Ergänzen Sie mithilfe des Tafelwerkes die folgende Übersicht (Tab. 4-7)!**

| Messart | Symbol | Einheit | Gleichung | Schaltung zum Verbraucher |
|---|---|---|---|---|
| Spannungsmessung (Voltmeter) | | | | parallel |
| Strommessung (Amperemeter) | I | | | |
| Widerstandsmessung (Ohmmeter) | | | $R=\frac{U}{I}$ | |
| Leistungsmessung (Wattmeter) | | VA | | |

*Tab. 4-7 Messarten und ihre Symbolik*

*Messschaltungen mit festen und veränderlichen Widerständen*

**A**

**Versuchsablauf:**

- **Skizzieren Sie die folgenden Schaltungen (Tab. 4-8)!**
- **Bauen Sie die Schaltungen nacheinander übersichtlich auf!**
- **Ermitteln Sie die angegebenen Messgrößen Ihrer Schaltung!**
- **Notieren Sie Ihre Beobachtungen und werten Sie diese anschließend aus!**

| | | |
|---|---|---|
| 1. | 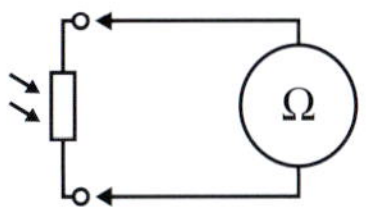 | Ergründen Sie, wie sich der Widerstandswert eines Fotowiderstandes mit zunehmender Helligkeit ändert! |
| 2. | 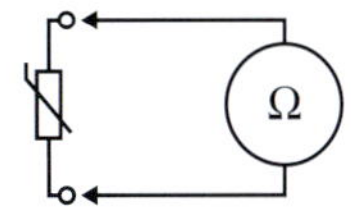 | Stellen Sie fest, wie sich bei einem Heißleiter mit zunehmender Temperatur der Widerstand ändert! |
| 3. | 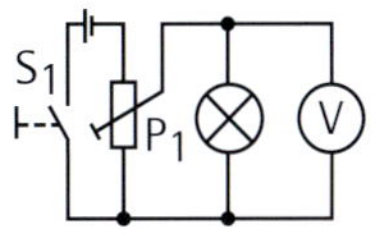 | Erkunden Sie, welche Spannungen mit einem Potenziometer eingestellt werden können! |
| 4. | 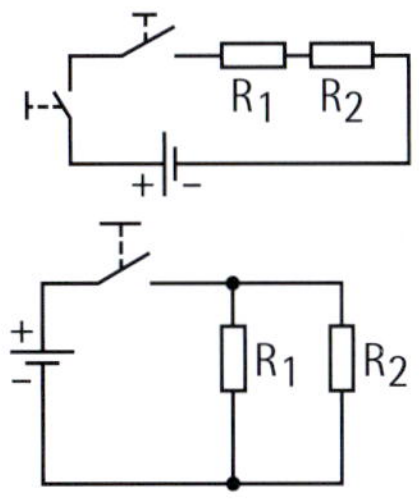 | Ermitteln Sie, wie groß bei Reihen- und Parallelschaltungen von zwei technischen Widerständen der<br>• Gesamtwiderstand,<br>• die Spannung an den Widerständen,<br>• die Stromstärke zwischen den Widerständen<br>ist!<br>Ergänzen Sie die erforderlichen Messgeräte in den Schaltplänen! |

*Tab. 4-8 Messübungen*

Elektronische Informationsmittel enthalten als Bausteine Widerstände, mit denen z. B. Helligkeit oder Lautstärke eines Fernsehgerätes reguliert werden können. Da immer mehr Bauelemente auf immer weniger Platz vereinigt werden, müssen auch die Verbindungsbahnen auf den Platinen sehr dünn sein. Der hier unerwünschte elektrische Widerstand ist entsprechend hoch und muss häufig technologisch aufwendig (z. B. durch Zwischenverstärker) kompensiert werden.

Andererseits macht man sich die Temperaturerhöhung in Widerständen bei Sicherungen zunutze. Leitungsquerschnitt und Material des Widerstandsdrahtes in der Sicherung sind so bemessen, dass bei einer bestimmten Stromstärke seine Temperatur so groß wird, dass die Leitung durchschmilzt.

Widerstände werden normalerweise nicht an die Grenze ihrer Belastbarkeit gebracht. Sie werden so gewählt, dass sie bei den zu erwartenden Spannungen und Strömen in einer elektrischen Schaltung maximal handwarm werden.

*Temperaturabhängigkeit von Widerständen (1)*
Um die Temperatur in technischen Prozessen beeinflussen zu können, muss diese gemessen werden. Dazu eignen sich temperaturabhängige Widerstände (Thermistoren).

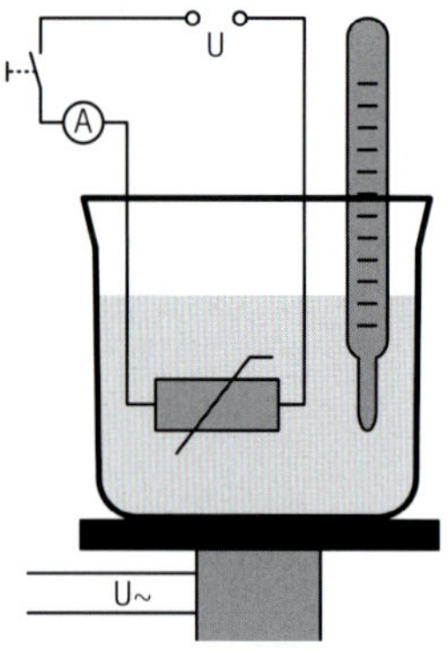


*Abb. 4-33 Werkzeichnung Heizung*

Ein temperaturabhängiger Widerstand hängt in einem wassergefüllten Kochgefäß, dessen Temperatur verändert wird. Der Thermistor wird an einer Spannungsquelle bei verschiedenen Temperaturen gemessen. Mit einem Flüssigkeitsthermometer kann die veränderte Temperatur des Wassers gemessen werden.

Arbeitsmittel:
- 1 Gleichspannungsquelle 5 V,
- 1 Vielfachmesser,
- 1 Schalter,
- 1 temperaturabhängiger Widerstand,
- 1 Flüssigkeitsthermometer,
- 1 Kochplatte mit Wasserkochgefäß,
- diverse Zuleitungen.

**A**

1. **Übertragen Sie die Werkzeichnung und die Messtabelle in Ihr Heft! Bauen Sie die Schaltung auf!**
2. **Protokollieren Sie die Werte (Strom und Spannung) der Anfangstemperatur (achten Sie auf den richtigen Messbereich)!**
3. **Schalten Sie die Heizung (Kochplatte) an! Führen Sie drei weitere Messungen durch und protokollieren Sie diese!**

| Spannung | Temperatur (°C) | Strom (A) | Widerstand (Ω) |
|---|---|---|---|
| 5 V | | | |
| 5 V | | | |
| 5 V | | | |
| 5 V | | | |

4. **Entwickeln Sie eine Kennlinie und stellen Sie sie grafisch dar!**
5. **Werten Sie Ihre Ergebnisse aus!**

Mit steigender Temperatur steigt bei konstanter Spannung am Thermistor die Stromstärke. Temperatur und elektrische Stromstärke sind beim Thermistor annähernd proportional.

*Temperaturabhängigkeit von Widerständen (2)*
Nach folgender Versuchsanordnung werden nacheinander Drähte (Leiter) aus verschiedenen Werkstoffen durch Feststellschrauben aufgespannt und mit einer Heizflamme (z. B. Bunsenbrenner) erwärmt. Die Spannung und die Stromstärke werden vor und nach dem Erwärmen gemessen und die Widerstände der Drähte im kalten und warmen Zustand berechnet.

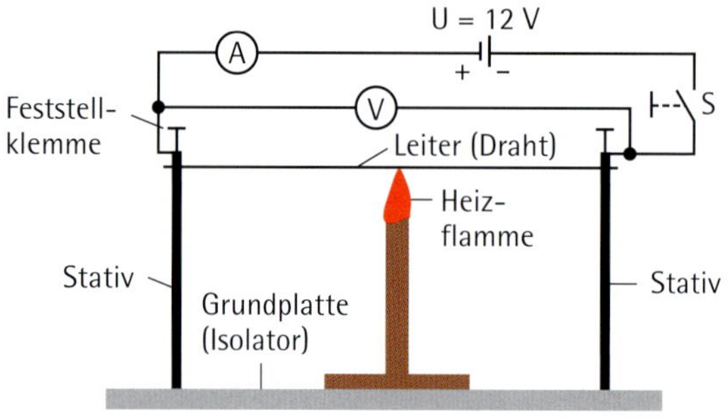


*Abb. 4-34 Werkzeichnung Versuchsaufbau*

Der Widerstandswert vieler Leiterwerkstoffe ändert sich mit der Temperatur. Die Änderung des Widerstandswertes ist bei den einzelnen Leiterwerkstoffen verschieden. Bei vielen Leiterwerkstoffen nimmt der Widerstand mit der Temperatur zu. Es gibt Metalllegierungen, bei denen der Widerstand bei Temperaturerhöhung abnimmt. Mit Vergrößerung der Zahl der freien Elektronen bewegen sich beim Anlegen einer elektrischen Spannung mehr Ladungsträger, d. h. der elektrische Strom wird stärker, der Widerstand wird kleiner. Dies findet Anwendung u. a. bei Heizgeräten, Glühlampen und dem Elektroherd.

In elektrischen Leitungen, Schaltungen und Bauteilen können Fehler (Defekte) auftreten. Elektrische Prüf- und Messvorgänge sind geeignet, diese Defekte aufzuspüren.

**Beim elektrischen Prüfen wird der Ist-Zustand einer physikalischen Größe mit ihrem Soll-Zustand verglichen.**

**Ursachen für das Versagen elektrischer Geräte**

**Keine Spannung vorhanden**
Spannungsprüfung mittels Polsucher oder Spannungsprüfer

**Gerät defekt**
- Leitungsunterbrechung
- zu hoher Übergangswiderstand

} erwünschter Stromdurchgang verhindert

- Kurzschluss
- Körperschluss durch Prüfen mit dem Durchgangsprüfer

} unerwünschter Stromdurchgang

Mit einem Polsucher (Abb. 4-35) kann der Außenleiter eines Stromnetzes bestimmt bzw. dessen Spannungszustand ermittelt werden. Der Prüfende ist in den Stromkreis mit seinem Körper einbezogen.

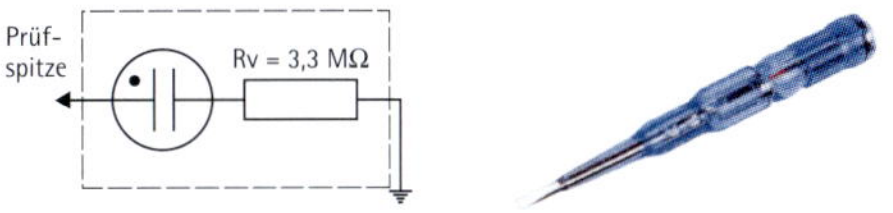


*Abb. 4-35 Schaltung und Original eines Polsuchers*

Mit dem Spannungsprüfer (Abb. 4-36) wird festgestellt, ob an bestimmten Stellen einer elektrischen Anlage (Schalter, Steckdose, Verteilerdose) Spannung anliegt. Der Prüfende ist nicht unmittelbar in den Stromkreis mit einbezogen.

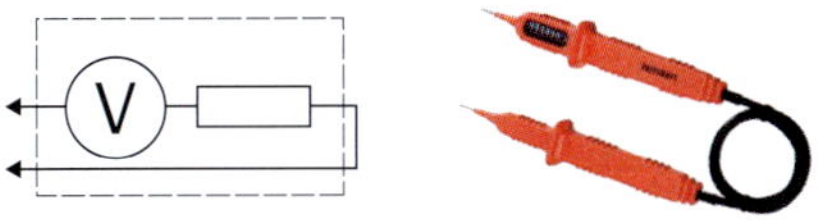


*Abb. 4-36 Schaltung und Original eines Spannungsprüfers*

Der Durchgangsprüfer (Abb. 4-37) ermittelt die Funktionstüchtigkeit. Er besteht aus einer Spannungsquelle und einem Anzeigeteil (z. B. Lampe, LED).

**Bei der Durchgangsprüfung sind Prüfgerät und Prüfobjekt in Reihe geschaltet.**

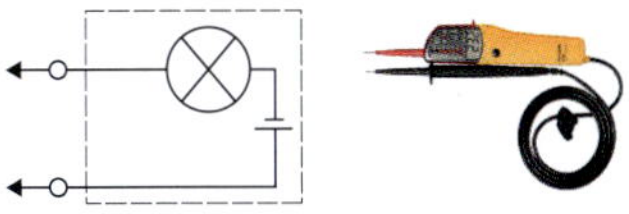

*Abb. 4-37 Schaltung und Original eines Durchgangsprüfers*

Bei elektrischen Bauteilen oder Schaltungen können Sie die Funktionstüchtigkeit, die möglichen Schaltstellungen oder den Schaltungstyp herausfinden, indem Sie die Anschlüsse auf Durchgang prüfen. Das Durchgangsprüfen ist geeignet, folgende Fehler festzustellen:

- Kurzschluss durch unzulängliche Verbindung zwischen zwei Leitern,
- Leitungsunterbrechung durch gelöste Kontakte oder Leiterbruch,
- Körperschluss durch eine unzulässige Verbindung zwischen einem Leiter und dem Gehäuse eines Gerätes.

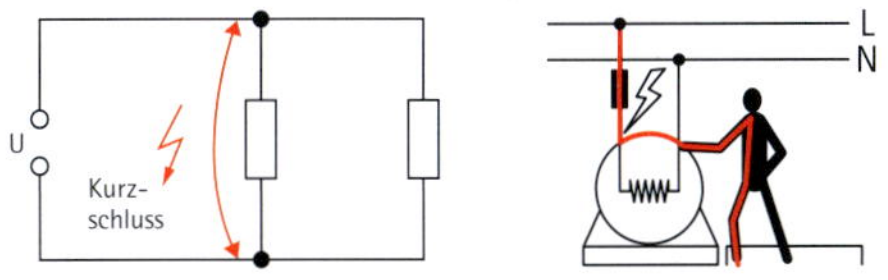


*Abb. 4-38 Kurzschluss und Körperschluss*

**Durchgangsprüfer besitzen eine eigene Spannungsquelle. Daher dürfen Durchgangsprüfungen nur im spannungslosen Zustand der Bauteile und Geräte vorgenommen werden.**

*Prüfgerät zur Fehlersuche entwickeln*

Das Prüfgerät soll zur Fehlersuche bei elektrischen Bauelementen und Schaltungen eingesetzt werden. Mit dem Prüfgerät können Sie feststellen, ob Stromdurchgang besteht oder nicht. Stromdurchgang kann erwünscht oder nicht erwünscht sein.

**A**

1. **Entscheiden Sie sich beim Bau des Durchgangsprüfers für eine Variante!**

| Variante 1 | Variante 2 |
|---|---|
| 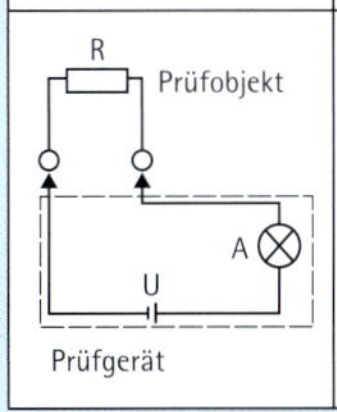 | 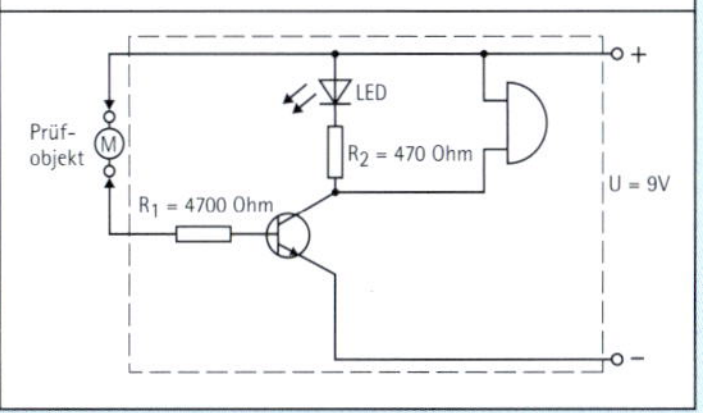 |





2. **Wählen Sie entsprechend dem Schaltplan die Bauelemente aus! Gestalten Sie eine Leiterplatte (Universalleiterplatte) gemäß Ihrer Variantenwahl! Eine mögliche Bestückung nach Variante 2 zeigt nebenstehende Abbildung.**

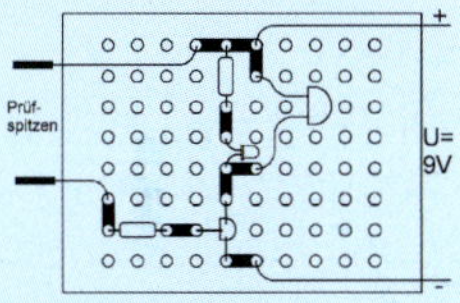


3. **Prüfen Sie mit Ihrem Prüfgerät Bauelemente, Geräte, Leitungen, Platinen und Schalter auf Stromdurchgang! Wählen Sie die Prüfobjekte aus, ergänzen Sie die Tabelle und tragen Sie die Prüfergebnisse ein! Entscheiden Sie, ob ein Defekt vorliegt oder nicht!**

| Prüfobjekt | Prüfergebnis<br>1 = Anzeige<br>0 = keine Anzeige | Bewertung |
|---|---|---|
| Leitung | | |
| Schalter | | |
| Widerstand | | |
| Diode | | |
| .... | | |

**!**

**Verwenden Sie die Prüfgeräte nur im Unterrichtsraum für die Schaltungen mit Schutzkleinspannung!**

**Schaltungen zur Überwachung, Sicherung und Informationsverstärkung**

Für den Schutz von Gebäuden, Räumen oder bestimmten Einrichtungen sind Anlagen zu entwickeln, die eine zuverlässige Nachricht übermitteln. Jeder kennt die Alarmanlagen eines Hauses, die Raumschutzanlage einer Gemäldegalerie, die Sicherheitsschaltungen an Werkzeugmaschinen, die Warnblinkanlage bei Bahnübergängen oder Kraftfahrzeugen.

Bei wirkungsvoll arbeitenden Alarmanlagen wird eine Gefahr (Rauch, Feuer, Einbruch, zu hohe Temperatur, Diebstahl) durch dauerhaften oder kurzzeitigen Alarm signalisiert. Wenn eine Alarmstrecke unterbrochen wird, z. B. durch Öffnen eines Kontaktes, Zerreißen eines dünnen Sicherheitsdrahtes, Unterbrechen eines Lichtstahls, soll ein Alarm ausgelöst werden. Ein kurzer Alarmimpuls wird gespeichert (z. B. Relais). Bei Raumschutzanlagen (Selbsthalteschaltung mittels Relais) werden an einem Eingang (Taster) Signale eingegeben. Die Signale werden übertragen und am Ausgang (Melder) akustisch wiedergegeben. Es handelt sich dabei um sogenannte binäre (zweiwertige) Signale.

*Herstellung einer Alarmanlage*

Zur Herstellung einer Alarmanlage mit selbsthaltender Relaisschaltung benötigen Sie einen Holz- oder Kunststoffkasten diverser Abmaße. Zur Herstellung des Modells werden folgende Bauteile benötigt:

- Batterie oder andere Spannungsquelle,
- Steckbuchsen (vgl. evtl. Modelleisenbahn),
- Relais,
- Taster,
- Summer/Klingel,
- AUS-/EIN-Taster bzw. -Schalter,
- Schaltlitzen (z. B. rot, blau).

Zur Montage der elektrischen Bauteile wird ein Zweikomponentenklebstoff oder ein doppelseitiges Klebeband verwendet, um die Bauteile im Gehäuse zu befestigen. Achten Sie darauf, dass die Bauteile so angeordnet werden, dass jederzeit ein ungehindertes Verdrahten möglich ist!

Bei der Verdrahtung der elektrischen Anlagen verbinden Sie zuerst den Pluspol der Spannungsquelle mit der einen Buchse. Von der anderen Buchse legen Sie Ihr Kabel über den Taster zum Relais. Der Stromkreis wird vervollständigt, indem Sie vom freien Relaisanschluss das Kabel zum Minuspol der Spannungsquelle anschließen. Somit ist der Steuerstromkreis hergestellt.

Führen Sie eine Funktionsprobe aus!

Wenn das Relais „arbeitet" (Betätigen des Tasters), arbeitet der Steuerstromkreis.

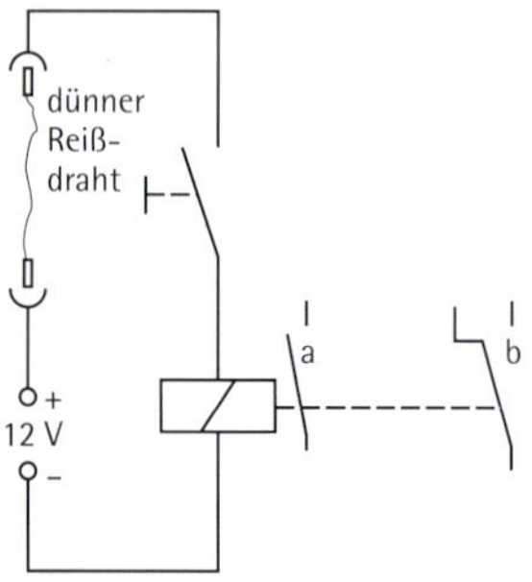


*Abb. 4-39 Schaltbild Steuerstromkreis*

Damit die Anlage selbsthaltend arbeitet, wird der Schaltkontakt (a) parallel zum Taster angeschlossen.

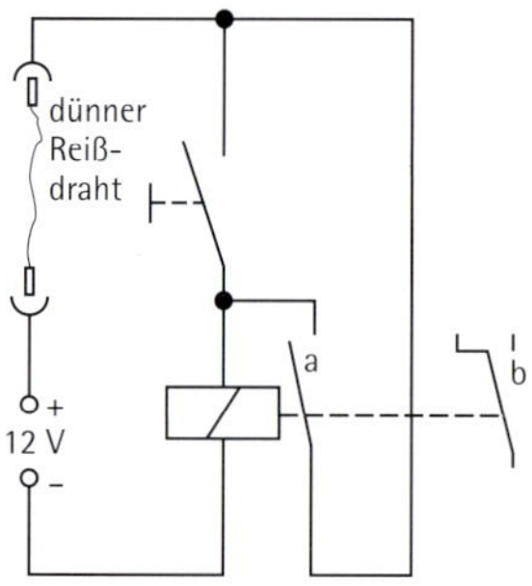


*Abb. 4-40 Schaltbild Relais mit Selbsthaltekontakt*

Führen Sie eine weitere Funktionsprobe durch. Wenn der Selbsthaltekontakt (a) „arbeitet", darf das Relais nicht „abfallen".

Stellen Sie nun den gesteuerten Stromkreis vom Wechsler des Relais zur Klingel und weiter von der Klingel über den Taster zum Schließerkontakt des Wechslers (b) her.

Bei Betätigung des Tasters wird nun über den Steuerstromkreis der gesteuerte Stromkreis (durch Umschalten des Wechslers des Relais) geschaltet und ein akustisches Signal (Klingel) ertönt.

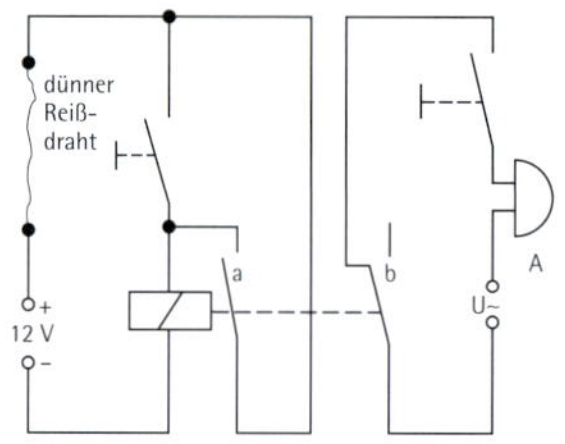


*Abb. 4-41 Relaisschaltung Alarmanlage*

Führen Sie eine weitere Funktionsprobe aus. Anstelle des Reißdrahtes kann auch ein Reed-Kontakt eingesetzt werden.

**!**

1. **Achten Sie bei der Verdrahtung auf die richtige Verwendung der Schaltlitze (z. B. rot – Plusleitung, blau – Minusleitung) und an die richtige Polung am Summer!**
2. **Vorsicht beim Löten (z. B. Relais – Schmelzgefahr)!**

Damit die Alarmanlage auch wieder abschaltbar ist, können Sie einen Ausschalter zwischen dem Relaiskontakt der Spule und dem Wechsler des Relais einfügen. Die Relaisschaltung kann zu einer noch sichereren Alarmanlage erweitert werden, indem diese durch einen Alarmstromkreis mit einem weiteren Relais-Kontaktpaar ergänzt wird.

Alarmanlagen können vielseitig verwendet werden, u. a. als Türkontakt, Trittkontakt, Stolperdraht oder Diebstahlsicherung.

*Einbruchsicherung*

Eine Alarmanlage zur Sicherung eines Fensters mit einem elektromechanischen Speicherelement ist mithilfe eines Elektromagneten möglich (siehe Abb. 4-42). Ein Alarmimpuls wird ausgelöst, wenn die Alarmstrecke (z. B. Reißdraht) unterbrochen wird.

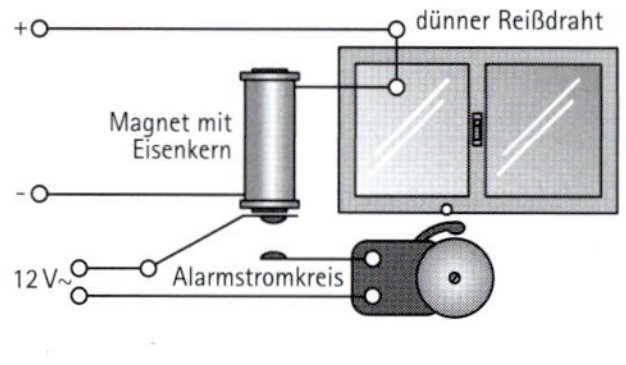


*Abb. 4-42 Prinzip Einbruchsicherung*

*Überwachungsanlagen*

Bei Überwachungsanlagen wird häufig durch eine Heizwicklung, wie etwa beim Thermorelais (Abb. 4-43), ein Bimetallstreifen erwärmt. Seine Durchbiegung wird zur Betätigung von Kontakten benutzt und findet z. B. bei Blinkanlagen Anwendung.

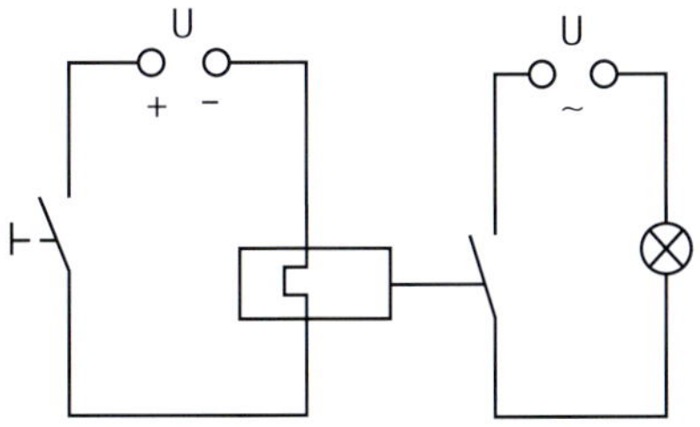


*Abb. 4-43 Schaltplan einer Thermorelaisschaltung*

**A**

**1. Bauen Sie die Schaltung nach Schaltplan auf!**
**2. Messen Sie die Zeit, die vom Einschalten bis zum Aufleuchten der Glühlampe vergeht!**
**3. Führen Sie mehrere Messungen in bestimmten Abständen durch und messen Sie die Verzögerungszeit!**
**4. Notieren Sie die Werte und diskutieren Sie diese!**

*Transistoralarmanlage*

Am Beispiel einer Alarmanlage mittels Transistor sollen Sie die Funktion eines Transistors als Schaltelement verstehen lernen. Wenn eine Tür geöffnet wird, soll die Anlage ein optisches (Glühlampe) oder akustisches Signal (Klingel) übermitteln. Ein Kontakt im Türrahmen wird von einem Kontakt an der Tür berührt. Im folgenden Schaltplan (Transistorschaltung, Abb. 4-44) ist die Schaltung so gewählt, dass beim Öffnen des mechanischen Türkontaktes der Transistor die Glühlampe einschaltet.

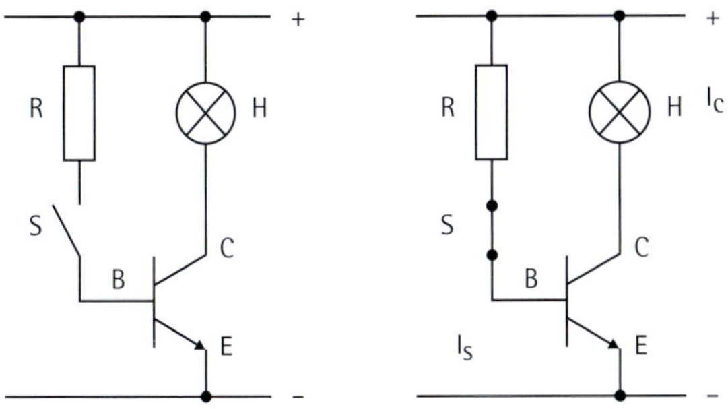


Ic fließt nicht,
Lampe leuchtet nicht!
(S ist offen)

Ic fließt,
Lampe leuchtet!
(S ist geschlossen)

*Abb. 4-44 Einfache Alarmanlage (Transistorschaltung)*

Es fließt kein Basisstrom ($I_B$), wenn die Tür geschlossen ist. Wird die Tür geöffnet (Schließkontakt), fließt ein Strom durch die Lampe, wobei nur eine elektrische Energiequelle benötigt wird. Der elektrische Widerstand (*R*) sorgt dafür, dass die positive Spannung an der Basis kleiner ist als am Kollektor.

*Sicherheitsschaltung*

Bei der manuellen Bedienung einer Umformpresse treten oft Unfälle auf, da der Bediener mit der rechten Hand den Schalter der Presse betätigt, während sich die linke Hand noch im Gefahrenbereich befindet.

*Abb. 4-45 Zweihandbedienung*

Ziel ist es, eine technische Lösung in Form einer elektrotechnischen Schaltung für eine arbeitsschutzgerechte Zweihandbedienung der Umformpresse (Abb. 4-45) zu entwickeln. Um die Unfallgefahr zu beseitigen, muss eine Schaltung verwendet werden, die die Presse nur auslöst, wenn der Arbeiter außerhalb des Gefahrenbereiches mit der einen Hand einen Taster (Eingang 1) und mit der anderen Hand einen anderen Taster (Eingang 2) betätigt (Abb. 4-46).

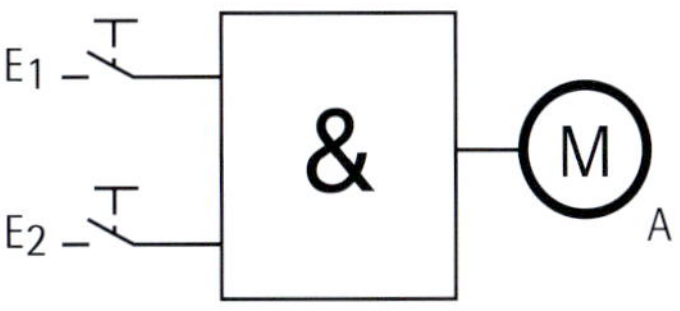


*Abb. 4-46 Blockbild*

Folgende Anforderungen ergeben sich für diese Schaltung:

- Der Umformvorgang soll nur ausgelöst werden, wenn von zwei oder mehreren Stellen die Einwilligung dazu vorliegt.
- An beiden Eingängen der Schaltung muss der Befehl gegeben werden, wenn das Signal weitergegeben werden soll.
- Wird nur an einem der beiden Eingänge der Befehl gegeben, so wird er nicht weitergegeben bzw. ausgeführt.

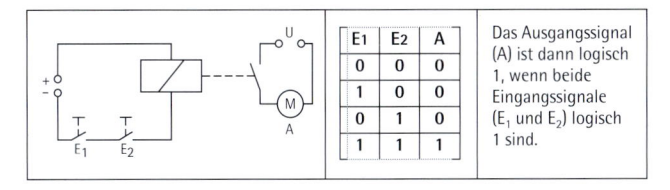

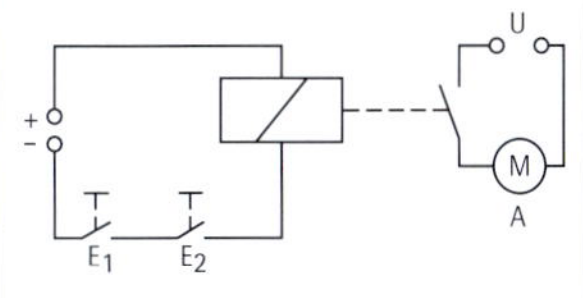


| E1 | E2 | A |
|---|---|---|
| 0 | 0 | 0 |
| 1 | 0 | 0 |
| 0 | 1 | 0 |
| 1 | 1 | 1 |

Das Ausgangssignal (A) ist dann logisch 1, wenn beide Eingangssignale ($E_1$ und $E_2$) logisch 1 sind.

*Abb. 4-47 Logische Grundverknüpfung*

Das Erweitern der Schaltung durch den Einbau eines zweiten Schalters ergibt eine Reihenschaltung der Taster (Eingabeglieder $E_1$ und $E_2$), d. h., beide Taster müssen gleichzeitig betätigt werden. Es entsteht eine UND-Verknüpfungsschaltung.

*Verriegelungsschaltung*
Ein elektrischer Türöffner soll die Verriegelung einer Tür nur dann freigeben, wenn durch die beiden Bewohner des Hauses die Taster einzeln oder gleichzeitig betätigt werden.

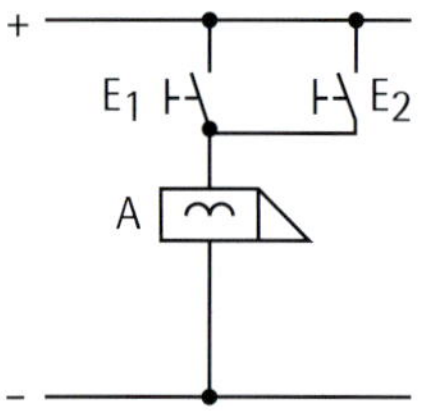


| E1 | E2 | A |
|---|---|---|
| | | |
| | | |
| | | |
| | | |

*Abb. 4-48 Funktionsprinzip Türöffner und Schaltbelegungstabelle*

**A**

1. **Analysieren Sie zunächst, welche Verknüpfungsschaltung für den beschriebenen Türöffner geeignet erscheint!**
2. **Ermitteln Sie die Schaltmöglichkeiten und tragen Sie diese in die Schaltbelegungstabelle (Abb. 4-48) ein!**
3. **Erweitern Sie Ihre Schaltbelegungstabelle um ein weiteres Relais und eine Ausgabe (Glühlampe oder Summer)!**

| E1 | E2 | X | X1 | Y | Y1 | A |
|---|---|---|---|---|---|---|
| 0 | 0 | | | | | |
| 0 | 1 | | | | | |
| 1 | 0 | | | | | |
| 1 | 1 | | | | | |

*Abb. 4-49 Schaltbelegungstabelle*

4. **Entwickeln Sie auf der Grundlage Ihrer Schalttabelle (Abb. 4-49) eine Relaisschaltung als Türöffner!**

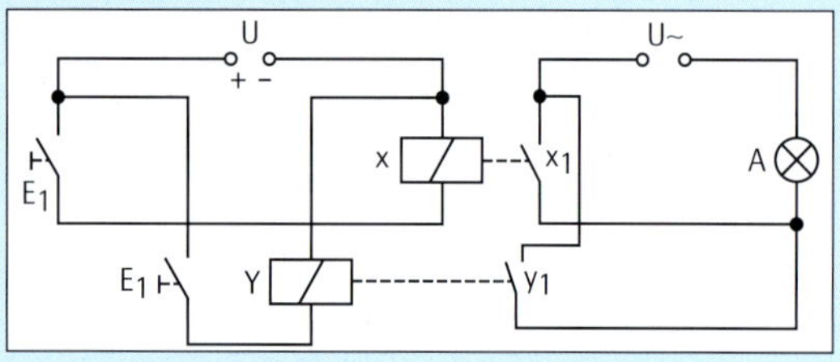


*Abb. 4-50 Relaisschaltung als Türöffner*

5. **Bauen Sie diese Schaltung (Abb. 4-50) mit den in der Schule vorhandenen Bauteilen auf!**
   - **Führen Sie eine Funktionsprüfung durch!**
   - **Bewerten Sie diese anhand folgender Kriterien:**
     - **Erfüllt die Schaltung die geforderte Funktion?**
     - **Ist die Schaltung übersichtlich?**
     - **Wurden nur unbedingt notwendige Bauteile eingesetzt?**
     - **Ist die Schaltung kostengünstig?**
     - **Wie ist die Störanfälligkeit?**
     - **Sind die Störungen schnell zu beseitigen?**

*Informationsverstärkung*
Eine einfache Anwendung einer Signalverstärkung ist ein Mikrofonverstärker mittels Transistor.

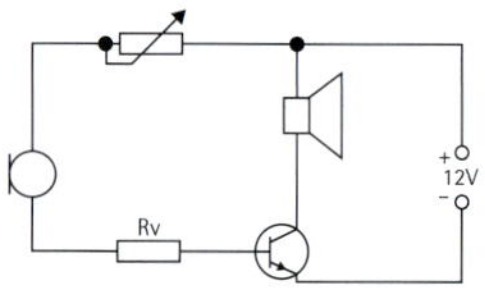


*Abb. 4-51 Mikrofonverstärker*

In einem Mikrofon werden Schallwellen in kleine Stromschwankungen umgewandelt, die im Basiskreis wirksam sind. Im Kollektorstromkreis treten die Schwankungen verstärkt auf, sodass man einen kleinen Lautsprecher betreiben kann. Zur Anpassung der Empfindlichkeit der Schaltung wird das Potenziometer verwendet.

Eine Kombination mehrerer Transistoren ermöglicht es, Verstärker mit Leistungen bis zu einigen Kilowatt (kW) herzustellen.

*Verstärkerwirkung durch Transistoren*
Schalt- und Verstärkerwirkung der Transistoren ermöglichen viele Anwendungsbereiche. Oft sehen die zugehörigen Schaltungen auf den ersten Blick recht kompliziert aus. Der folgende Schaltplan (Abb. 4-52) kann aber helfen, die Wirkungsweise solcher Schaltungen zu verstehen.

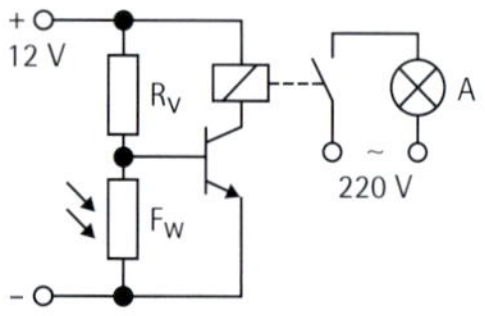


*Abb. 4-52 Schaltplan mit einer Schalt- und Verstärkerwirkung*

**A**

1. **Bauen Sie die Schaltung auf!**
2. **Erkunden Sie deren Wirkungsweise und werten Sie Ihre Erkenntnisse aus!**

*Sensorschaltung zur Informationsverstärkung*
Schwache Signale werden häufig durch Sensoren verstärkt. Für das Verstärken der schwachen Sensorsignale ist eine spezielle Schaltung (Abb. 4-53) möglich.

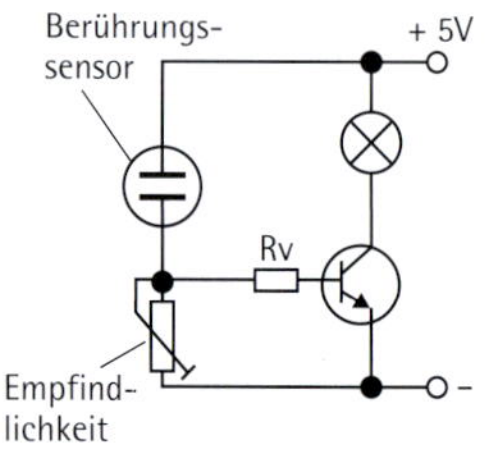


*Abb. 4-53 Sensorschaltung*

**A**

1. **Entwickeln Sie die Schaltung auf einer Platine! Die Glühlampe ist mit lösbaren Verbindungen einzubauen. Schließen Sie die Sensorkontakte, indem beide Kontakte gleichzeitig berührt werden, und werten Sie das Ergebnis aus!**
2. **Tauschen Sie die Glühlampe gegen eine LED aus! Beachten Sie die Polung der LED!**
3. **Berühren Sie die Sensorkontakte und erkunden Sie die Funktion der Sensorschaltung!**

Der Sensor kann auch beliebig ausgewechselt werden, sodass er durch einen licht- oder temperaturabhängigen Widerstand, einen Regenmelder oder andere Bauelemente ersetzt werden kann.

*Informationsübermittlung zur Überwachung*
Um den Schaltzustand von Maschinen und Anlagen besser überwachen zu können, werden in entfernt gelegenen Schalt- und Kontrollständen Meldegeräte (Sicht- oder Hörmelder) installiert. Diese müssen so in den Stromkreis geschaltet werden, dass der Schaltzustand „EIN" und „AUS" angezeigt wird.

Sie benötigen folgende Bauteile:
1 Stromversorgungsgerät,
1 Tastschalter „AUS",
1 Tastschalter „EIN",
1 Motor,
1 Relais,
Verbindungsleitungen

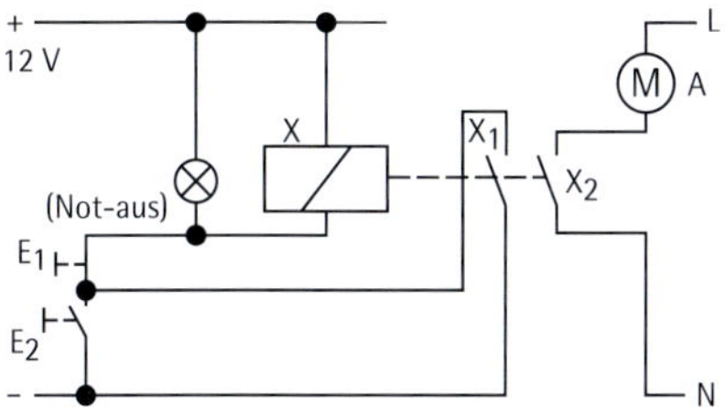


*Abb. 4-54 Schaltplan Kontrollschaltung*

**A**

1. **Bauen Sie diese Schaltung mit den vorhandenen Bauteilen auf!**
2. **Überprüfen Sie die Schaltung nach vorliegendem Schaltplan!**
3. **Führen Sie eine Funktionsprobe durch! Bewerten Sie die Funktionsweise der Schaltung!**
   - **Betätigen Sie den „EIN"-Taster und beobachten Sie die Wirkungen des Stromes in den beiden Stromkreisen. Beachten Sie den Schaltzustand der Lampe!**
   - **Betätigen Sie den „AUS"-Taster und beobachten Sie wiederum den Schaltzustand der Lampe!**
   - **Verändern Sie den Schaltplan, sodass durch zwei Lampen die Schaltzustände „EIN" und „AUS" signalisiert werden können!**
   - **Erweitern Sie Ihre Schaltung mit einer zweiten Lampe!**
   - **Führen Sie eine Funktionsprobe durch!**
   - **Werten Sie die Funktionsweise der Schaltung aus!**

Durch das Betätigen des „EIN"-Tasters schließt sich der Steuerstromkreis. Das Relais hält sich über den Haltestromkreis, in dem die Signalleuchte liegt. Sie signalisiert, dass der Motor arbeitet.

*Transportschaltung*
Rolltreppen schalten sich oft erst durch das Betreten einer Person ein. Dies geschieht mittels einer Lichtschranke.

**A**

1. **Bauen Sie eine Lichtschranke entsprechend dem folgenden Schaltbild (Abb. 4-55) auf! Anstelle der Lampe kann ein Relais eingesetzt werden, um den Schaltvorgang besser zu simulieren.**

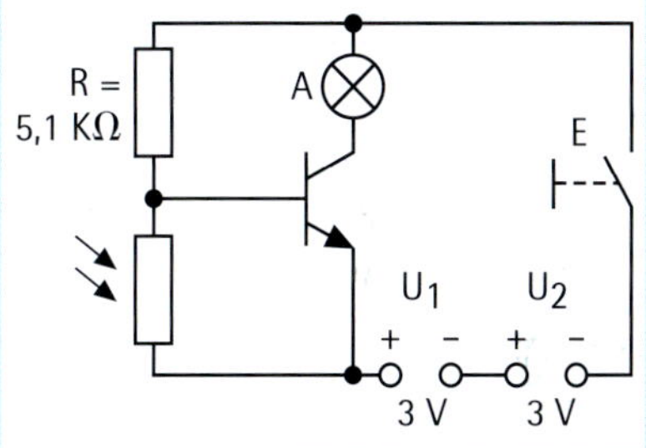


*Abb. 4-55 Schaltplan einer Rolltreppe*

- **Beleuchten Sie den Fotowiderstand mehrmals mit dem Licht einer gut fokussierten Taschenlampe!**
- **Stellen Sie fest, welche Zusammenhänge zwischen Beleuchtung des Fotowiderstandes und dem Aufleuchten der Lampe bestehen!**
- **Erläutern Sie die Vorgänge an der Basis des Transistors und die Auswirkungen für den Kollektorstromkreis, in dem sich die Lampe befindet!**

**2. Eine Schaltung ist nach folgendem Stromkreis aufzubauen:**

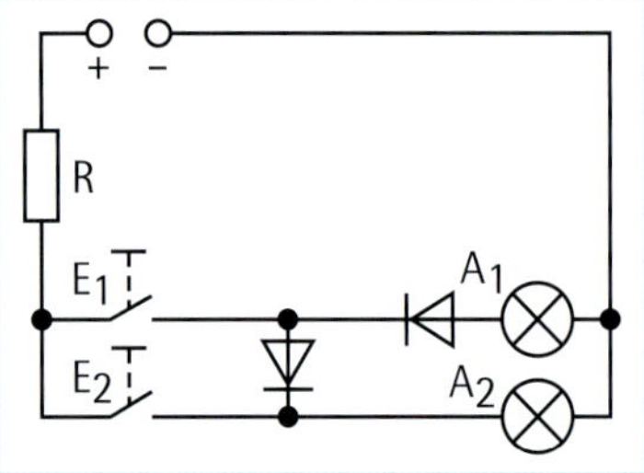


*Abb. 4-56 Stromkreis einer Prüfschaltung*

- **Stellen Sie fest, welche Lampe leuchtet, wenn Taster $E_1$ oder Taster $E_2$ oder beide Taster geschlossen werden! Ergänzen Sie die Schaltbelegungstabelle!**

| E1 | E2 | A1 | A2 |
|---|---|---|---|
| 1 | 0 | | |
| 0 | 1 | | |
| 1 | 1 | | |
| 0 | 0 | | |

- **Stellen Sie fest, welche Lampen leuchten, wenn die Stromquelle umgepolt wird und wenn Taster $E_1$ und Taster $E_2$ oder beide Taster geschlossen werden! Ergänzen Sie die Schaltbelegungstabelle!**

| E1 | E2 | A1 | A2 |
|---|---|---|---|
| | | | |
| | | | |
| | | | |
| | | | |

**3. Werten Sie beide Experimente mithilfe der Schaltbelegungstabellen und Ihrer Beobachtungen aus!**

## 4.3 Modellieren technischer Systeme

Oft findet man nicht gleich Ideen zur Lösung eines Problems. Dabei lassen sich systematisch ähnliche Lösungen aus anderen Gebieten aufdecken, miteinander verknüpfen und verändern.

**Bionik** als Lernen von der Natur ist eine Wortverbindung aus den Begriffen Biologie und Technik. Die Wissenschaft Bionik befasst sich mit der Untersuchung der Natur, um daraus Ideen für die Lösung technischer Probleme abzuleiten. Mithilfe der **Analogiemethode** werden ähnlich funktionierende Systeme aus Natur und Technik aufgedeckt.

Beispiel: Prinzip der **Stabilisierung**

- durch *Krümmung* – Muschelschale
  z. B. Wellenkuppeldach, Dachschale
  → gekrümmte bzw. gerippte Fläche ermöglicht hohe Festigkeit und Steifigkeit

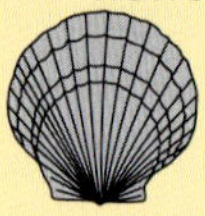

- durch *Verbundstabilisierung* – Röhrenknochen, Grashalm
  z. B. Hohlträger, Deckenplatte
  → Stabilität durch innere Hohlräume

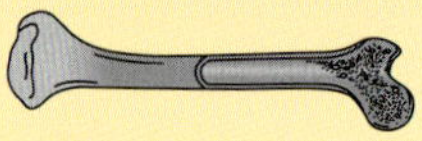

- *durch Profilierung* – Blattprofile von Palmenarten
  z. B. Förderband, Wellendach, Tragflächenversteifung
  → Stabilisierung zur optischen Ausnutzung des Sonnenlichtes

Beispiel: Prinzip der **Elementarversteifung**
– Flügel der Vögel
z. B. Fachwerkbauweise, Stahlgerüstbauweise

Schauen Sie sich gezielt in der Natur um, um einfacher und schneller zu einer Lösung zu gelangen. Eine Fülle und Vielfalt effizienter biologischer Systeme bietet sich als Gestaltungsanregung für die Technik an. Die Verwirklichung des ökonomischen Prinzips in der Natur – mit einem Minimum an Material bzw. Energie ein Optimum an Zuverlässigkeit und Stabilität zu erzeugen – bedeutet effizientes Modellieren.

### Wege zum erfolgreichen Problemerkennen und Problemlösen

**A** **Gesucht ist eine einfache technische Lösung zur Wasserförderung mittels Sonnenenergie. Finden Sie Lösungsideen zum Erkennen und Aufbereiten des Problems!**

- Wassereimer
- Schlauch an Wasseranschluss
- Pumpe
- Sonnenkollektor

Durch die Anwendung der Gestaltungsregel **„Konstruieren Sie einfach, eindeutig, sicher"** wird Ihre technische Lösung optimal die geforderte Funktion erfüllen, sich wirtschaftlich herstellen lassen und die geforderte Sicherheit und den Erfolg gewährleisten.

Unter Einbeziehung der **Black-Box-Methode** (Abb. 4-57) sind Lösungsmöglichkeiten und Realisierung des Modells erreichbar.

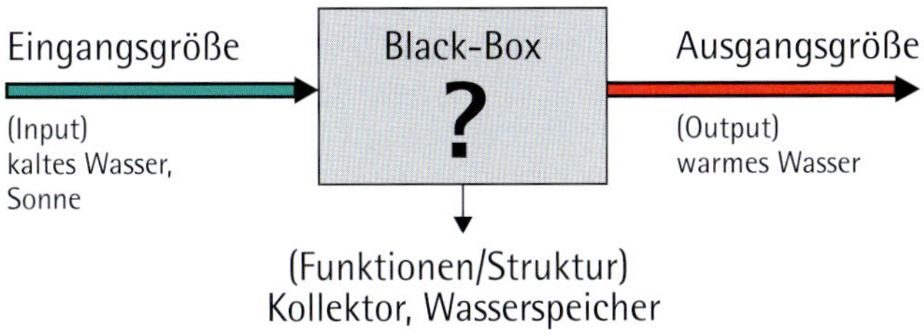


*Abb. 4-57 Black-Box-Methode*

Mithilfe der **Modellmethode** (Abb. 4-58) können Sie einen sogenannten Prototyp, d. h. ein funktionsfähiges Modell, anfertigen. An diesem Modell lassen sich die geforderten Funktionen durch Experimentieren erproben und Verbesserungen vornehmen.

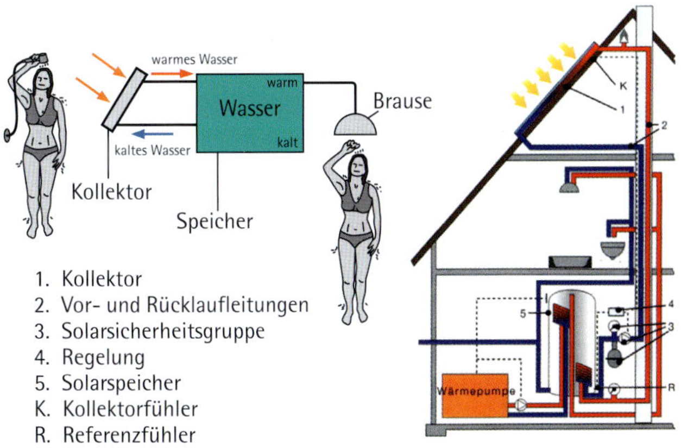


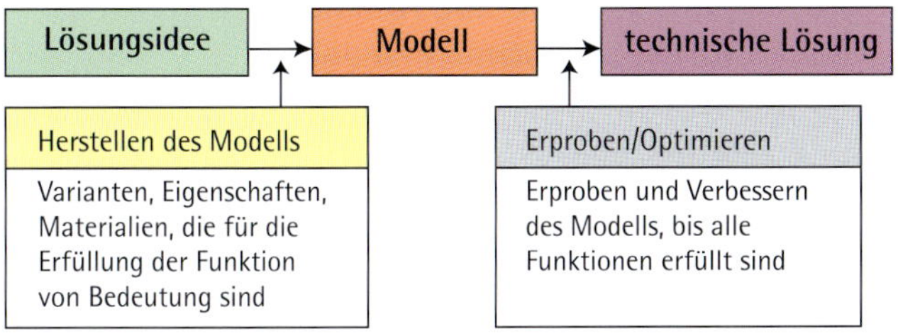


*Abb. 4-58 Modellmethode*

## 4.3.1 Struktur der Energieversorgung

Weltweit ist die Energieversorgung noch weitgehend von Energieträgern abhängig, deren Vorräte begrenzt sind. Die technische Entwicklung zeigt, dass keine andere Energie so universell einsetzbar ist wie die Elektroenergie. Elektrische Energie kann in Licht, Wärme, Kälte und Bewegung umgewandelt werden, ermöglicht aber auch die Übertragung von Ton und Bild. Elektrische Energie hat auch deshalb einen solch hohen Stellenwert in unserer Energieversorgung erlangt, weil sie leicht zu übertragen, zu verteilen und überwiegend sauber in ihrer Anwendung ist. Energie kommt in vielen Formen vor, die ineinander umwandelbar sind, z. B. als

- *elektrische Energie* (Elektromotor, Glühlampe),
- *magnetische Energie* (Relais, Elektromotor),
- *mechanische Energie* als potenzielle Energie (Lageenergie) bei gespeichertem Wasser oder als kinetische Energie (Bewegungsenergie),
- *Wärmeenergie* (Heizungswasser),
- *chemische Energie* (Batterien),
- *Kernenergie.*

**Energieträger können Energie speichern und transportieren.**

Energie geht in ihrer Gesamtheit nicht verloren. Sie kann nicht erzeugt oder vernichtet werden. Sie wird immer nur von einer Form in eine andere umgewandelt.

**Energie ist die Fähigkeit, Arbeit zu verrichten, z. B. Licht auszustrahlen und Wärme abzugeben.**

### Von der Primärenergie zur Nutzenergie

Die in der Natur vorkommende Energie wird als Primärenergie bezeichnet. Sie kommt in unterschiedlichen Formen vor.

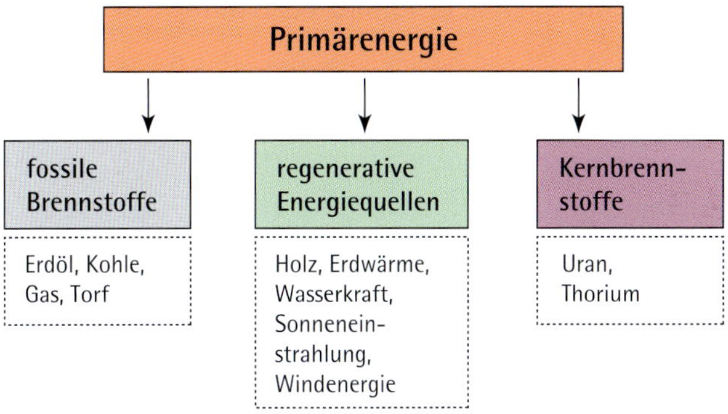


*Abb. 4-59 Primärenergie*

Meistens kann die Primärenergie nicht in der vorliegenden Form genutzt werden, sondern muss umgewandelt und zum Nutzer transportiert werden. Dabei lässt sich weder die Primärenergie noch die Nutzenergie transportieren, sondern sie durchläuft Zwischenformen, die optimalen Transport ermöglichen. Je nach Art der Primärenergie und der Verfahren zur Elektroenergiegewinnung ergibt sich eine unterschiedliche Anzahl von notwendigen Energieumwandlungsstufen.

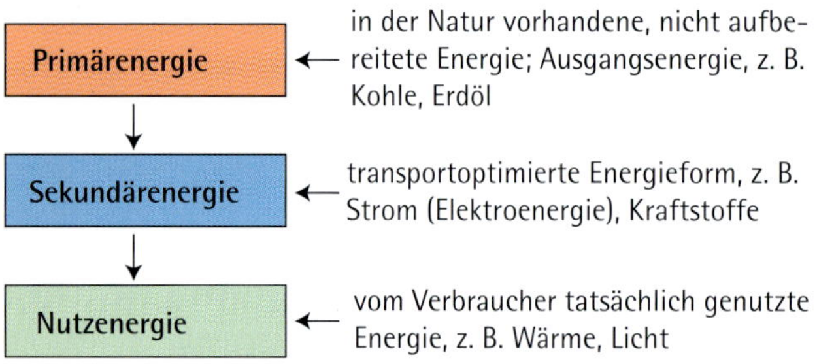


*Abb. 4-60 Umwandlungskette der Energie*

Der überwiegende Teil der Primärenergie muss zunächst in Sekundärenergie (z. B. Elektroenergie) umgewandelt werden.

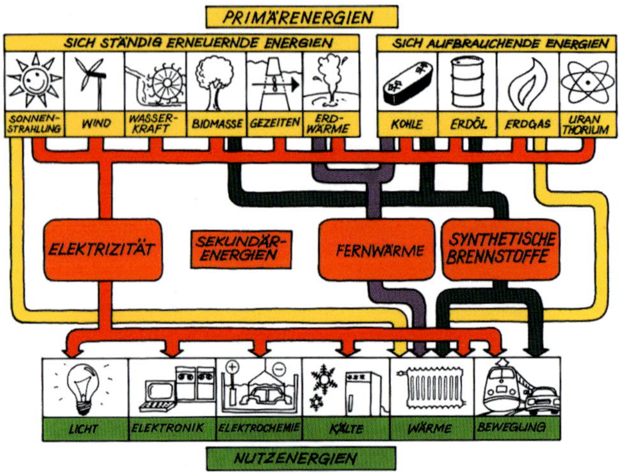


*Abb. 4-61 Energiearten und ihre Umwandlungen*

Geeignete Geräte im Haushalt wandeln die Elektroenergie in Nutzenergie um, z. B. die erzeugte Kälte des Kühlschranks, das Licht der Glühlampe, die mechanische Energie des Staubsaugermotors.

## Erzeugung, Speicherung und Verteilung elektrischer Energie

Ein Kraftwerk ist eine technische Anlage, in der durch Energieumwandlung die elektrische Energie erzeugt wird. Da nicht zu jeder Tages- und Nachtzeit gleich viel Energie benötigt wird, gibt es verschiedene Kraftwerksarten, die bestimmte Aufgaben bei der Sicherstellung der Energieversorgung übernehmen.

*Die Wärmekraftwerke als Grundlastkraftwerke*

In Wärmekraftwerken wird aus den Primärenergieträgern thermische Energie als Wärme freigesetzt und zur Erzeugung von heißem Dampf beziehungsweise Gas genutzt, mit dessen Hilfe in der Turbine eine Drehbewegung erzeugt wird. Durch die Koppelung von Turbinen und Generatoren wird in den Drehstromgeneratoren eine Dreiphasen-Wechselspannung erzeugt. Der Dreiphasen-Wechselstrom wird als Drehstrom (3~) bezeichnet.

Die Energieumwandlungsvorgänge sind in allen Wärmekraftwerken prinzipiell gleich.

**Die Grundlage für die Stromerzeugung in einem Generator bildet das Prinzip der elektromagnetischen Induktion.**

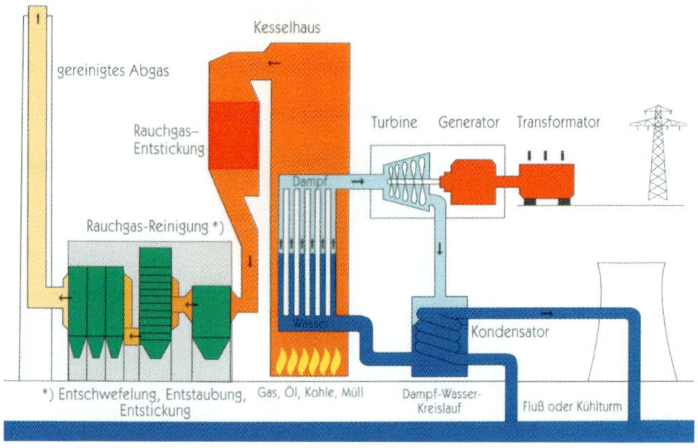


*Abb. 4-62 Wärmekraftwerk*

Der Teil der Energie, der bei einem Kraftwerksprozess als Abwärme abgegeben wird, ist für den eigentlichen Nutzungszweck verloren (sogenannte Energieverluste).

**Das Verhältnis von genutzter und zugeführter Energie heißt Wirkungsgrad η (eta gesprochen).**

*Blockheizkraftwerk*

Eine Art des Wärmekraftwerkes ist das Blockheizkraftwerk (abgekürzt BHKW, Abb. 4-63).

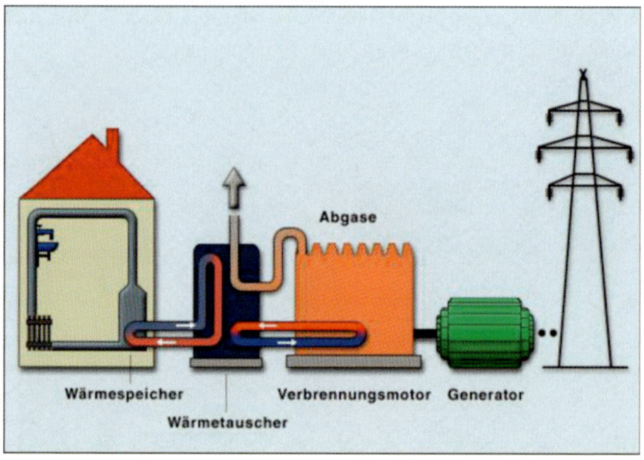


*Abb. 4-63 Blockheizkraftwerk*

**Blockheizkraftwerke sind Anlagen, die gleichzeitig Wärme und Strom erzeugen.**

Man spricht deshalb auch vom System der Kraft-Wärme-Kopplung. Kernstück solcher Anlagen sind Motoren, die in der Regel mit Gas betrieben werden und über einen angekoppelten Generator elektrische Energie erzeugen. Daneben wird dem Motoröl und dem Kühlwasser des Motors Wärme entzogen, die über Wärmeaustauscher an Heizungsanlagen weitergegeben wird. Der verbleibende Dampf ist noch warm genug, um für die Heizung genutzt zu werden. Strom und Wärme kommen daher aus der gleichen Anlage.

BHKW werden überall dort eingesetzt, wo Licht und Wärme rund um die Uhr gebraucht werden, wie etwa in Krankenhäusern, Altenheimen, Schwimmbädern. Die Abwärme dient der Beheizung (Fernwärme) von Wohnungen.

*Stromübertragung vom Kraftwerk zum Verbraucher*
Der erzeugte Strom in den Kraftwerken hat eine Spannung zwischen 10 kV und 21 kV. Das ist für die Steckdose des Endverbrauchers zu hoch, für den möglichst verlustarmen Transport des Stromes über große Entfernungen aber noch zu wenig. Der Strom muss deshalb durch Transformatoren hochgespannt werden – auf bis zu 380 kV – und dann wieder schrittweise auf die Steckdosenspannung von 230 V heruntertransformiert werden.

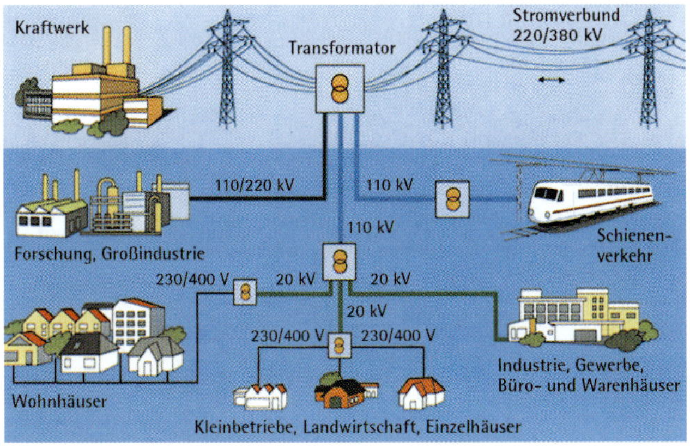


*Abb. 4-64 Stromübertragung vom Kraftwerk zum Verbraucher*

Die Transformierung der erzeugten Generatorspannung in Hochspannung und später in die gewünschte Betriebsspannung erfolgt durch Transformatoren, die ebenso wie Generatoren auf dem Prinzip der elektromagnetischen Induktion beruhen. Durch die Umwandlung der Hochspannung werden Übertragungsverluste vermieden. Transformatoren wandeln niedrige Stromstärken in hohe um und umgekehrt.

**Transformatoren sind Wandler, die elektrische Energie von einem Stromkreis auf einen anderen Stromkreis übertragen. Dabei können sie Spannung und Stromstärke verändern.**

Transformatoren finden vielseitige Anwendungen, z. B.
- Klingeltransformator (Trafos für Spannungen zwischen 6 V und 18 V),
- Stromversorgungsgeräte (Modelleisenbahn, Schülerexperimente),
- Zündspule am Kfz (Zündspannung von 10 kV bis 35 kV),
- Trenntransformatoren (Schutztrennung),
- Hochstromtransformatoren (E-Schweißen, Induktionserwärmung),
- Leistungstransformatoren, Umspanner (zur Fernübertragung der Elektroenergie).

Strom ist immer auf Freileitungen und/oder Kabel angewiesen. Alle elektrischen Leitungen sind untereinander leitend verbunden und bilden zusammen das **Netz**. Unser Versorgungsnetz ist wegen der unterschiedlichen Aufgaben, die es erfüllen muss, in verschiedene Spannungsebenen gegliedert (vgl. Abb. 4-65): das Höchst- (380/320 kV), Hoch- (110 kV), Mittel- (20/10 kV) und Niederspannungsnetz (400/230 V).

| Höchstspannungsnetz | Hochspannungsnetz | Mittelspannungsnetz | Niederspannungsnetz |
|---|---|---|---|

*Abb. 4-65 Netzarten*

Die Energieumwandlungskette ist im Prinzip bei allen herkömmlichen Kraftwerken sowie bei Kraftwerken, die erneuerbare Energien anwenden, anzutreffen.

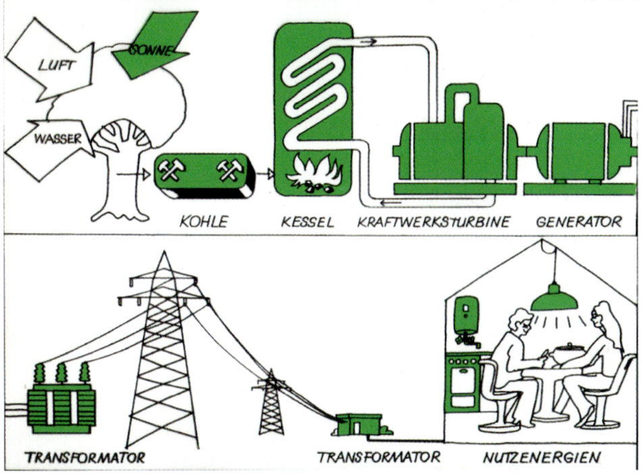


*Abb. 4-66 Energieumwandlungskette*

*Alternative Energiegewinnung mittels Brennstoffzelle*

**Brennstoffzellen sind technische Systeme, in denen z. B. aus Wasserstoff und Sauerstoff durch elektrochemische Reaktionen (Oxidation) Gleichstrom gewonnen wird.**

Der Gleichstrom kann kontinuierlich abgenommen werden. Das Hauptproblem besteht in der Bereitstellung des Wasserstoffs, da reiner Wasserstoff in der Natur nicht vorkommt. Wasserstoff kann z. B. über die Elektrolyse von Wasser oder über die Aufbereitung von Erdgas gewonnen werden.

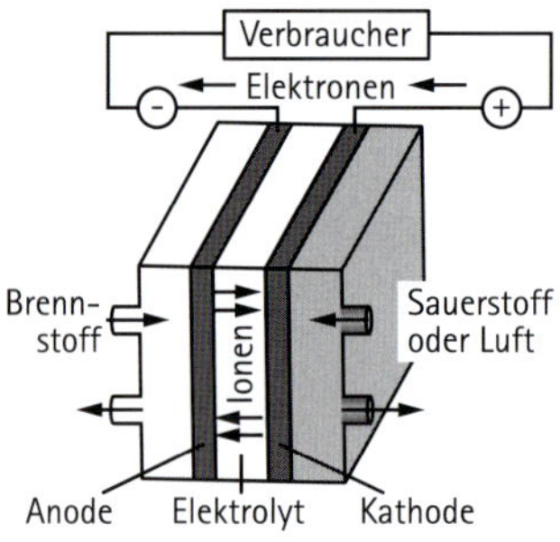


*Abb. 4-67 Aufbau einer Brennstoffzelle*

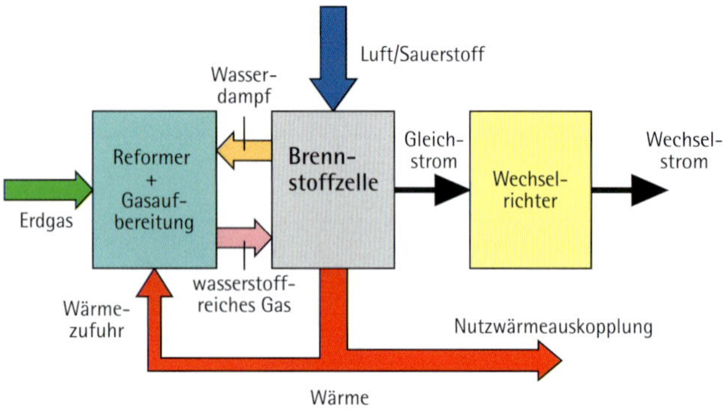


*Abb. 4-68 Funktionsprinzip einer Brennstoffzelle*

Der Einsatz der Brennstoffzelle stellt eine zukunftsorientierte Technologie dar, die sich durch einen hohen Wirkungsgrad sowie niedrigen Schadstoff- und Kohlenstoffdioxidausstoß auszeichnet. Sie erfüllt damit wichtige Anforderungen an eine umweltschonende Energieversorgung. Die Brennstoffzellentechnologie findet in drei Bereichen Anwendung:

- stationär (Heizgeräte),
- mobil (Notstromversorgungsgeräte, Pkw),
- portabel (Laptops, Messgeräte, Campingbereich).

**A**

**Nutzen Sie Ihre Kenntnisse aus dem Physikunterricht.**

1. **Erläutern Sie den Begriff „Elektromagnetische Induktion"!**
2. **Beurteilen Sie, warum der Wirkungsgrad niemals den Wert 1 erreichen kann!**
3. **Erläutern Sie den Aufbau und das Wirkungsprinzip eines Transformators!**
4. **Nennen Sie Vor- und Nachteile der Brennstoffzelle gegenüber konventionellen energieerzeugenden Systemen!**
5. **Wie funktioniert ein Brennstoffzellenkraftwerk?**
6. **Weshalb ist fotovoltaisch durch Elektrolyse erzeugter Wasserstoff derzeit nicht als Brennstoff vorgesehen?**

### 4.3.2 Einsatz erneuerbarer Energien

Seit Jahrtausenden nutzt der Mensch natürliche Energiequellen, die erneuerbare (regenerative) Energien liefern. So belegen über 5000 Jahre alte ägyptische Felsenbilder den Einsatz von ersten Segelschiffen und somit die Nutzung der Windenergie. Wasserräder lassen sich in China und im vorderen Orient bis ins 3. Jahrtausend v. Chr. zurückverfolgen. Bereits seit dem 14. Jahrhundert baute man in Norddeutschland drehbare Windmühlen und Wasserräder für den Antrieb von Mahlwerken, Sägewerken sowie Wasserpumpen.

Unter ökologischen (Umwelt-)Gesichtspunkten wird unterschieden zwischen „regenerativen" Energiequellen, also solchen, die sich erneuern, und den nicht erneuerbaren Energiequellen.

Regenerativ sind z. B. die Sonnenenergie, Wasserkraft, Wind, Holz und andere nachwachsende Pflanzen (= Biomasse). Diese Energieformen nennt man auch „alternative Energie". Fossile Energieträger, d. h. Erdöl, Kohle, Erdgas und auch Kernbrennstoffe, sind nicht erneuerbar, jedenfalls nicht innerhalb absehbarer Zeiträume.

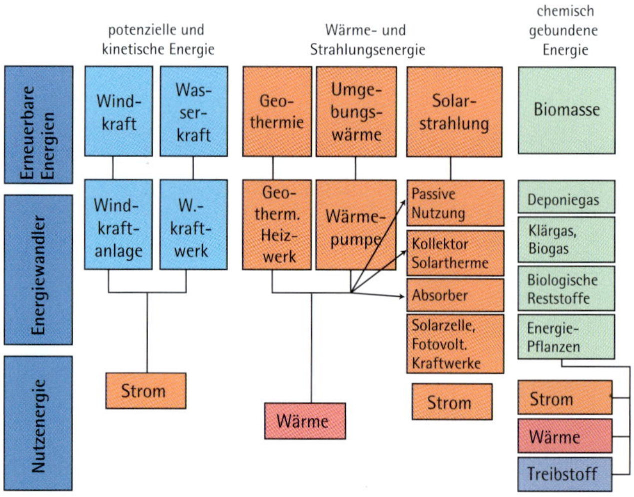


Abb. 4-69 Umwandlungssysteme erneuerbarer Energien

Die regenativen Energien haben aber auch Handicaps. Die Natur bietet sie nicht stetig an, Wind wechselt mit Flauten, die Sonneneinstrahlung ist nicht nur durch den Tag-/Nachtrhythmus geprägt, sondern auch von jahreszeitlichen und witterungsbedingten Schwankungen gekennzeichnet. Nutzbare Wassermengen stehen z. B. wegen ausbleibender Niederschläge nicht ständig und in gleichbleibendem Umfang zur Verfügung. Ziel ist es trotzdem, den Anteil regenerativer Energien zu vertretbaren wirtschaftlichen Bedingungen so weit wie möglich zu erhöhen.

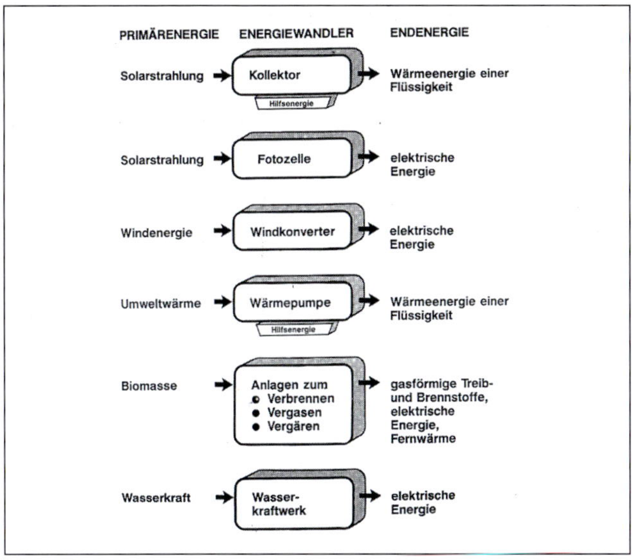


*Abb. 4-70 Umwandlung regenerativer Energien in Endenergie (Quelle: ASE)*

## Energieumwandlung in Wasser- und Windkraftwerken

**Die Energie des aufgestauten bzw. fließenden Wassers wird als Wasserkraft bezeichnet.**

Laufwasserkraftwerke nutzen das natürliche Gefälle des Flusses. Speicherkraftwerke (Pumpspeicherwerke) nutzen den Wasserdruck und die große Fallhöhe. Da der Bedarf an Elektroenergie im Laufe eines Tages sehr unterschiedlich, aber auch von den Jahreszeiten abhängig ist, wird z. B. im Winter mehr Energie für Heizung und Beleuchtung benötigt. Weil man Elektroenergie nur bedingt speichern kann, muss deren Erzeugung auf den Bedarf abgestimmt werden. Dies erfolgt durch den Bau und den Einsatz entsprechender Kraftwerkstypen.

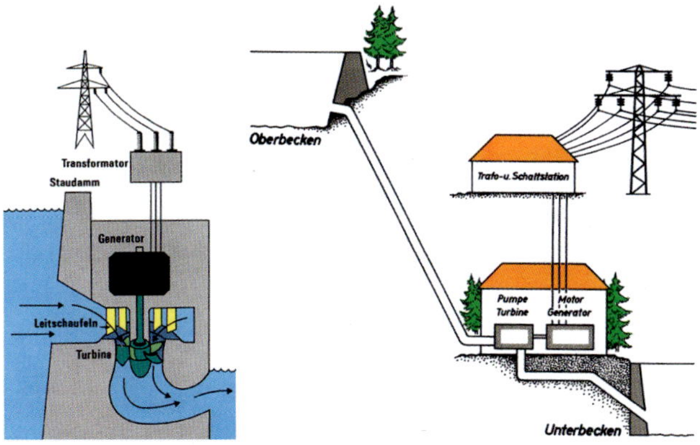


*Abb. 4-71 Wasser- und Pumpspeicherkraftwerk*

Bei einem Pumpspeicherwerk wird elektrische Energie erzeugt, indem Wasser aus dem oberen Speicherbecken über eine Turbine, die einen Generator antreibt, in das untere Becken fließt. Die erzeugte Energie speist man in das Leitungsnetz ein, um die Verbraucherspitzen (maximaler Energiebedarf) abzudecken.

**Mit Windkraftanlagen wird die Strömungsenergie des Windes in Elektroenergie umgewandelt.**

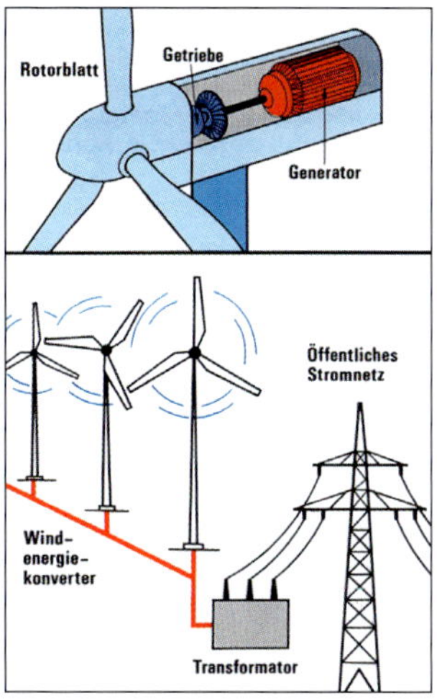


*Abb. 4-72 Windkonverter*

**Windkonverter (Windumwandler) bestehen aus dem Propeller (Rotor) und dem Generator, die durch ein Getriebe miteinander verbunden sind.**

Mit Windkraftanlagen kann das kostenlose Energieangebot des Windes für die Elektroenergieerzeugung wirtschaftlich genutzt werden. Windmühlen dienen als Vorbild der Windkraftanlagen.

*Direkte Nutzung der Sonnenenergie*

Die Nutzung der Sonnenenergie erfolgt durch Umwandlung in elektrische Energie (Fotovoltaik) oder durch Umwandlung in Wärmeenergie (Solarthermie). Solar- bzw. Sonnenkraftwerke können ebenfalls als Wärmekraftwerke bzw. in Kopplung mit ihnen betrieben werden.

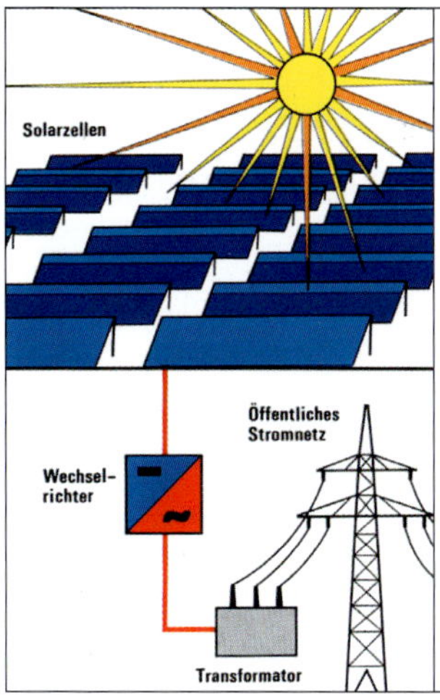


In solarthermischen Kraftwerken kann die Sonnenenergie beispielsweise für Dampferzeugung zum Antrieb von Turbinen genutzt werden. Die Sonnenenergie wird mit Kollektoren aufgefangen und in thermische Energie umgewandelt.

*Abb. 4-73 Solarkraftwerk*

Um höhere Temperaturen zu erreichen, wird die Sonnenstrahlung mit Spiegeln konzentriert.

### Fotovoltaik und Solarthermie

Weitaus eleganter als über den Umweg eines solaren Wärmekraftwerkes lässt sich Strom mithilfe von Solarzellen direkt aus Sonnenlicht umwandeln.

**Fotovoltaik bedeutet, dass die Energie des Sonnenlichtes mit Solarzellen direkt in elektrische Energie umgewandelt wird.**

*Abb. 4-74 Solardach*

Solarzellen und Fotovoltaikanlagen können zum Betrieb elektrischer (Klein-)Geräte genutzt werden.

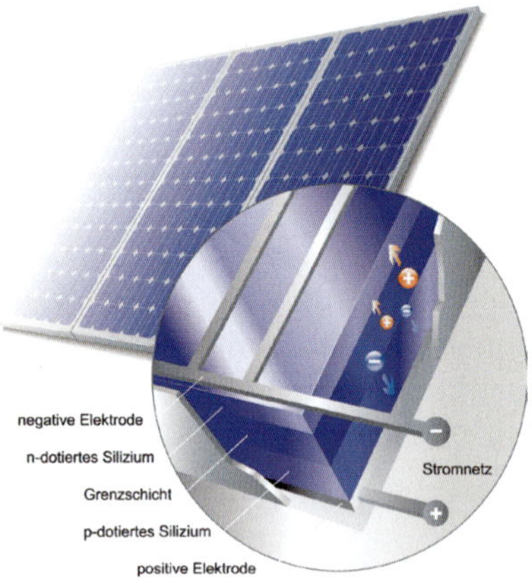


*Abb. 4-75 Solarzellenaufbau*

*Abb. 4-76 Solar-Taschenrechner*

Solarzellen aus Silizium wandeln Sonnenlicht direkt in elektrische Energie um. Je stärker der Lichteinfall, desto höher ist die Spannung.

Bei der Solarthermie wird durch Sonnenkollektoren auf direktem Wege aus der Wärmestrahlung der Sonne thermische Energie gewonnen, die u.a. zur Warmwasseraufbereitung, z.B. bei der Schwimmbadheizung, genutzt werden kann.

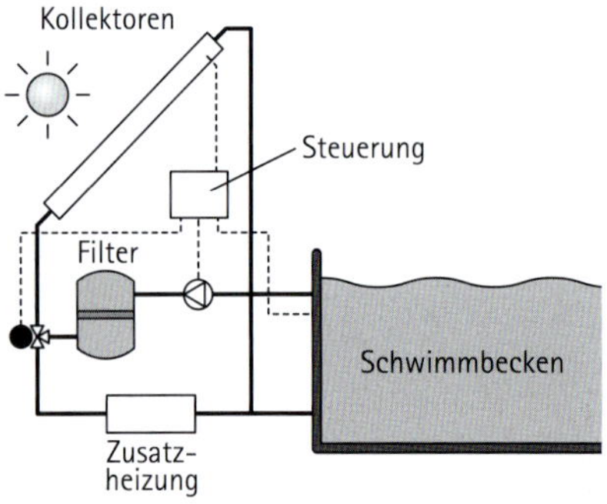


*Abb. 4-77 Brauchwasserbereitstellung für ein Schwimmbad*

**Die energetische Nutzung von Sonnenlicht durch Absorption und Umwandlung von Wärme wird als Solarthermie bezeichnet.**

Primärenergie → Wandeln der Energie ← Endenergie

Sonneneinstrahlung | ↓ Kollektor | Wärmeenergie einer Flüssigkeit

**Solarkollektoren wandeln die Lichtenergie der Sonne direkt in Wärme um.**

Das Prinzip eines Solarkollektors lässt sich wie folgt beschreiben: Eine schwarz gefärbte Empfangsfläche nimmt die Sonnenenergie direkt auf (absorbiert) und wandelt sie in Wärme um. Dieser sogenannte Absorber wird von einem Wärmeträger (z.B. Wasser oder Luft) durchströmt, mit dem die Wärme transportiert wird.

*Abb. 4-78 Modell Solarkollektor*

Eine Solaranlage zur Brauchwassererwärmung besteht aus Kollektor, Solarspeicher, Wärmeaustauscher, Umwälzpumpe und Wasserleitung. Der Wirkungsgrad eines Sonnenkollektors ist u.a.

- von der Intensität der Sonneneinstrahlung,
- von der Größe,
- vom Absorptionsgrad und
- von der Isolation

abhängig.

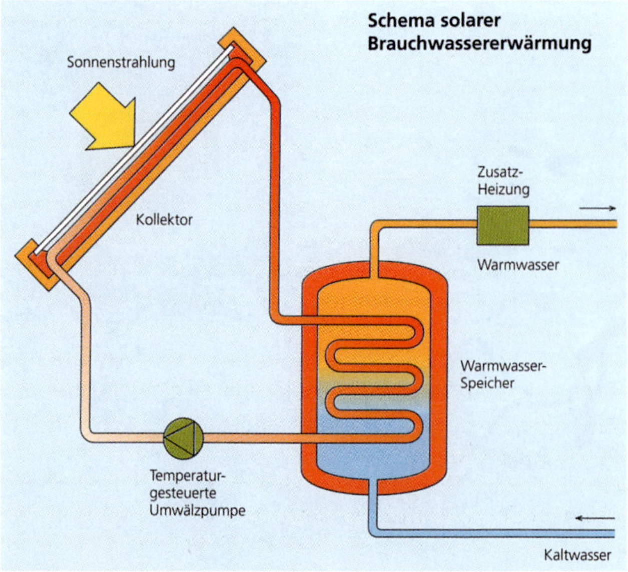


*Abb. 4-79 Schema einer solaren Brauchwasseranlage*

*Selbstversorgung mit Solarstrom*

Beispiel Gartenteichanlage: Eine solarbetriebene Wasserfallpumpe eines kleinen Gartenteiches benötigt bei einem „Direktantrieb" ein Solarzellenmodul, dessen Nennspannung mit der höchstzulässigen Betriebsspannung des Pumpenmotors übereinstimmt. Wird ein Solarmodul angewendet, das nicht den erforderlichen (minimalen) Nennstrom an den Pumpenmotor liefern kann, kann sich das Solarmodul bei kräftigem Sonnenschein zu sehr aufheizen und eventuell zerstört werden.

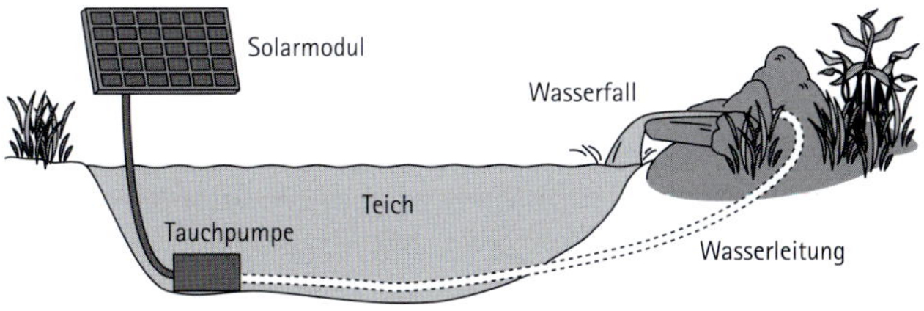


*Abb. 4-80 Gartenteich-Solaranlage*

*Solararchitektur*

Während die Fotovoltaik und die Solarthermie die Sonnenenergie aktiv nutzen, stellt die Solararchitektur eine passive Nutzung der Sonnenenergie dar. Die Solararchitektur gestaltet Gebäude möglichst klimagerecht, um die Sonnenenergie optimal zu nutzen. Ziel dabei ist es, die Sonnenenergie zu sammeln, zu speichern und im Gebäude zu verteilen, damit zu jeder Tages- und Jahreszeit ein behagliches Raumklima geschaffen werden kann. Hierzu zählt zunächst ein energieeffizientes Bauen der Gebäude, unter anderem durch:

- Art und Größe der Fenster und deren Ausrichtung nach Süden,
- einen Wintergarten (Verringerung der Wärmeverluste durch die vorgebaute Glashülle),
- transparente Wärmedämmung,
- Einsatz von Wärmepumpen.

(vgl. dazu auch Abschn. 3.2.5).

*Abb. 4-81 Solararchitektur (Wintergarten)*

**Geothermie – Wärme aus der Tiefe und der Luft**

*Wärmequelle Erdwärme und Grundwasser*

Die Erde ist ein riesiger Wärmespeicher. Diese natürliche Wärmeenergie, die aus dem Erdinneren kommt und zum Teil durch radioaktiven Zerfall entsteht, bezeichnet man als geothermische Energie.

Erdwärme kann zur Wärmeversorgung dienen und/oder zur Stromerzeugung genutzt werden. Erdwärme ist überall vorhanden und steht als Energieangebot verlässlich zur Verfügung. Bekannte Erdwärmequellen sind Thermalwasserfelder oder Wasserdampffelder (Geysire).

**Erdwärme ist eine Form der erneuerbaren Energie, indem die natürliche Wärmeenergie der Erde (heißes Wasser, Dampf) genutzt wird.**

*Einsatz einer Wärmepumpe*

Nahe der Erdoberfläche (bis etwa 10 m Tiefe) steht auch die gespeicherte Sonnenwärme im Boden zur Verfügung. Mit Erdkollektoren wird sie über ein frostsicheres Arbeitsmittel entnommen, das durch die Rohre fließt und die Wärme an den Verdampfer der Wärmepumpe abgibt.

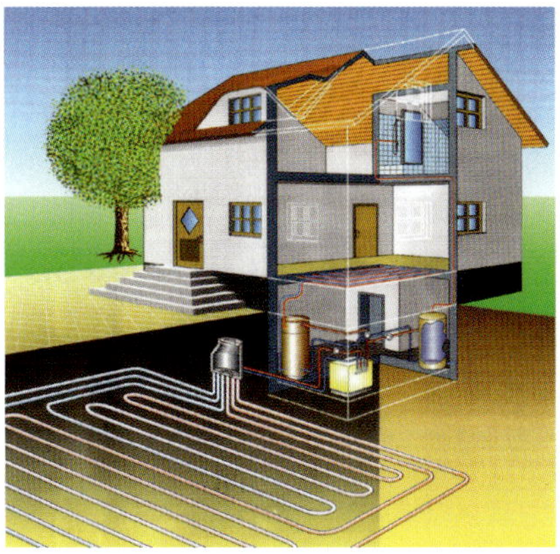

*Abb. 4-82 Energie aus dem Erdreich*

Grundwasser ist ebenfalls ein guter Speicher von Sonnenwärme und bietet ideale Voraussetzung für den Einsatz einer Wärmepumpe. Dazu werden Bohrungen bis in ca. 100 Meter Tiefe vorgenommen. Mithilfe einer Unterwasserpumpe wird heißes Wasser an die Oberfläche befördert und dem Verdampfer der Wärmepumpe zugeführt, der dem Wasser die Wärme entzieht.

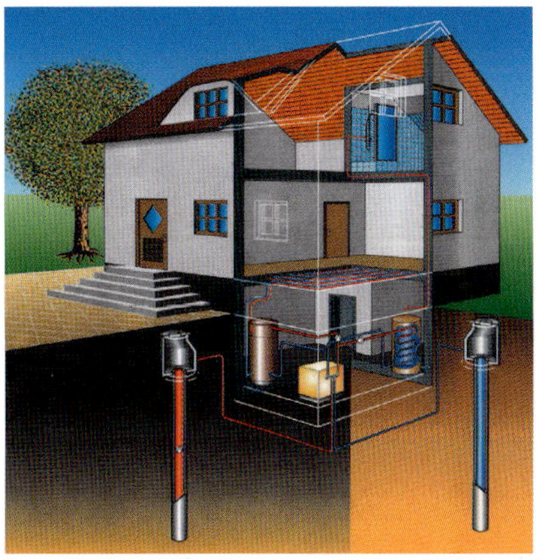

*Abb. 4-83 Energie aus dem Grundwasser*

*Wärmequelle Luft und Sonne*
Ohne großen baulichen Aufwand kann Luft als Wärmequelle erschlossen werden. Ventilatoren führen die Außenluft am Verdampfer der Wärmepumpe vorbei, wobei ihr Wärme entzogen wird. An den wenigen sehr kalten Tagen des Jahres unterstützt ein Elektroheizstab die Wärmepumpe.

*Abb. 4-84 Wärmequelle Luft*

*Abb. 4-85 Wärmequelle Sonne*

*Massiv-Absorber-Wärmequelle*
Beton kann Wärme von allen Baustoffen am besten leiten und dadurch Umweltwärme aus Luft, Regenwasser, Sonnenstrahlung und Erdreich speichern und weitergeben. Die absorbierte Umweltwärme wird an einen Flüssigkeitskreislauf innerhalb im Absorber einbetonierter Kunstoffrohrregister abgegeben und einer Wärmepumpe zugeführt.

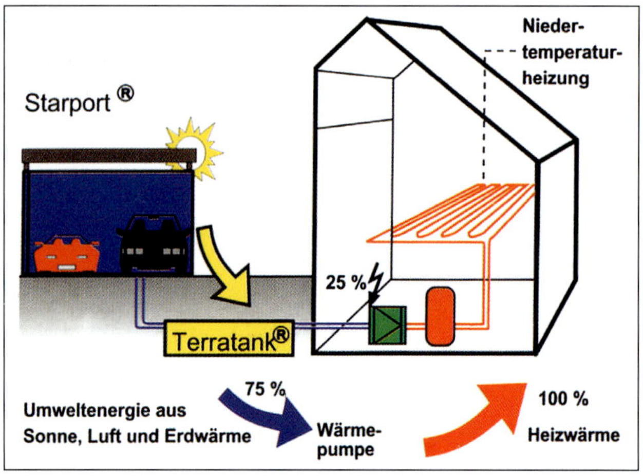


*Abb. 4-86 Massiv-Absorber-Wärmequelle*

**Die Wärme des Erdreiches, des Grundwassers und der Luft wird mit Wärmepumpen für Heizzwecke und Warmwasseraufbereitung nutzbar gemacht.**

### Technische Systeme zur Nutzung von Erd- und Sonnenwärme

**Eine Wärmepumpe ist nur indirekt auf Sonnenschein angewiesen. Sie arbeitet mit der im Boden, im Grundwasser und in der Luft gespeicherten Sonnenwärme.**

Wärmepumpen transportieren die Wärme aus der Umwelt von einer niedrigeren auf eine höhere Temperatur, die dann zum Heizen eines Gebäudes verwendet werden kann.

*Abb. 4-87 Wirkungsweise der Wärmepumpe*

*Wärmepumpen nutzen Umgebungswärme*
Die Wärmepumpe arbeitet im Prinzip wie ein Kühlschrank: gleiche Technik, nur umgekehrter Nutzen. Sie entzieht einer „kalten Umgebung" ebenfalls Wärme und pumpt sie auf ein Temperaturniveau, das völlig ausreicht, um ein Haus zu beheizen.

Mit einer Kältemaschine wird dem zu kühlenden Raum, beispielsweise im Inneren des Kühlschranks, Wärme entzogen und an die Umgebung abgegeben.
Bei Erdreich-Wärmepumpenanlagen werden die Leitungen des Wärmetauschers großflächig schlangen- und mäanderförmig im Erdreich verlegt. Die erforderliche Vorlauftemperatur der Heizanlage sollte möglichst gering sein, um eine gute Leistungszahl zu erreichen. Deshalb sind Wärmepumpen für Niedrigtemperaturheizungen besonders energiesparend.

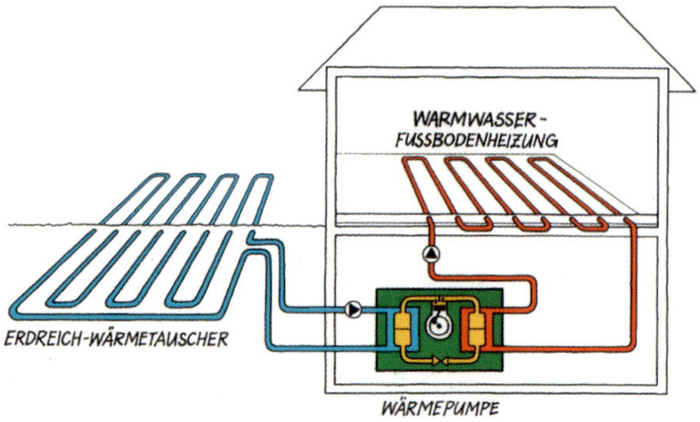


*Abb. 4-88 Erdreich-Wärmepumpe mit Fußbodenheizung*

Wärmepumpen werden allein – **monovalent** – oder in Kombination mit einer Brennstoffheizung – **bivalent** – betrieben.

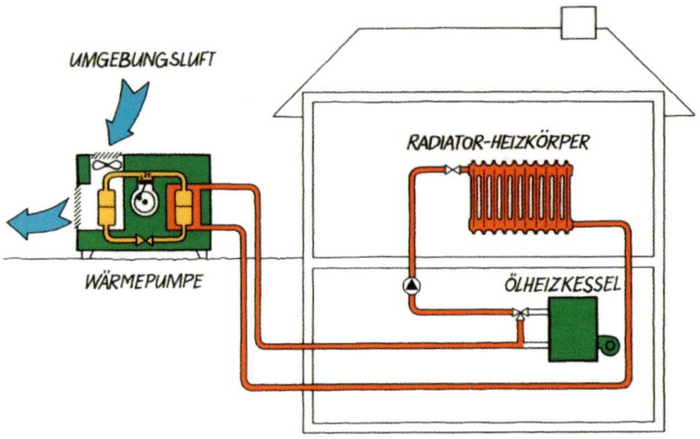


*Abb. 4-89 Schema einer bivalenten Wärmepumpenanlage*

In bivalenten Anlagen sind nur Energieabsorber sinnvoll. Energieabsorber sind großflächige Wärmeaustauscher auf Dächern und Fassaden, die der Umgebungsluft Wärme entziehen und zusätzlich durch Sonneneinstrahlung erwärmt werden können. Da die Leistungszahlen bei tiefen Außentemperaturen und hohen Heiztemperaturen relativ klein sind, kann durch eine bivalente Betriebsweise die Wärmepumpe an sehr kalten Tagen durch die Brennstoffheizung entlastet oder ganz ersetzt werden.

*Warmwasserbereitung mit der Sonne*
Warmwasserbereitung kann durch die Heizungswärmepumpe erfolgen. Allerdings bieten sich auch Alternativen an. Ideal ist die Kombination von Solarkollektoren mit einer Wärmepumpe (vgl. auch Seite 67).

*Die Wärmepumpe in der Wohnungsbelüftung*
Frische Außenluft wird angesaugt und in das Zentralgerät geführt, das im Wesentlichen aus Filter, Wärmetauscher und einer Wärmepumpe besteht. Verbrauchte Luft wird aus dem Innenraum abgesaugt und über den Wärmetauscher geführt, wobei rund 60 % der Wärme auf die einströmende Außenluft übertragen werden. Durch eine Wärmepumpe wird der Abluft zusätzlich Wärme entzogen und zur Erwärmung der Zuluft, ggf. auch zur Heizung und Warmwasserbereitung, verwendet.

Eine Wohnungslüftungsanlage mit Wärmerückgewinnung bietet für Niedrigenergiehäuser einen hohen Wohnkomfort bei geringem Energieverbrauch.

*Energiegewinnung aus Biomasse und Müll*

**Biomasse ist die Gesamtheit aller lebenden, toten und zersetzten Organismen und der von ihnen stammenden organischen Substanz.**

Pflanzliche Stoffe wie Holz, Stroh, Öl und zuckerhaltige Pflanzen, Algen, aber auch Papier, Hausabfälle und Klärschlämme eignen sich besonders zur Energiegewinnung. Aus dem Kohlenstoffdioxid der Luft sowie Wasser und Mineralien aus dem Boden baut die Pflanze mithilfe der Sonnenenergie ihre Struktur auf. Somit kann die Biomasse als Umsetzungsprodukt der Sonne bezeichnet werden. Bei der Verrottung oder durch bakterielle Umsetzungsprozesse dieser organischen Substanzen entstehen Biogase.

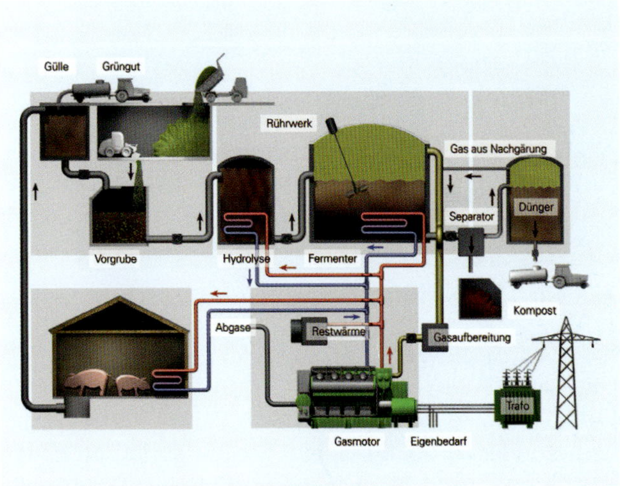


*Abb. 4-90 Aufbau einer Biogasanlage*

Durch Verbrennen der Biomasse, Vergasung, Gärung bzw. Mahlen oder Raffination (Reinigung und Veredlung) wird Energie gewonnen.

Auch Deponiegas wird mithilfe eines netzartig verlegten Drainagesystems zur Wärmeversorgung im Nahbereich (z. B. Gärtnereien, Wohnungen) eingesetzt.

Bei Müllverbrennungsanlagen wird der Müll durch Rotorscheiben zerkleinert und verbrannt. Dabei entsteht Schwelgas. Diesem wird Wärme entzogen und zur Stromerzeugung genutzt.

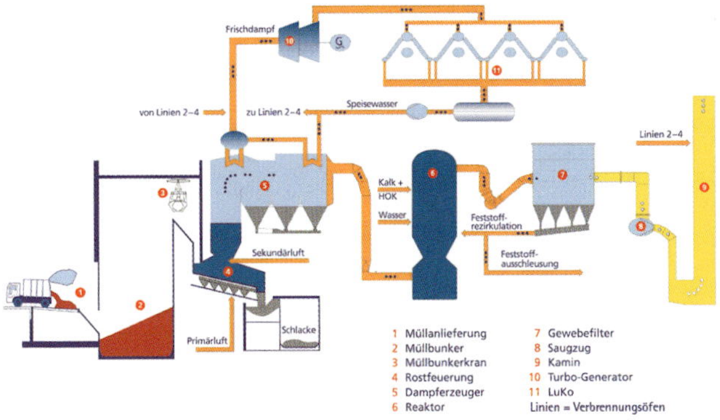


*Abb. 4-91 Müllverbrennungsanlage*

### 4.3.3 Versorgung und Entsorgung im Haushalt

*Wärmeversorgung*

Wärme lässt sich in einem Raum, dessen Temperatur sich von der Umgebungstemperatur unterscheidet, nicht einschließen. Sie fließt vom höheren zum niedrigeren Temperaturniveau, d. h. nur von der warmen zur kalten Seite. Bei gleicher Temperatur tritt kein Wärmefluss auf. Der Wärmestrom gleicht bestehende Temperaturgefälle aus, sodass Wärmeenergiewanderung

- durch Konvektion (z. B. Luftzug),
- durch Abstrahlung,
- durch Wärmeleitung

erfolgt.

*Abb. 4-92 Wärmebildwanderung durch Konvektion*

Spezielle Fotoaufnahmen machen sichtbar, an welchen Stellen viel oder wenig Wärme abgegeben wird (Abb. 4-92). An den roten Stellen ist die Wärmeabgabe besonders groß, an blauen Stellen gering. In einem Haus gehen große Mengen der thermischen Energie, die in der Heizungsanlage gewonnen wird, an die Umgebung durch Wärmeabgabe verloren.

**Heizungssysteme erzeugen Wärme aus der chemischen Energie von Brennstoffen oft in Verbindung mit der Sonnenstrahlung, der Erdwärme oder der Luft.**

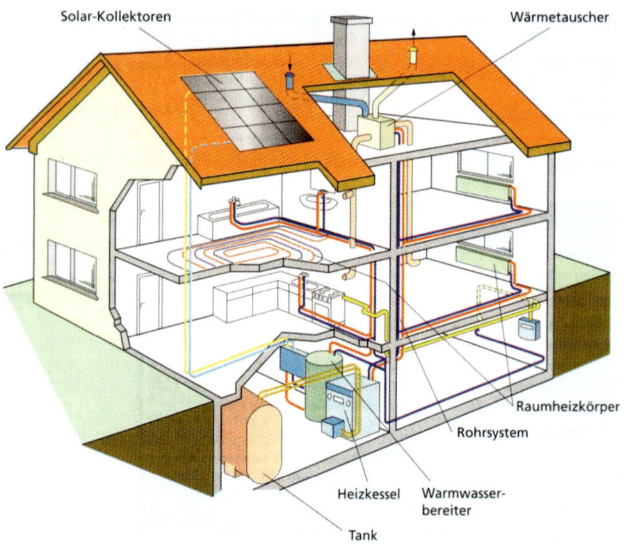


*Abb. 4-93 Heizungssystem*

*Die Versorgung mit Elektroenergie*

Elektroenergie wird im Haushalt vielfältig eingesetzt. Wir betätigen einen Schalter und im gleichen Moment leuchtet eine Glühlampe, das Fernsehgerät liefert Bild und Ton, der Staubsauger ist betriebsbereit und die Elektroplatte wird warm.

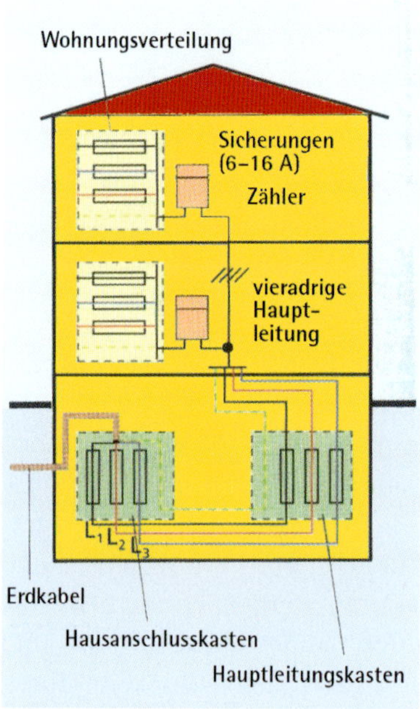


*Abb. 4-94 Hausanschluss*

**Der Hausanschluss ist die Übergabestelle der Elektroenergie von Energieversorgungsunternehmen an den Nutzer.**

Eine normgerechte Elektroinstallation ist nötig, um die vielen elektrischen Geräte problemlos anschließen zu können. Durch sogenannte Verteilersysteme wird die Elektroenergie als Licht, mechanische Arbeit und Wärme genutzt.

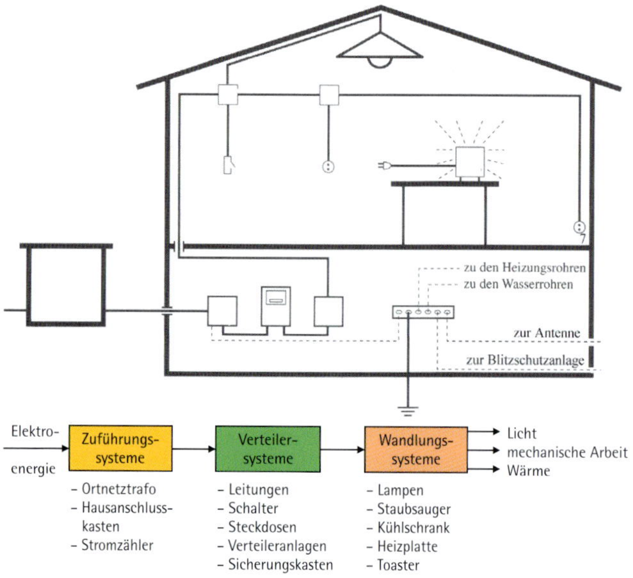


*Abb. 4-95 Verteilersysteme des elektrischen Stromes*

*Installationsgrundschaltungen*

In unseren Wohnhäusern finden wir einige Grundschaltungen zur Installation von Beleuchtungsanlagen. Unter Verwendung genormter Schaltzeichen der Elektroinstallationsschaltpläne entstehen sogenannte Installationspläne (Anordnungspläne), in denen die elektrischen Betriebsmittel wie Lampen, Schalter, Steckdosen, Verteilerdosen an der Stelle eingezeichnet sind, an der sie sich nach Bauausführung befinden sollen.

**Elektroinstallationspläne legen in vereinfachter, genormter Form die Lage elektrischer Betriebsmittel fest.**

Es gibt mehrere Schaltsymbole, daher können diese in der Schule anders aussehen als diejenigen, die in Industrie und Handwerk verwendet werden.

**Schrittfolgen beim Experimentieren**

Aus Sicherheitsgründen werden bei Schülerexperimenten Schutzkleinspannungen verwendet.

**Auf Folgendes ist zu achten:**

1. Lesen des Schaltplanes
   - Bedeutung der verwendeten Schaltzeichen
   - Feststellen der möglichen Schaltzustände der Schaltgeräte
   - Wirkung des elektrischen Stromes bei den ermittelten Schaltzuständen untersuchen
   - Zweck der elektrischen Schaltung erklären
2. Richtige Auswahl der Bauteile und deren lagegerechte Anordnung nach Schaltplan
3. Aufbau der Schaltung
   Beachten Sie die richtige Reihenfolge der Installation:
   – Nulleiter (N)
   – Sicherung
   – Schalter
   – Betriebsmittel (z.B. Glühlampe, Hupe)
   – Spannungsführender Leiter (L)
4. Vor der Funktionsprobe die aufgebaute Schaltung mit dem Schaltplan vergleichen und durch den/die Lehrer/in überprüfen lassen.

Lampenschaltungen werden je nach Beleuchtungszweck unterschiedlich ausgeführt.

| | |
|---|---|
| 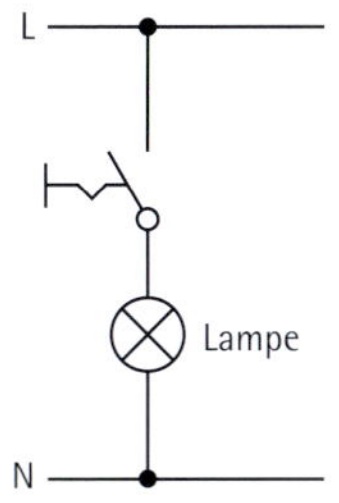 | **Ausschaltung:**<br>Mit einem Schalter wird eine Lampe bzw. Lampengruppe ein- und ausgeschaltet.<br>Anwendung u.a. in der Küche, im Bad, im Wirtschaftsraum. |
| 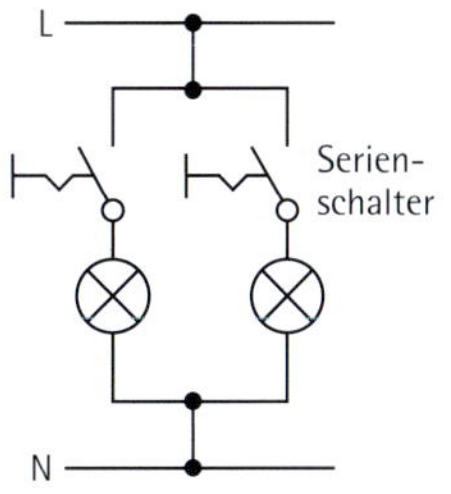 | **Serienschaltung:**<br>Mit zwei voneinander unabhängigen Schaltern werden zwei Lampen bzw. Lampengruppen von einem Ort aus ein- und ausgeschaltet.<br>Anwendung u.a. im Wohnzimmer (Kronleuchter), im Klassenzimmer. |
| 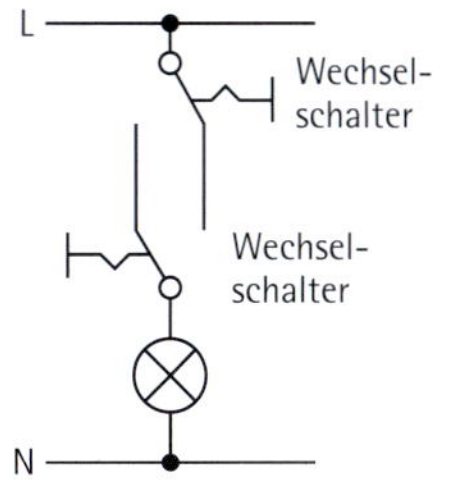 | **Wechselschaltung:**<br>Mit zwei Schaltern wird von zwei verschiedenen Orten aus eine Lampe bzw. Lampengruppe unabhängig voneinander ein- und ausgeschaltet.<br>Anwendung u.a. im Flur, in der Diele, im Durchgangszimmer. |
| 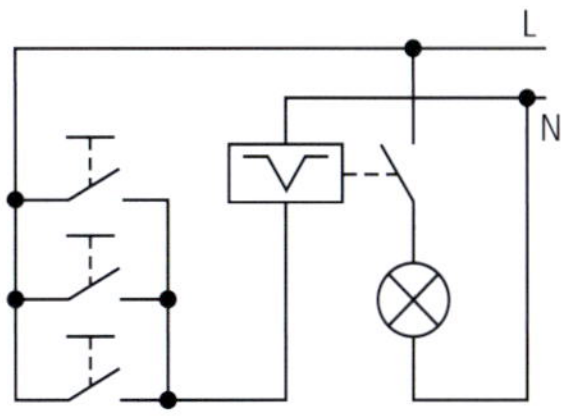 | **Stromstoßschaltung:**<br>Eine Glühlampe ist von beliebig vielen Stellen mittels Taster schaltbar. Bei jeder Betätigung eines Tasters wird der Schaltstromkreis geschlossen. Der Stromstoßschalter eines Relais erhält einen Impuls und ändert die Schalterstellung im Lampenstromkreis. Die nachfolgende Betätigung eines Tasters hat einen neuen Impuls zur Folge (Stromstoß). Der Schaltkontakt im Lampenstromkreis nimmt seine ursprüngliche Lage wieder ein.<br>Anwendung u.a. im Treppenaufgang eines Mehrfamilienhauses, in Werkhallen. |
| 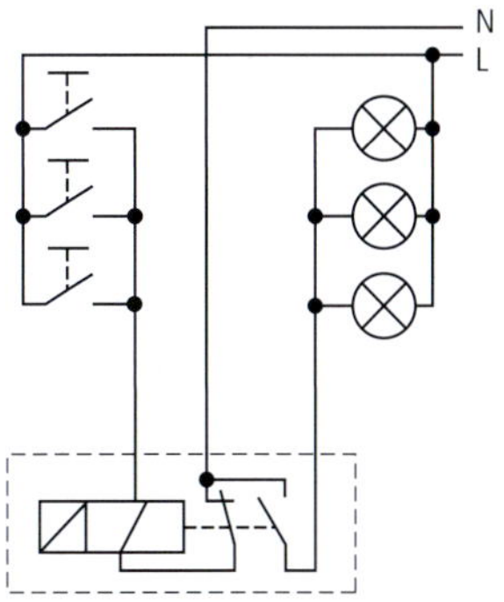 | **Treppenhauszeitschaltung:**<br>Mit mehreren Tastern werden von verschiedenen Stellen (Etagen) aus alle Lampen des Treppenhauses eingeschaltet. Das Ausschalten erfolgt automatisch mit Zeitverzögerung. Als Schalter wird ein elektronisches Stromrelais mit Zeitverzögerung verwendet.<br>Anwendung u.a. im Treppenaufgang eines Mehrfamilienhauses. |

*Tab. 4-9 Installationsschaltung zur Wohnraumbeleuchtung*

*Wasserversorgung und Abwasserentsorgung*
Nachdem das Wasser die verschiedenen Reinigungsstufen im Wasserwerk durchlaufen hat, wird es in großen Behältern gespeichert. Über ein Rohrleitungssystem gelangt das Wasser mithilfe von Pumpstationen zum Verbraucher. In den Rohrleitungen werden Ventile eingesetzt, die sich selbstständig öffnen und schließen, um eine Durchfluss- und Druckregulierung des Wassers zu ermöglichen – sogenannte Verteilersysteme.

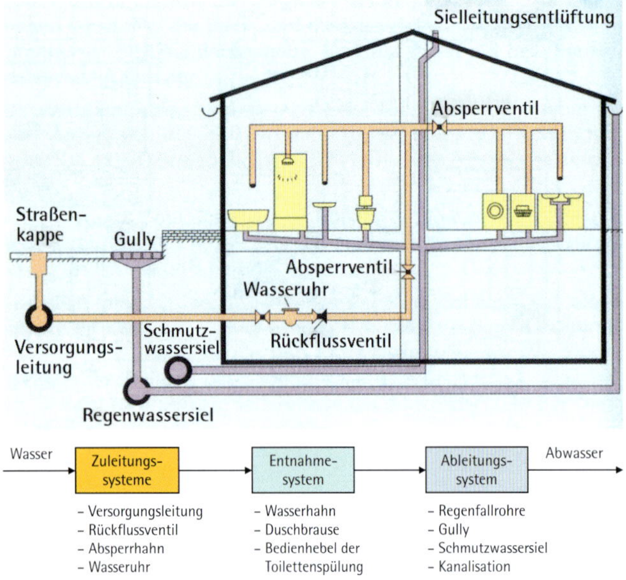


*Abb. 4-96 Verteilersystem Wasser/Abwasser*

*Regenwassernutzungsanlage*
Der Verbrauch von kostbarem und teurem Trinkwasser lässt sich mit dem Einbau einer Regenwassernutzungsanlage reduzieren. Durch das Rohrsystem wird das Regenwasser von den Dachflächen in einen unterirdischen Tank geleitet und dort gesammelt. Vorher wird es durch Filter von Schmutzteilchen gereinigt – ist jedoch nicht hygienisch rein. Mit einem Hauswasserwerk wird das gesammelte Regenwasser aus dem Erdtank gepumpt und an die einzelnen Wasserverbrauchstellen (Waschmaschine, WC, Gartenbewässerung) geleitet.

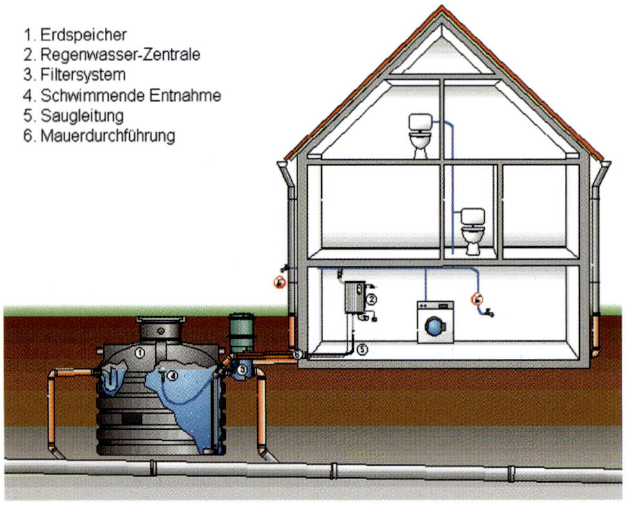


*Abb. 4-97 Regenwassernutzungsanlage*

**A**

**1. Notieren Sie folgende Übersicht an elektrischen Geräten nach ihren vorrangigen Nutzenergieformen!**

| thermische Energie | | Lichtenergie | mechanische Energie | |
|---|---|---|---|---|
| Wärme | Kälte | Licht | mechanische Bewegung | akustische Signale |
| ... | | | | |

**2. Erkundigen Sie sich, wie man Trinkwasser gewinnt und/oder wie man Abwasser reinigt!**

**3. Erkundigen Sie sich nach technischen Möglichkeiten, um den Wasserverbrauch im Haushalt zu senken!**

**4. Ermitteln Sie von Originalteilen den entsprechenden Werkstoffeinsatz und ergänzen Sie die Übersicht!**

| Teil | Werkstoff | Begründung des Werkstoffes |
|---|---|---|
| Wasserhahn | | |
| Dichtungsring | Gummi | elastisch |
| Zuleitungsrohr | | lötbar, leicht zu bearbeiten |
| Ableitungsrohr | | klebbar |

# 4.4 Steuer- und Reglungstechnik

**Historisches**

Die ersten selbsttätigen Steuerungen gab es schon in der Antike. Noch heute bekannt ist die Nachfülllampe des *Philon* aus Byzanz (etwa 200 v. Chr.).

So entwarf und baute der Gelehrte *Heron von Alexandria* etwa 100 v. Chr. einen Weihwasserautomaten, der bei Einwurf einer Münze einige Tropfen Weihwasser abgab (Abb. 4-98). Hier wurde das Prinzip der Schwerkraft genutzt. Die eingeworfene Münze fiel auf eine kleine Platte, die sich am längeren Ende eines Hebels befand. Das Gewicht der Münze bewirkte eine Bewegung nach unten und auf der anderen Hebelseite wurde ein Ventil kurz geöffnet, sodass einige Tropfen Weihwasser ausfließen konnten. Nachdem die Münze in einen Sammelbehälter gefallen war, bewegte der Hebel sich wieder nach oben und verschloss das Ventil.

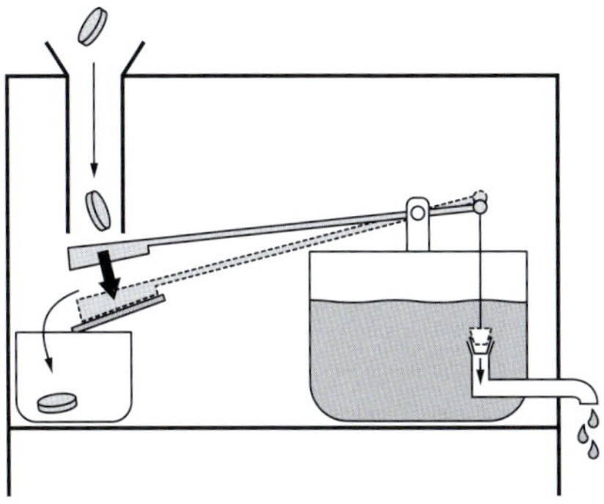

*Abb. 4-98 Weihwasserautomat*

Ein weiterer Automat, den ebenfalls *Heron* entwickelte, diente dem selbsttätigen Öffnen von Tempeltüren (Abb. 4-99). Bei dieser Erfindung nutzte er die Ausdehnung der Luft beim Erwärmen und das dadurch verdrängte Wasser in einem Druckbehälter.

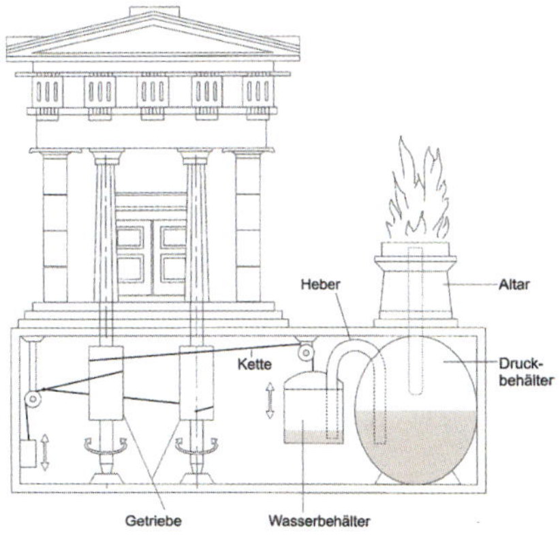


*Abb. 4-99 Automatische Öffnung von Tempeltüren*

Während diese Beispiele und andere, wie das Schließen der Grabkammern in den Pyramiden, kultischen Zwecken dienten, wurden später Steuerungen geschaffen, die im Arbeitsprozess zur Produktionssteigerung eingesetzt wurden. Meilensteine auf dem Weg zur modernen Automatisierungstechnik waren Erfindungen wie ein lochkartengesteuerter Webstuhl von J. M. Jaquard (1805, Abb. 4-100) und der Fliehkraftregler an der Dampfmaschine von J. Watt (1786, Abb. 4-101).

*Abb. 4-100 Lochkarten für den gesteuerten Webstuhl*

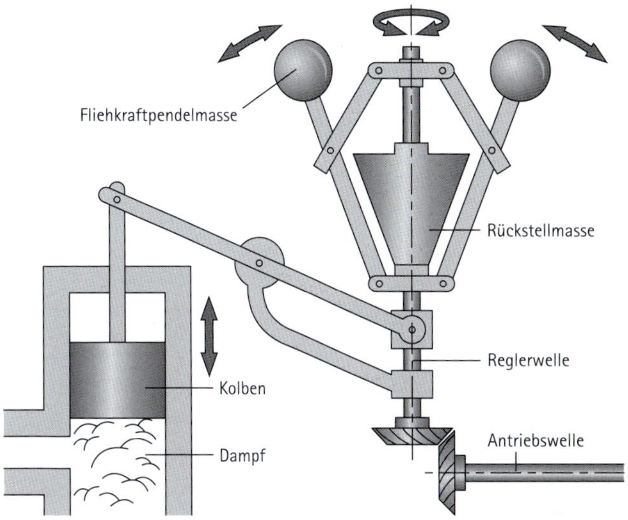


*Abb. 4-101 Fliehkraftregler einer Dampfmaschine*

In der Steuer- und Reglungstechnik soll eine bestimmte physikalische Größe in eine Richtung beeinflusst werden. Beim Fliehkraftregler sollen z. B. Störungen durch Gegensteuern ausgeglichen werden.

## 4.4.1 Die offene und geschlossene automatische Steuerung

*Die offene automatische Steuerung*

Bei den uns bereits bekannten Steuerungen, wie der Anschlagsteuerung an einer Bohrmaschine, der Nockensteuerung in einem Verbrennungsmotor, einer Ampelsteuerung oder der Treppenhausschaltung in einem Mehrfamilienhaus, wird durch die Steuerorgane zielgerichtet auf den Energiefluss eingewirkt. In jedem Fall wird bei einer Steuerung auf eine technisch-physikalische Größe eingewirkt.

**Steuern ist das zielgerichtete Beeinflussen von physikalischen Größen.**

Die physikalischen Größen, die durch das Steuern beeinflusst werden, bezeichnet man als *Steuergrößen.* Die

Beeinflussung der Größen kann sich nur auf einen bestimmten Raum (Bereich) beziehen, in dem sich zugeordnete Baugruppen befinden. Nehmen wir beispielsweise den Geschirrspüler – dort ist der Spülraum mit Heizung der Bereich, in dem die Spülwassertemperatur durch ein vorgegebenes Steuerprogramm beeinflusst wird. Solche Bereiche bezeichnet man in der Steuerungstechnik als *Steuerstrecken.*

**Steuerstrecke ist der Bereich (die Baugruppe), die durch die Steuergröße beeinflusst werden soll.**

Die folgende Übersicht (Tab. 4-10) stellt Steuerungen mit Steuergröße und Steuerstrecke gegenüber.

| Steuerung | Steuergröße | Steuerstrecke |
|---|---|---|
| Fahrstuhlsteuerung | Weg | Aufzugskabine |
| Treppenhausbeleuchtung | Zeit | Treppenhaus mit Lampen |
| Automatische Halbschrankenanlage | Öffnungswinkel | Straße mit der Schranke |
| Aquariumheizung | Temperatur | Becken mit der Heizung |
| Dimmerschaltung (z. B. Kino) | Helligkeit | Raum mit den Leuchten |

*Tab. 4-10 Beispiele für Steuergröße und Steuerstrecke*

Betrachtet man z. B. eine offene Temperatursteuerung in einem Gewächshaus: Sinken die Temperaturen ab, muss sich die Heizung einschalten. Um die benötigte Wärmeenergie sinnvoll nutzen zu können, müssen an den Steuerungen entsprechende Einstellungen vorgenommen werden.
Die Anlage soll über eine Zeitschaltuhr gesteuert werden. Das Programm sieht vor, dass sich die Heizung um 4.00 Uhr einschaltet, dann 2 Stunden heizt und wieder abschaltet, 4 Stunden ausgeschaltet bleibt und sich dann erneut einschaltet. Durch eine Messeinrichtung (diese wandelt eine Information über eine physikalische Größe in ein Signal um, damit dieses durch die Steuerung weiter verarbeitet werden kann) wird die Prozessgröße (Führungsgröße) erfasst und an ein Steuerglied weitergegeben. Nun greift das Stellglied in den Prozess ein und wirkt auf die Steuerstrecke, um die Steuergröße zu verändern.

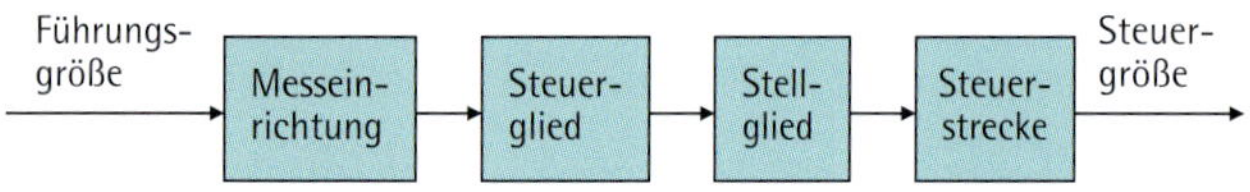


*Abb. 4-102 Signalflussbild mit steuerungstechnischen Begriffen*

In der Steuerungstechnik werden die Bauteile Messeinrichtung und Steuerglied als Gesamtheit gesehen und als Steuereinrichtung bezeichnet. Damit ergibt sich die Wirkungsweise einer offenen Steuerung im folgenden Signalflussbild:

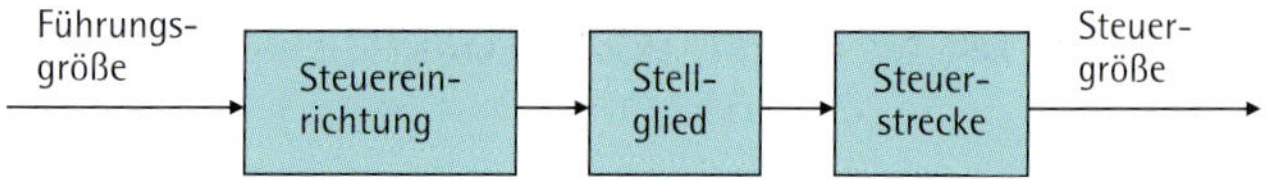


*Abb. 4-103 Allgemeines Signalflussbild der offenen Steuerung*

Betrachten wir die Wirkungsweise der Gewächshaussteuerung unter folgenden Gesichtspunkten weiter:

- Die Temperatur steigt am Tag so weit an, dass keine Heizung mehr notwendig ist.
- Über Nacht jedoch sinkt die Temperatur so stark ab, dass Pflanzen Schaden nehmen könnten.

Die Anlage ist so konzipiert, dass sie auf Änderungen der Steuergröße nicht reagieren kann. Es gibt keinen Temperaturvergleich zwischen der Innen- und der Außentemperatur, da die Steuerung über eine Zeitschaltuhr erfolgt und diese keine Temperaturschwankungen erkennt.
Solche Arten von Steuerungen sind rückwirkungsfrei, d. h. sie sind nicht selbstständig in der Lage, von innen oder außen auftretende Störgrößen auszugleichen. In der Steuerungstechnik bezeichnet man das als Steuerkette, d. h. der Wirkungsweg ist offen.

Somit ergibt sich für unsere Temperatursteuerung zusammenfassend folgendes Signalflussbild:

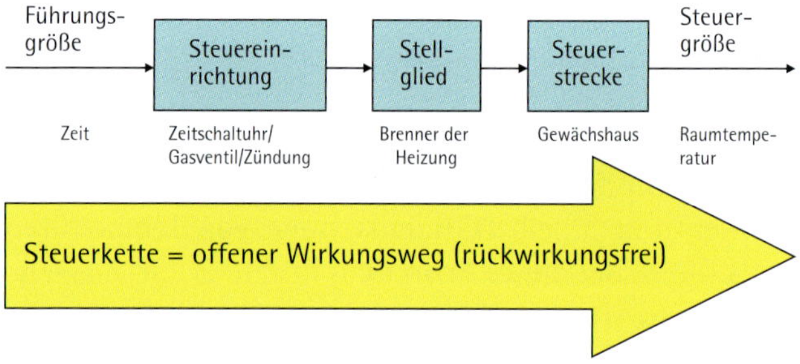


*Abb. 4-104 Signalflussbild einer Gewächshaussteuerung*

**A**

1. **Finden Sie weitere Steuerungen aus dem Alltag und analysieren Sie diese bezüglich der Steuergrößen und Steuerstrecken!**
2. **Stellen Sie allgemeine Blockschaltbilder der oben gefundenen Steuerungen dar!**
3. **Ordnen Sie steuerungstechnische Begriffe der Nocken-, Anschlag- und Helligkeitssteuerung zu!**
4. **Erstellen Sie das Signalflussbild der Ampelanlagensteuerung mit dazugehöriger Schaltbelegungstabelle mit den Farben Rot, Gelb, Grün, Gelb/Rot, Grün/Gelb!**
5. **Erklären Sie die Wirkungsweise (Steuerkette) eines Kondenstrockners und eines Waschautomaten!**

*Die geschlossene automatische Steuerung – die Reglung*
Der vorangegangene Abschnitt hat gezeigt, dass die offene automatische Steuerung für viele zielgerichtete Beeinflussungen von bestimmten physikalischen Größen angewendet wird. Im Haushalt und in der Produktion findet man aber eine Vielzahl von Prozessen, bei denen Steuergrößen trotz Störfaktoren konstant gehalten werden sollen. Diesen Anforderungen wird die offene Steuerung nicht gerecht, da ihr Wirkungsweg offen ist und sie somit nicht auf Störungen reagieren kann. Folglich benötigt man eine Erweiterung des Steuerungsprinzips: Technische Lösungen, die auf Störgrößen reagieren können, werden als geschlossene automatische Steuerung bezeichnet oder auch Reglung genannt.

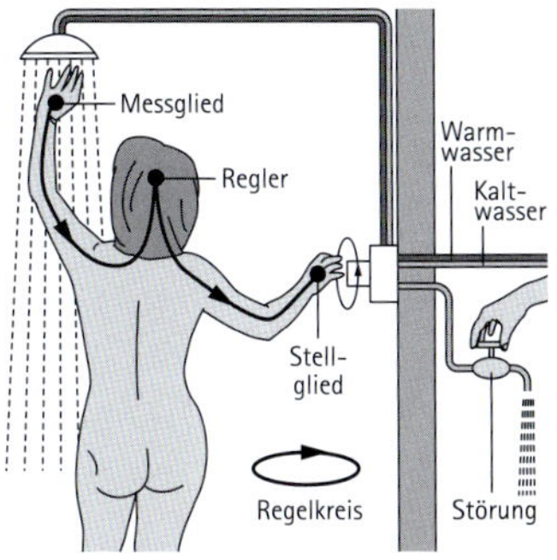


Zum Beispiel laufen beim täglichen Duschen folgende Steuertätigkeiten ab: Zunächst werden beide Wasserzuführungen (warm und kalt) geöffnet, dann wird am Mischer die gewünschte Wassertemperatur eingestellt. Hierbei wirkt die Haut als Messfühler und das Hirn als Steuereinrichtung, die Hand ist das Stellglied und reguliert die Temperatur (Handsteuerung). Entnimmt ein weiterer Verbraucher verstärkt kaltes Wasser, hat das zur Folge, dass die Wassertemperatur unter der Dusche steigt (vorausgesetzt, es ist kein automatischer Temperaturregler vorhanden), da nicht genügend kaltes Wasser nachfließen kann. Es wirkt eine Störgröße auf dieses System. Der Duschende wird versuchen, die Störung durch Regulierungen am Mischer auszugleichen. Es entsteht ein Störgrößenausgleich, man spricht vom Regelkreis.

Betrachtet man den Regelkreis mit steuerungstechnischen Bauteilen unter Einwirkung einer Störgröße, entsteht nachfolgendes Bild:

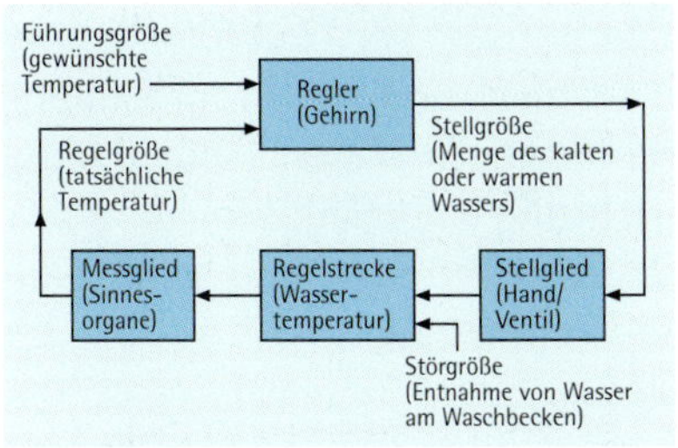


*Abb. 4-105 Signalflussbild einer Handregelung am Beispiel der Dusche*

Im Regelkreis versuchen Bauteile, Störgrößen automatisch auszugleichen bzw. zu beheben. Die Führungsgröße (= gewünschte Wassertemperatur), auch Sollwert genannt, wird durch den Regler mithilfe des Stellgliedes beeinflusst.
Die Regelstrecke (= Duschkopf mit Wassertemperatur) wird durch die Störgröße (= zusätzliche Kaltwasserentnahme) beeinflusst, was zur Folge hat, dass eine Messeinrichtung (= Sinnesorgane) eine neue Regelgröße (= tatsächliche Wassertemperatur) gleich Istwert registriert und die Temperaturdifferenz an den Regler (= Hand) weitergibt. Der Regler greift mit dem Stellglied ein und regelt das System wieder zur gewünschten Wassertemperatur aus.

Die Reglung basiert auf dem zielgerichteten Angleichen des Istwertes der Regelgröße an den Sollwert. Bei einer Regelabweichung (Differenz zwischen Ist- und Sollwert) durch Einwirken einer Störgröße reagiert das System automatisch, und die Regelabweichung wird beseitigt. Der Wirkungsweg ist geschlossen, denn es erfolgt eine Rückwirkung, und somit sprechen wir von einem Regelkreis.

Ein zweites Beispiel soll die Wirkungsweise der Reglung verdeutlichen: die automatische Temperaturreglung im Aquarium.

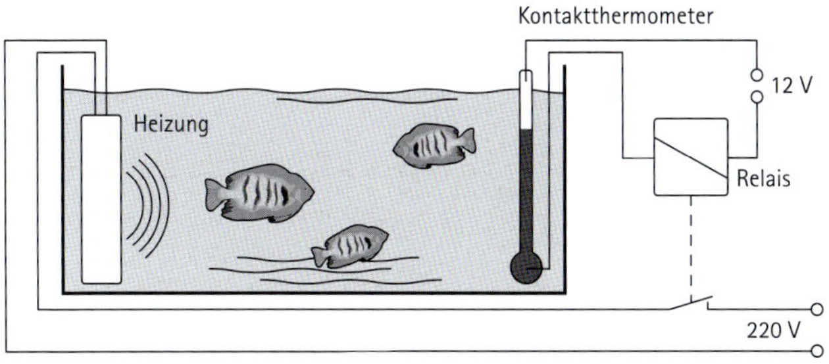


*Abb. 4-106 Reglung eines Aquariums*

Familie Klein kauft sich ein Aquarium. Da beide Ehepartner berufstätig sind, ergeben sich schon die ersten Probleme, denn sie wollen nicht ständig die Heizung anschalten, damit die Wassertemperatur im Becken konstant bleibt.

Also muss ein Heizsystem für das Becken geschaffen werden, das diesen Störfaktor ausschaltet.

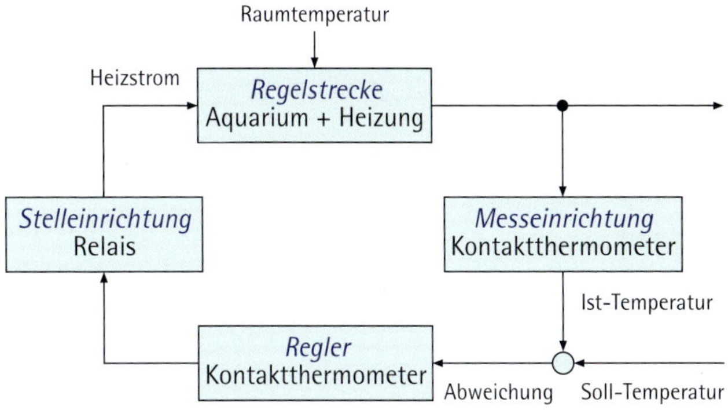


*Abb. 4-107 Signalflussbild der automatischen Aquariumtemperaturreglung*

*Die geschlossene automatische Steuerung mit Rückkopplung*

**Regeln bedeutet immer Messen, Vergleichen, Stellen.**

In der Technik ist es oft erforderlich, dass Größen im Rahmen bestimmter Grenzen konstant bleiben müssen, z. B. die Raumtemperatur in einem Gebäude oder die Temperatur der Bügelsohle am Bügeleisen. In beiden Beispielen kommt die Temperatur als zu regelnde Größe vor (Regelgröße). Es gibt einen bestimmten Temperaturwert, der konstant gehalten werden soll (Sollwert). Es muss jedoch gewährleistet sein, dass Störungen (Störgrößen) den Sollwert nicht verändern. Dies ist nur möglich, wenn der Prozess selbstständig überwacht und bei auftretenden Änderungen eingeschritten wird. Diesen Vorgang nennt man Regeln.

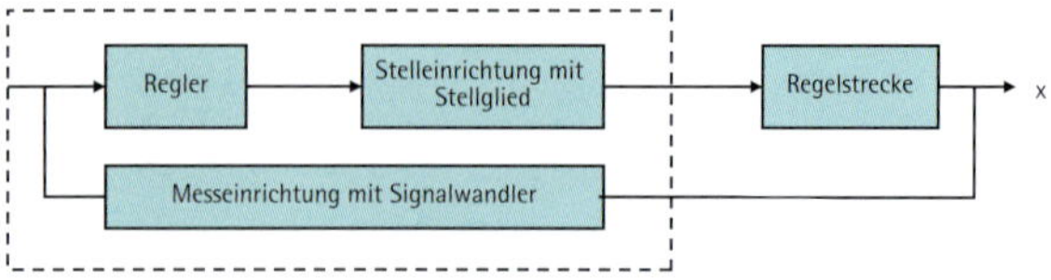


*Abb. 4-108 Signalflussbild einer Reglung*

Reglungen werden bei der Bewältigung von komplexen technischen Prozessen angewandt, bei denen eine Reaktion auf Störgrößen erforderlich ist. Die Regelgröße *X* muss ständig mithilfe einer Messeinrichtung gemessen werden. Die Verarbeitung der Informationen übernimmt der Regler und die Ergebnisse werden an die Stelleinrichtung weitergeleitet. Das Stellglied greift zielgerichtet in den Stoff-, Energie- und Informationsfluss ein und führt der Regelstrecke ein Signal in Form der Stellgröße *Y* zu.

Die Gesamtheit der Bauteile von Messeinrichtungen mit Signalwandler, Regler und Stelleinrichtung mit Stellglied bilden die Regeleinrichtung.

**Die zielgerichtete Beeinflussung aller Bauteile bezeichnet man als Regelstrecke.**

Das Regeln ist ein Vorgang, bei dem der Istwert als Eingangsgröße des technischen Systems fortlaufend gemessen wird. Abhängig von der Differenz zwischen Soll- und Istwert versucht der Regler, den Sollwert wiederherzustellen.

**Bei Reglungen ist der Wirkungsablauf ein geschlossener Kreis, ein Regelkreis.**

Wie bei der offenen Steuerung die Steuereinrichtung eine Zusammenfassung unterschiedlicher Bauteile ist, werden auch bei der Regeleinrichtung die Bauteile Messeinrichtung, Regler und Stellglied zusammengefasst. Somit ergibt sich das vereinfachte Signalflussbild der Reglung wie in Abb. 4-109.

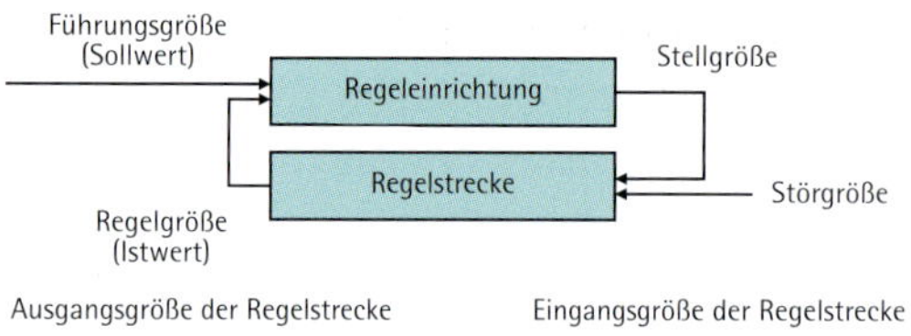


*Abb. 4-109 Regelkreis*

Betrachtet man technische Systeme etwas genauer, so ist festzustellen, dass nicht nur reine offene und geschlossene Steuerungen zur Anwendung kommen. Vielfach sind Kombinationen beider Arten zu finden.

Am Beispiel des Geschirrspülers wird das besonders deutlich. Bei diesem Küchengerät werden bestimmte Programme abgearbeitet, je nach vorheriger Auswahl. Vergleichen wir z. B. die beiden Spülprogramme „Intensiv" und „Auto".

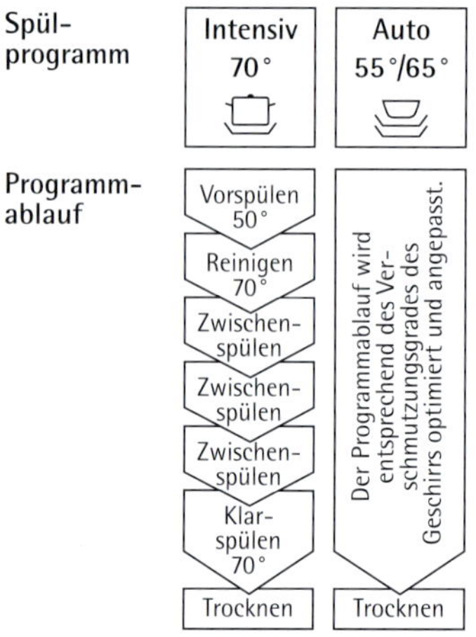


*Abb. 4-110 Auszug aus der Programmübersicht eines Spülers*

Beim „Intensiv"-Programm wird eindeutig nach einem bestimmten Programm gesteuert. Klar ist hierbei, dass die jeweiligen Temperaturen über Messfühler erfasst werden müssen und bei Erreichen der entsprechenden Spültemperatur die Heizung wieder ein- oder ausgeschaltet wird. In diesem Programmablauf sind schon geschlossene automatische Steuerungen enthalten.

Am deutlichsten wird die Verschmelzung von beiden Steuerungen im Programm „Auto". Bei diesem Programm wird auf die Störgröße *Verschmutzungsgrad des Geschirrs* ständig reagiert und der Programmablauf entsprechend beeinflusst. In diesem Spüler muss eine optische Messeinrichtung eingebaut sein, die ständig die Trübung des Spülwassers misst und somit eine Rückmeldung an die Steuerung gibt, ob das Spülwasser weiter genutzt oder ob Frischwasser benötigt wird. Die Messeinrichtung wird als Aquasensor bezeichnet und funktioniert nach dem Prinzip einer Lichtschranke, die den Verschmutzungsgrad des Wassers erkennt. Durch den Sensor wird, wenn erforderlich, die Laugenpumpe angesteuert.

In Geschirrspülern der modernen Generation befinden sich Mikrorechner, die Verschmutzungsgrad und Wasserhärte erkennen und dann aus der Programmauswahl die ökologisch zweckmäßigste Programmvariante auswählen.

## 4.4.2 Die Reglung am Beispiel einer Hausheizungsanlage

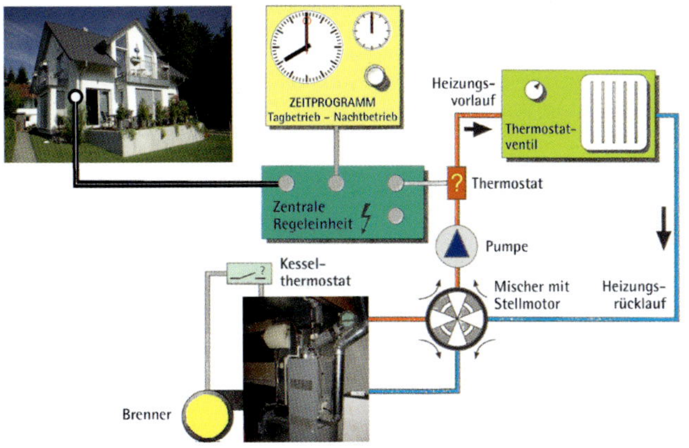


*Abb. 4-111 Reglung einer Hausheizung*

- Der *Messfühler* verändert den Sollwert der zentralen Wassertemperaturreglung. Je nach Außentemperatur bestimmt er wärmeres oder kühleres Heizungswasser.
- Der *Kesselthermostat* regelt die Temperatur des Kesselwassers (Brenner EIN/AUS).
- Die *Uhr* steuert den Tag- und Nachtbetrieb. Sie herrscht über die zentrale Reglung.
- Das Thermostatventil gleicht IST- und SOLLWERT an.
- Über den *Thermostat* im Heizungsvorlauf des Heißwassers wird der Istwert kontinuierlich angefragt.
- Bei Abweichung vom Sollwert mischt die *zentrale Regeleinheit* über den *Stellmotor* das kühle Rückflusswasser mit heißem Kesselwasser.

*Vergleich Steuern und Regeln einer Hausheizung*

*Steuerung – Steuerkette*

Eine Steuerung gibt nur Befehle an eine Stelleinrichtung aus, z. B. HEIZEN. Sie prüft nicht, ob dieser Befehl auch ausgeführt wird, denn eine Leitung für eine Rückmeldung ist nicht vorhanden.

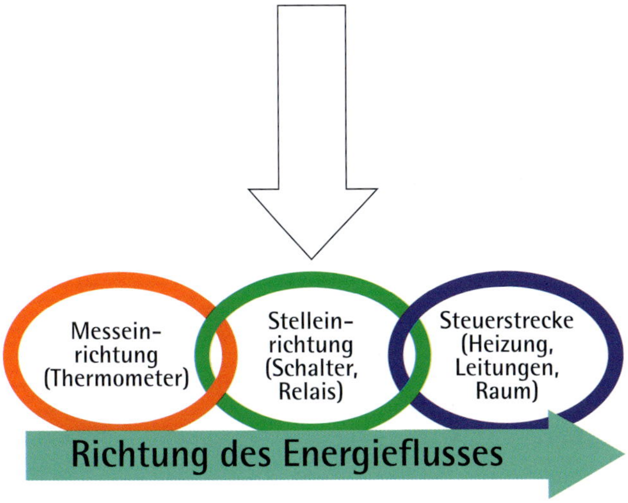


*Reglung – Regelkreis*

Eine Reglung prüft nach, ob der Istwert vom Sollwert abweicht, und unternimmt „Schritte", um Abweichungen oder Störungen auszugleichen. Messfühler und Rückmeldungen müssen vorhanden sein. Der Informations- und der Befehlsfluss bilden einen Kreis.

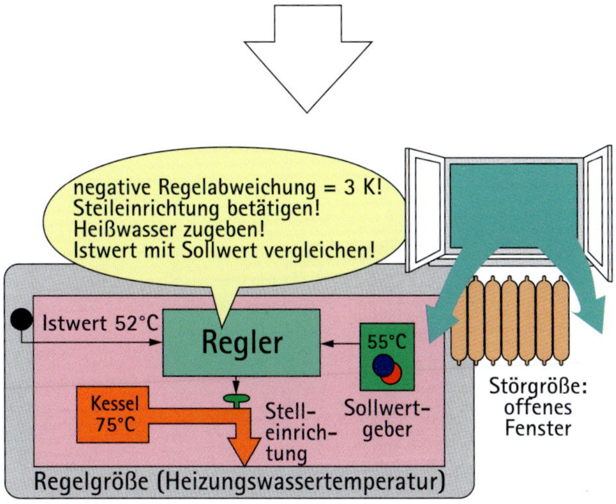


In der modernen Mess-, Steuer- und Reglungstechnik finden sich viele weitere datenumsetzende Systeme. Für Alarmanlagen nutzt man verstärkt zur Erfassung der Größen Sensoren, die wiederum in ihrer Art unterschiedlich reagieren. Als Sensortypen kann man Trittschall-, Infrarotsensoren, Lichtempfänger oder Ultraschallbewegungsmelder einsetzen.

Die Polizei nutzt ein Mikrowellenradar, um Geschwindigkeiten zu messen, oder man lässt in die Fahrbahn Sensoren in einem bestimmten Abstand ein, um aus der Zeitdifferenz, dem Impuls und dem Weg die gefahrene Geschwindigkeit zu ermitteln.

Weitere Anwendungsbeispiele moderner Regler findet man in der Fahrzeugtechnik. Fahrwerksreglungen am Kfz sind zum Beispiel das Antiblockiersystem, die Antischlupfreglung und die Fahrdynamikreglung.

**A**

1. **Finden Sie weitere Ihnen bekannte Reglungen aus dem Alltag und analysieren Sie diese bezüglich der Regelgrößen, Störgrößen und der Regelstrecken!**
2. **Stellen Sie allgemeine Blockschaltbilder der oben gefundenen Reglungen dar!**
3. **Erstellen Sie das Signalflussbild mit einer Bimetallreglung am Reglerbügeleisen!**

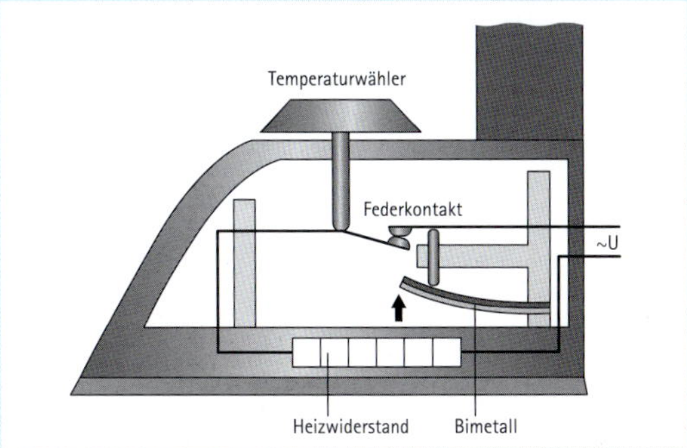

## Stichwortregister


### A

Abluft 38/74, Abmaß 24/29/62, Absorber 45/70/72 ff., Absorption 72, akustisches Signal 50/56/62 f., Alarmanlage 53/61 ff./82, analoges Signal 51, Analogiemethode 66, Anode 53, Architekten 8/12/38, Aufbau einer Außenwand 45, Außengewinde 17 ff., Ausprägung 22 ff., Ausschaltung 76/78, Ausschnittsvergrößerung 26, aussteifende tragende Innenwand 41

### B

Balken 40 ff./45 f., Baugrund 42, Baukörper 38, bauliche Nutzung 7, Bauschaltplan 57, Bausteine 43/55 f./59, Baustoffe 10/38/41/43 ff., Bautechnik 38 f./41, Bauweise 7 f./39 ff./44 ff./66, Bauwerke 12/38 ff., BDE 35, Bebauungspläne 7, Befehlssymbole 25 f., Befestigungsgewinde 17, Bewegungsgewinde 17, bidirektionale Kommunikation 50, Biegefestigkeit 42, binäre Signale 51, Binderverband 43, Biogasanlage 75, biologisches Vorbild 44, Bionik 66, Biomasse 70/75, Black-Box-Methode 66, Blockheizkraftwerk 68, Brainstormingmethode 38, Brennstoffzelle 69

### C

CAD 21 ff., CADAM-Systeme 21, CAM 35, CAP 35, CAQ 35, CIM 35, CNC 35, Chip 55, Codieren 50 f.

### D

Dachbegrünung 45, Dachform 40/42/46, Dachkonstruktion 42/45 f., Dachlatten 42/46, Dachtragewerke 40/42, Dampfsperre, ~bremse 42/45, Dämmstoffe 43 ff., Dämmung 38/40/43 ff., Dämmung zwischen den Sparren 45, Decodieren 51, Deponiegasnutzung 75, Dialogfenster 23 ff., Dioden 52 ff., digitale Regenwassersteuerung 77, digitale Signale 51, Doppelbemaßung 10, Draft 22/30/33, 3D-CAD 21, 3D-Darstellung 12 f., Dreieckbinder 42, Dreifachverglasung 38, Dübelung 39/41/46, Durchgangsprüfer 60 f., Durchlassrichtung 53 f.

### E

Eckpfosten 41, EdgeBar 22 ff., Eigengewicht 39/42, Eigenlasten 42, Einpassen 26/30, Einzelfundament 41, elektrische Informationsübertragung 51, elektrisches Prüfen 60, Elektroenergieversorgung 76, Elektroinstallationspläne 76, elektromagnetisches Relais 53, Elementarversteifung 66, Emitter 54, Energie 38/44/48 ff., Energiearten 49/67, Energie aus dem Grundwasser 73, Energieträger 67/70, Energieumwandlungskette 69, Energiewandler 70, Erdreichwärmeaustauscher 38, Erdreich-Wärmepumpenanlagen 74, Erdreichwärmequelle 73, Erdwärme 73, Erker 38, erneuerbare Energien 70

### F

Fachwerkbauweise 39 ff., Fachwerkskelett 39, Fenster 11/38/43 f., Fertigung 18/21/35, Festigkeitswerte 39, Firstbrett 42, Flächennutzungsplan 6 f., Fliehkraftregler 78, Formelemente 22 f., Fotodioden 51, Fotovoltaik 71 f., Fotowiderstand 52/54, Frontfläche 23 f., Führungsgröße 79 f., Fundament 40 ff.

### G

Gate 53, gebäudethermische Aspekte 40, Generator 49/67 ff., Geothermie 73, geschlossene automatische Steuerung 80, Geschossflächenzahl 7 f., gesteuerter Stromkreis 62, Getriebe 49, Gewinde 15 ff., Gewindesymbollinien 18, Göpelantrieb 70, Grundflächenzahl 7 f., Grundform 27 f., Grundlastkraftwerke 67

### H

Hauptsymbolleiste 22/25, Hausanschluss 76, Heißleiter 52 f., Heizungssystem 75, Hoch- und Höchstspannungsnetze 69, Holzbauweise 39/44, Holzverschalung 40, Horizontalschnitt 9, Hypothese 42 f.

### I

Ideenfindung 38, Informationen 49 ff., Informationskette 50, Informationsverstärkung 61/64, Innengewinde 18 f., Installation 9/76, Installationsgrundschaltungen 76, Installationsplan 57/76, integrierte Schaltkreise 55 f.

### K

Kaltleiter 52 f., Kamine 11, Kathode 53, Kerndämmung 40, Kerndurchmesser 18, Kollektor 54/64/71 ff., Kommunikation 49 f., Kondensator 52, Konstruktion 19 ff./25, Konterlatten 42, Konvektion 75, Körperschluss 58/60 f., Kraft-Wärme-Kopplung 68, Krüppelwalmdach 42, Kurzschluss 60 f., K-Wert 44

### L

Landesentwicklungsplan 6, Läuferverband 43, Lärmschutz 38, Layer 22/33 f., LED 54, Leiterplatte 35, logische Grundverknüpfungen 63, logische Schaltzustände 56, logische Verknüpfungsschaltungen 56

### M

Massiv-Absorber-Wärmequelle 73, massives Holzfachhaus 40, Maßketten 10, Maßpunkte 10, Maßstriche 10, Mauerwerk 9 f., Mauerwerksbau 43, mechanische Spannungen 42, Mehrfachverglasung 38, Messeinrichtung 79 ff., Messen elektrischer Größen 59, Messfühler 53/80 ff., Messschaltungen 59, Mikroprozessoren 55, Mikrochip 55, Mineralfasermatte 44, Mittelspannungsnetz 69, Modellmethode 66, Montagebauweise 39, Müllverbrennungsanlage 75, multidirektionale Kommunikation 50

### N

Nachrichten 49 ff., NAND-Verknüpfung 55 f., Naturgipsplatten 44, Nenndurchmesser 18 f., Netz 69, Nicht-Verknüpfung 56, Niederspannungsnetz 69, Niedrigenergiehaus 38 ff., NOR-Verknüpfung 55 f., Nutzenergie 67, Nutzwasser eines Hauses 77

### O

ODER-Schaltung 56, offene automatische Steuerung 80, ökologische Bauweise 44, optische Signale 51

### P

Part 22, Passivhaus 38, Parallelschaltung 57, Plattendämmung 45, Plattenfundament 40 f., Polsucher 60 f., Potenziometer 52/64, PPS 35, Primärenergie 67, Profil 16, Profilarten 42, Projektionsarten 66, Prüfobjekt 61, Pultdach 42, Pumpspeicherwerk 70

### R

Rahmenbauweise 40, Rähmbalken 41, Raumplanung 21, Regelgröße 80 ff., Regelkreis 80 ff., Regeln 80 f., Regelstrecke 80 f., Regelung 80 ff., regenerative Energiequellen 70, Regenwassernutzungsanlage 77, Regler 80 ff., Relais 51 ff./62 ff., Relais als Signalspeicher 53, Relais mit Selbsthalteschaltung 62, Relaisschaltungen 53, Riegel 41, Rotationsausprägung 23/26 f., Rotor 71, Rotorscheibe 75, Rundbogen 43, Rundgewinde 17

### S

Satteldach 42, Schalten von Widerständen 57, Schaltpläne 56 f./77, Schnitt 9 ff., Schnittdarstellung 15, Schnittebene 9, Schnittfläche 10/15 f., Schutzbauten 39, Schrauben 17 f., Schaltzeichen 57, Schraffur 9 ff./15 f., Schutzisolierung 58, Schutzkleinspannung 58, Schutzkontaktverbindung 58, Schwellenbalken 41, Segment-Anzeige 54, Sekundärenergie 67, senkrechte Kanthölzer 40 f., Sensorschalter 55/64, Sicherheit 58, Signalarten 51, Signale 51, Signalflussbild 79 ff., Skelettbauweise 39 ff., Sockel 41, Solararchitektur 72, Solardach 71, solare Brauchwasseranlage 72, Solarkraftwerk 71, Solarspeicher 72, Solarthermie 71 f., Solarzellenaufbau 72, Sollwert 80 ff., Sonnenkollektoren 71, Spannung 42/52 ff., Spannungsprüfer 60 f., Sparrendach 42, Sparrendämmung 40, Speicher 51, Sperrrichtung 54, Spitzgewinde 17/19, Stabilisierung 66, Stabilität 41 ff./66, Stellglied 79 ff., Stellwiderstand 52, Steuern 79, Steuereinrichtung 79 f., Steuerkette 79, Steuerstrecke 79, Steuerstromkreis 53/62, Störgröße 79 ff., Streben 41, Streifenfundament 41, Strom 50 ff., Stromlaufplan 57, Styropor43 f., Stromstoßrelais 76, Sturz 43, Stützweite 42

### T

Tafelbauweise 40, Tageslastkurve, 70, technische Kommunikationsmittel 49, technische Systeme 48 f./69, Teilformen 27 ff., Teilschnitt 16 f., thermische Energieverluste 75, Thermistor 52 ff./60, Thermorelais 53/63, Thyristor 52 f., Träger 39/42 f., Tragfähigkeit 38, Tragsystem 40, Transformatoren 68 f., Transistor 52 ff., Transistoralarmanlage 63, Transistorzündanlage 55, transparente Wärmedämmung 45, Transportschaltung 65, Trapezgewinde 17/19, Treppen 12, Treppenhauszeitschaltung 76, Trockenbau 45, TTL-Schaltkreise 56, Turbine 67/70, Türen 11

### U

Übersichtsschaltplan 57, Übertragungskanal 49 f., unidirektionale Kommunikation 50, Umspannwerk 69, Umwälzpumpe 72, Umwandlungssystem erneuerbarer Energien 70

### V

Vektor 21, Verbindungsmittel 39, Verbundstabilisierung 66, vereinfachte Ablaufstruktur, 48, Verkehrslasten 42, Verriegelungsschaltung 64, Verstärkerwirkung 64, Verteilersystem 76 f., Vertikalschnitt 9 f.,Vierkanthölzer 41, Vollschnitt 16 f., Voltaikanlage 71

### W

Walmdach 42, Wandbauweise 39, Wandlungssystem Weihwasserautomat 78, Wandpfosten 41, Windrispe 42, Wärmeaustauscher 68/72/74, Wärmebild 75, Wärmedämmeigenschaften 39, Wärmedämmung 44 f., Wärmedurchgangskoeffizent 44, Wärmekraftwerk 67 f., Wärmepumpe 72 ff., Wärmequelle Sonne 73, Wärmeschutz 44, Wärmeschutzverglasung 11, Wasserkraftwerk 70, Wechselschaltung 76, Werkzeichnung 60, Widerstände 52 f./57 ff., Widerstandsmesser 59, Windkonverter 71, Windkraftanlage 70 f., Wintergarten 72, Wirkungsgrad 68 f., Wohnungslüftung 74

### Z

Zapfverbindung 39, Zeitrelaisschaltung 53, Zuleitungssysteme 60, 2D-CAD 21 f./33, 2D-Darstellung 12, Zweihandbedienung 63, Zoom 26